SGC ライブラリ-178

空間グラフのトポロジー

Conway–Gordon の定理をめぐって

新國 亮 著

サイエンス社

まえがき

　本書でのグラフとは，幾つかの点を線で結んでできる図形のことであり，空間グラフとは，それを主に 3 次元 Euclid 空間の中で実現したものである．空間グラフの理論とは通常，その 3 次元空間における空間グラフの位置の問題を研究する学問のことを指す．一般に，ある空間の中の図形の位置の問題の研究はトポロジー (位相幾何学) の一分野として知られるところである．特に空間グラフが自己交差を持たない (幾つかの) 閉じた曲線状の図形である場合は結び目 (絡み目) と呼ばれ，それらを研究する学問は結び目理論として今日，低次元トポロジーと呼ばれる分野の中核をなしている．このことから，空間グラフの理論も，結び目理論を包含する理論として低次元トポロジーの立場から研究されることが多い．然るべき用語を用いれば，3 次元空間内に埋め込まれた 1 次元閉多様体の位置の問題を研究するのが結び目理論で，一方，多様体とは限らない 1 次元の多面体の位置の問題を研究するのが空間グラフの理論ということになろう．より平たく言えば，空間グラフの理論とは，3 次元空間内の幾つかの点を伸縮自在の紐で繋いでできる図形について，その結ばり具合や絡まり具合を研究する分野である．従って結び目や絡み目の諸性質の空間グラフへの一般化を自然な問題意識として常に持つ一方，結び目理論の拡張に留まらない空間グラフ独特の現象が多々生じるからこそ，それらを動機として独自の研究課題を有し，更には化学における分子トポロジーへの応用上の理論的支柱の役割も持ちながら発展を続けてきた分野でもある．

　空間グラフの研究の主軸は，位置の問題という意味では空間グラフの外在的な性質の研究であり，結び目理論がそうであるように，代数的トポロジーに立脚した素朴なものから，外部空間が 3 次元多様体として許容する構造に立脚したもの，種々の代数系やその表現に立脚したものなど，多種多様な手法で研究が行なわれている．結び目理論においては，特に自明な結び目・絡み目と呼ばれる標準的な位置にある結び目・絡み目の存在から，紐の結ばりや絡まりが‘ほどける’，‘ほどけない’という身近で親しみある現象が数学的に適切に定義され研究されるのだが，一方で空間グラフの理論においては，空間に埋め込むグラフが十分大きければ，それが空間内のどのような位置にあっても，必ずどこかにほどけない箇所が生じることがあることが 1980 年代初めに認識された．即ち，空間グラフの‘絡まり具合’や‘結ばり具合’がグラフ固有の不可避な性質として備わっていることがあり，それを空間内の位置に依らないグラフ生来の性質から特徴付けようという研究が盛んに行なわれるようになった．これらはいわば空間グラフの内在的な性質の研究であり，その嚆矢となったのが，有名な Conway–Gordon の定理である．Conway–Gordon の定理は，3 次元空間内のどの位置にあっても，必ずほどけない絡み目や結び目が生じるグラフが存在することを明らかにしたのだが，そこで用いられた，空間グラフ内の結び目と絡み目の振る舞いが不変量のレベルで互いに独立ではないことを見出すアイディアは，分類理論に代表される空間グラフの大域的性質，及びグラフ並びに空間グラフの対称性に代表される局所的性質との双方と深く結び付いて空間グラフの

理論全域に渡って大きな影響を及ぼすこととなった．今日，Conway–Gordon の定理は様々な側面から著しく一般化され，空間グラフの内在的性質の研究は，トポロジー，物理，化学，実験科学などを巻き込んで多くの分流を生み，1 つの体系を成しつつある．

　前置きが長くなってしまったが，本書の目的は，上で述べたような Conway–Gordon の定理を巡る空間グラフの内在的性質の研究の拡がりと深化について，特に同定理の様々な側面とその拡張に焦点をあてて解説を行なうことである．まず第 1 章で空間グラフの数学的取り扱いと基本的な研究方法について準備したあと，第 2 章では空間グラフの Alexander 不変量について解説する．これは結び目や空間グラフの古典的な不変量であるが，空間グラフの研究の動機付けとなる現象を捉えてくれるとともに，内在的性質の研究において欠かせない結び目の不変量が根ざすものでもあり，また近年大きく発展しているハンドル体結び目の理論への入口でもあるので，ここで述べておくことにした．第 3 章では，Conway–Gordon の定理，及びその証明のアイディアから派生した空間グラフの不変量とその性質について述べる．Conway–Gordon の定理が空間グラフの大域的性質と豊かな結び付きを持つ様子を見ることができるだろう．第 4 章では，Conway–Gordon の定理によりその存在が明らかとなった 2 つの性質，絡み目内在性と結び目内在性について，これら性質を有するグラフの特徴付けの研究の現況を紹介する．ここではグラフ理論による組合せ構造の解析の手法が活躍する．第 5 章では結び目・絡み目内在性を一般化して得られる種々の内在的性質を紹介する．特にここでは内在的性質全体の集合を俯瞰的に捉えることに力点が置かれ，結び目内在性の新たな解釈や，第 2 章で触れる空間グラフ独特の結ばり方との意外な関係が明らかになるであろう．第 6 章では，空間グラフ内の結び目・絡み目を代数的不変量で縛るという立場からの，Conway–Gordon の定理の精密化と一般化の理論について述べる．特にもともと mod 2 の合同式で述べられていた Conway–Gordon の定理が整数上に持ち上げられ，様々なグラフに拡張されて行く様子は，本書の中でもっともダイナミックな場面である．第 7 章では，分子トポロジーと呼ばれる，トポロジーの高分子化学への応用理論について触れる．特にキラリティと呼ばれる分子の対称性や，高分子の構造に由来する線形空間グラフへの応用がここで見られるであろう．

　読者諸氏は，本書において特に第 3 章以降で述べる空間グラフの諸性質のほとんどが，何らかの形で Conway–Gordon の定理の一般化あるいは拡張となっていることに気付くことと思う．実際，現代の空間グラフの研究は，その多くが Conway–Gordon の定理をルーツとしているのである．勿論，本書においてその全てを網羅することは到底できず，更には筆者の趣味が相当に反映されており，その内容はかなり偏りがあることを予め断っておかねばならない．説明はできるだけ自己充足的となるよう努めたが，基本群やホモロジー群といった古典的な代数トポロジーの基本的事項は前提とせざるを得なかったし，結び目理論においてよく用いられる議論を何気なく使っている箇所もあるので，空間グラフの理論の初学者にとっては甚だ配慮不足であることは否めない．また，幾つかの定理については証明を省略している．その一方で，空間グラフの理論の各論への入口となっている事項を随所に散りばめておいたし，また空間グラフの研究において頻繁に使われるテクニックも随所に盛り込んであるので，研究の雰囲気だけでもある程度感じて貰えれば，筆者としては嬉しいところである．各章末に記載の演習問題には解答は一切付けていないが，時間をかけないと解けないような難問はほとんどない (はず) なので，本書を読み進めるにあたってのペースメーカーだと思って取り組んで貰えればよい．

　空間グラフの理論を専門的に解説した和書は，1995 年に出版された [68] が長らく唯一のもので
あり，筆者はその本で空間グラフの理論に出会った．先駆的な書物を著わされた小林一章氏に敬意
を表したい．また本書を執筆するにあたって，草稿に目を通して頂き，そして有益なコメントを頂
いた鈴木正明氏，谷山公規氏，安原晃氏に謝意を表したい．

　最後に，本書の出版に際しお世話になったサイエンス社の平勢耕介氏，そして筆者の怠慢にも関
わらず，辛抱強く原稿をお待ちいただいた同じくサイエンス社の大溝良平氏に感謝申し上げます．
大変ありがとうございました．

2022 年 5 月

新國 亮

目　次

第 1 章
空間グラフの理論

　この章で，まずは空間グラフの数学的取扱い，基本的な研究手法，及び研究の動機となる幾つかの現象について簡単にまとめておく．本書では空間グラフをトポロジーの立場から研究するため，位相空間や多様体の言葉が随所に現れるが，それらについては適当な専門書などでフォローして欲しい．以下で頻繁に登場する空間だけ導入しておく．$\mathbb{R}^n$ で n 次元 **Euclid** 空間を表す．また，

$$\mathbb{B}^n = \Big\{ (x_1, x_2, \ldots, x_n) \in \mathbb{R}^n \mid \sum_{i=1}^{n} x_i^2 \leq 1 \Big\},$$

$$\mathbb{S}^{n-1} = \Big\{ (x_1, x_2, \ldots, x_n) \in \mathbb{R}^n \mid \sum_{i=1}^{n} x_i^2 = 1 \Big\}$$

をそれぞれ**単位 n 次元球体**，**単位 $(n-1)$ 次元球面**といい，$\mathbb{B}^n$, $\mathbb{S}^{n-1}$ に同相な位相空間をそれぞれ単に **n 次元球体**，**$(n-1)$ 次元球面**という．2 次元球体を**円板**，1 次元球面を**円周**ということもある．

1.1　空間グラフ

　グラフとは，集合 V, E, 及び**接続関数**と呼ばれる E から V の元の非順序対の集合への写像 ψ からなる 3 対 $G = (V, E, \psi)$ のことをいう．このとき改めて $V = V(G)$, $E = E(G)$, $\psi = \psi_G$ とも表す．本書では $V(G), E(G)$ はともに空でない有限集合と仮定する．$V(G)$ の元を G の**頂点**，$E(G)$ の元を G の**辺**という．$\psi_G(e) = (u, v)$ のとき，u と v をそれぞれ辺 e の**端点**といい，しばしばこれを $e = \overline{uv} = \overline{vu}$ とも表す．特に $u = v$ のとき，e を**ループ**と呼ぶ．また，同じ端点の組を持つ 2 本以上の辺を**多重辺**という．頂点 v に対し，v を端点に持つループでない辺の本数と，v を端点に持つループの本数 $\times 2$ の和を v の**次数**といい，$\deg_G v$ で表す．例えば図 1.1 (1) は，

$$V(G) = \{v_1, v_2, v_3\}, \ E(G) = \{e_1, e_2, e_3, e_4, e_5\},$$

$$\psi_G(e_1) = (v_1, v_1), \ \psi_G(e_2) = (v_2, v_1),$$
$$\psi_G(e_3) = (v_1, v_3), \ \psi_G(e_4) = \psi_G(e_5) = (v_3, v_2)$$

で定義されたグラフ G を図解したものである．このとき頂点の次数は，この頂点から局所的に伸びている辺弧の本数として理解できる．グラフ $G' = (V', E', \psi')$ が G の**部分グラフ**であるとは，V', E' がそれぞれ $V(G), E(G)$ の部分集合で，かつ ψ' が ψ_G の E' への制限写像となっているときをいう (例えば図 1.1 (2) の太線部分)．

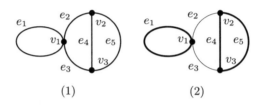

図 1.1 (1) グラフ $G = (V, E, \psi)$, (2) G の部分グラフ G'.

グラフ G は，各辺 e を線分と考え，接続関数に沿って各頂点に接着することで，自然にコンパクトな位相空間とみなせる．このとき，G の部分グラフは G の部分位相空間である．一般に位相空間 X から Y への連続写像 $f\colon X \to Y$ が**埋め込み**であるとは，f の終域を像 $f(X)$ に制限した写像 $f\colon X \to f(X)$ が同相写像となるときをいう．そこでグラフ G の $\mathbb{R}^3$ への埋め込み $f\colon G \to \mathbb{R}^3$，または $\mathbb{S}^3$ への埋め込み $f\colon G \to \mathbb{S}^3$ を G の**空間埋め込み**といい，その像 $f(G)$ を**空間グラフ**という．本書では基本的に $\mathbb{R}^3$ への埋め込みを考えるが，幾つかの場面では $\mathbb{S}^3$ への埋め込みを考える．その場合でも，$\mathbb{S}^3$ は $\mathbb{R}^3$ の 1 点コンパクト化であるから，$\mathbb{R}^3$ の無限の彼方が 1 点 ∞ だと思えばよい．コンパクト空間 X から Hausdorff 空間 Y への全単射連続写像は常に同相写像になるという定理から，G の空間埋め込みとは，G の $\mathbb{R}^3$ または $\mathbb{S}^3$ への単射連続写像のことである．図 1.2 は図 1.1 のグラフ G の空間グラフ $f(G)$ の例である．特に G が m 個の円周の非交和と同相であるとき，$f(G)$ を m 成分の**絡み目**といい，$m = 1$ のとき**結び目**という．図 1.3 は上段が結び目，中段が 2 成分絡み目，下段が 3 成分絡み目の例である．本書で結び目及び絡み目を図示する際，図 1.3 のようにグラフの頂点の描画は省略する．

グラフ G の円周に同相な部分グラフを**サイクル**という．G の m 個のサイクルの非交和全ての集合を $\Gamma^{(m)}(G)$ で表し，$m = 1$ のとき単に $\Gamma(G)$ で表す．空間グラフ $f(G)$ 及び $\Gamma^{(m)}(G)$ の元 λ に対し，$f(\lambda)$ は $f(G)$ 内の m 成分絡み目である．これを空間グラフの**絡み目成分**といい，$m = 1$ のとき**結び目成分**という．例えば図 1.2 の空間グラフ $f(G)$ は，結び目成分 $K_1 = f(e_1)$,

$K_2 = f(e_2 \cup e_3 \cup e_4)$, $K_3 = f(e_2 \cup e_3 \cup e_5)$, $K_4 = f(e_4 \cup e_5)$ と，絡み目成分 $L = K_1 \cup K_4$ を持つ．

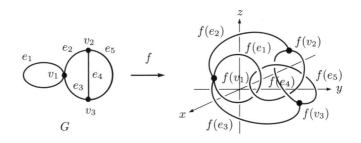

図 1.2　G の空間グラフ $f(G)$.

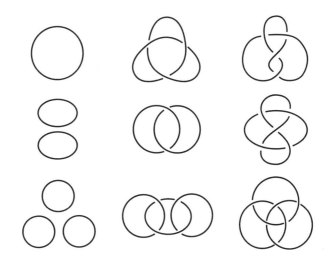

図 1.3　結び目と絡み目の例.

　グラフ G の 2 つの空間グラフ $f(G), g(G)$ が互いに**同型**であるとは，$\mathbb{R}^3$ の向きを保つ自己同相写像 Φ が存在して $\Phi(f(G)) = g(G)$ となるときをいう．本書ではこれを $f(G) \cong g(G)$ と表す．より強く，$f(G), g(G)$ が，または埋め込み f, g が互いに**アンビエント・イソトピック**であるとは，$\mathbb{R}^3$ の向きを保つ自己同相写像 Φ が存在して $\Phi \circ f = g$ となるときをいう．これは $f(G)$ と $g(G)$ が頂点及び辺のラベルを保存して同型ということである．空間グラフの同型とは，要するに $\mathbb{R}^3$ を向きを保つ同相写像の範囲で全体的あるいは部分的に変形したとき，それにより同時に変形された空間グラフをもとの空間グラフと同じとみなすことであり，直観的には，空間グラフが伸縮自在のゴム紐でできていると考え，いわゆる 'あやとり' の要領の変形で移り合うものは同じとみ

なすことである．図 1.4 の $f(G), g(G)$ は，互いにアンビエント・イソトピックな 2 つの空間グラフの例である．

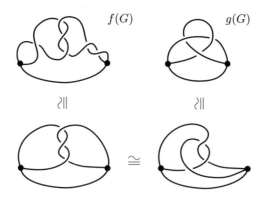

図 1.4　互いにアンビエント・イソトピックな空間グラフ $f(G), g(G)$.

　グラフ G が**平面的**であるとは，G の $\mathbb{R}^2$ への埋め込みが存在するときをいい，平面的グラフ G の空間グラフ $f(G)$ が**自明**であるとは，$f(G)$ が $\mathbb{R}^3$ 内の平面に含まれるある空間グラフ $h(G)$ に同型であるときをいう．自明でない空間グラフは**非自明**であるという．図 1.5 の $f(G)$ は自明な空間グラフの例である．一方，図 1.4 の $f(G)$ は実は非自明な空間グラフの例である．また図 1.3 の縦の各列において，左は自明な結び目及び絡み目の例であり，中央及び右は実は非自明な結び目及び絡み目の例である．特に絡み目が自明であることと，各結び目成分が $\mathbb{R}^3$ 内の互いに交わらない円板の境界となることは互いに必要十分条件である．尚，自明な空間グラフは同型の範囲で一意的に定まることが知られている（[73]）.

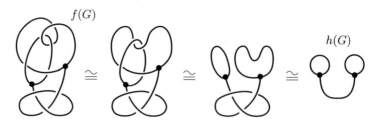

図 1.5　自明な空間グラフ $f(G)$ の例.

　一方，例えば図 1.6 のグラフ $K_5, K_{3,3}$ が平面的でないことはよく知られており，従って全てのグラフが自明な空間グラフを持つわけではない．一般にグラフが平面的であるかどうかについては次の定理が有名であり，**Kuratowski の定理**と呼ばれている．

定理 1.1.1 (Kuratowski の定理 [70]) グラフ G が平面的であるための必要十分条件は，G が K_5 または $K_{3,3}$ に同相な部分グラフを持たないことである．

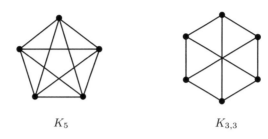

K_5 $K_{3,3}$

図 1.6 K_5, $K_{3,3}$.

平面的でないグラフの空間グラフについても，自明なものに相当する埋め込みを考えようという研究もあるのだが (例えば 4.2 節で扱うパネルフレームや注意 6.2.9 で触れる正準本表現がそうである)，本書では平面的グラフの埋め込みの場合にのみ，自明な空間グラフを考える．

注意 1.1.2 図 1.3 は特別に名前の付いた有名な結び目/絡み目を含んでいるので，まとめて紹介しておこう．上段中央及び右の結び目をそれぞれ**三葉結び目**，**8 の字結び目**という．中段中央及び右の 2 成分絡み目をそれぞれ **Hopf 絡み目**，**Whitehead 絡み目**という．下段右の 3 成分絡み目を **Borromean 環**という．これらは今後また随時登場するであろう．

空間グラフが**区分的に線形**であるとは，その各辺が $\mathbb{R}^3$ において有限本の線分からなる折線であるときをいう．本書では，任意の空間グラフは，図 1.7 のように区分的に線形な空間グラフに同型であると仮定する．その理由は，図 1.8 のような**野性的**と呼ばれる空間グラフを除外したいからである．詳細は省くが，実際に図 1.8 の空間グラフは区分的に線形な空間グラフと同型でないことが知られている．平たく言えば，本書での空間グラフは，ゴム紐や針金などの素材を用いて実際に工作可能なものに限定する．

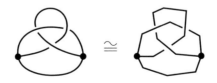

図 1.7 区分的に線形な空間グラフに同型.

図 1.8 野性的な空間グラフ.

空間グラフの数学的理論において最も基本的な問題は，その同型類の分類である．同型であることを示すには，図 1.4 や図 1.5 のように実際に変形してみせればよい．一方，同型でないことを示すには，次で述べる**不変量**の考え方が有効である．

定義 1.1.3 空間グラフの同型類 (またはアンビエント・イソトピー類) 全体の集合から，ある集合への写像 φ を**空間グラフの不変量**という．とくに空間グラフが絡み目または結び目のときは，それぞれ**絡み目不変量**，**結び目不変量**ともいう．

不変量 φ の終域としては，$\mathbb{Z}$, $\mathbb{Q}$, $\mathbb{R}$, $\mathbb{C}$ のような ‘数’ の集合や，$\mathbb{Z}_m = \{0, 1, \ldots, m-1\}$ のような有限集合，あるいは多項式環のような代数系など，親しみのある集合を用いることが多い．もし 空間グラフ $f(G), g(G)$ に対し $\varphi(f(G)) \neq \varphi(g(G))$ ならば，φ が写像であることから $f(G)$ と $g(G)$ は同型でないことが結論される．特に自明な空間グラフと不変量値が異なる空間グラフ $f(G)$ は自明でない．不変量の具体例と使用例については，この後の 1.3 節で幾つか紹介する．

1.2 空間グラフの正則図式

1.1 節の最後に述べた空間グラフの不変量を調べるために，空間グラフの ‘絵’ を平面上あるいは球面上に適切に描き，それを組合せ的に研究することが標準的に行なわれる．本節で説明しよう．$\mathbb{R}^3$ の部分空間 $\{(x, y, z) \in \mathbb{R}^3 \mid z = 0\}$ と $\mathbb{R}^2$ を同一視し，$\pi \colon \mathbb{R}^3 \to \mathbb{R}^2$, $(x, y, z) \mapsto (x, y, 0)$ を自然な射影とする．$\mathbb{S}^3$ への埋め込みを考えているときは，$\mathbb{S}^3$ の部分空間 $\{(x, y, z, w) \in \mathbb{S}^3 \mid w = 0\}$ と $\mathbb{S}^2$ を同一視し，自然な射影 $\pi \colon \mathbb{S}^3 \setminus \{(0, 0, 0, \pm 1)\} \to \mathbb{S}^2$,

$$(x, y, z, w) \mapsto \left(\frac{x}{\sqrt{x^2 + y^2 + z^2}}, \frac{y}{\sqrt{x^2 + y^2 + z^2}}, \frac{z}{\sqrt{x^2 + y^2 + z^2}}, 0 \right)$$

を考えればよい．以下では $\mathbb{R}^3$ への埋め込みの場合を述べる．グラフ G の空間埋め込み $f \colon G \to \mathbb{R}^3$ に対し，合成写像 $\pi \circ f$ を $\hat{f}$ で表す．このとき $\hat{f}(G)$ が $f(G)$ の**正則射影図**，あるいは単に**射影図**であるとは，$\hat{f}$ の多重点が辺の間の有限個の**横断的 2 重点**のみからなるときをいう．ここで横断的 2 重点とは，

辺と辺が図 1.9 (1) のように交わってできる 2 重点のことである．(2) は辺と辺の接点，(3) は頂点と辺が交わってできる 2 重点，(4) は 3 重点で，いずれも横断的 2 重点でない．このとき，以下の事実が知られている．

命題 1.2.1 任意の空間グラフ $f(G)$ に対し，必要ならば $f(G)$ を同型の範囲で適当に変形して，$\hat{f}(G)$ が $f(G)$ の正則射影図であるようにできる．

厳密な証明は省略するが，直観的には，もし横断的 2 重点でない多重点があったら，図 1.10 の要領で $\mathbb{R}^3$ 内で同型の範囲で微調整を加えて射影し直せばよい．そこで正則射影図 $\hat{f}(G)$ において，各 2 重点を π による上下の情報を入れて図 1.11 のいずれかで表したものを $f(G)$ の**正則図式**，あるいは単に**図式**といい，$\tilde{f}(G)$ で表す (図 1.12)．また，これら上下の情報付きの 2 重点を**交差点**という．要するに空間グラフ $f(G)$ の図式 $\tilde{f}(G)$ とは，平面 $\mathbb{R}^2$ をキャンバスとして描いた $f(G)$ の絵のことで，各交差点は立体交差をそれらしく描いたものにほかならない．

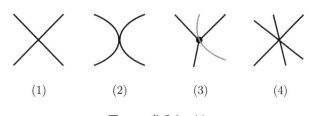

(1)　　　(2)　　　(3)　　　(4)

図 1.9　多重点の例．

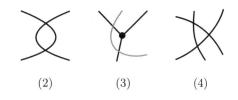

(2)　　　(3)　　　(4)

図 1.10　横断的 2 重点でない多重点の解消．

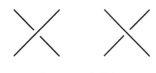

図 1.11　交差点．

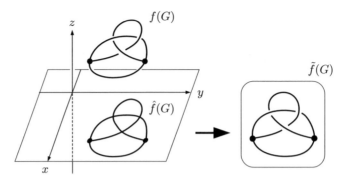

図 1.12 空間グラフ $f(G)$ の正則射影図 $\hat{f}(G)$, 正則図式 $\tilde{f}(G)$.

このとき, グラフ G の互いに同型な空間グラフ $f(G), g(G)$ の図式において, 次の定理が成り立つ.

定理 1.2.2 ([58], [139]) 2 つの空間グラフ $f(G), g(G)$ が互いに同型 (アンビエント・イソトピック) であるための必要十分条件は, それらの図式 $\tilde{f}(G), \tilde{g}(G)$ が, $\mathbb{R}^2$ の向きを保つ自己同相写像, 及び図 1.13 の I, II, III, IV, V の移動を有限回用いて, (対応する頂点及び辺のラベルを保存して) 互いに移り合うことである.

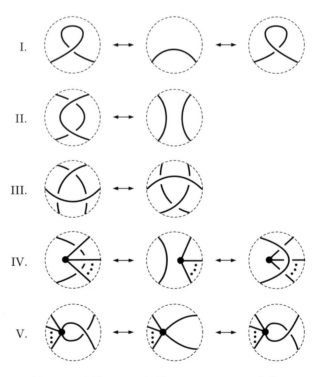

図 1.13 空間グラフの図式の Reidemeister 移動.

定理 1.2.2 について幾つか補足しよう．図式 $\tilde{f}(G), \tilde{g}(G)$ が $\mathbb{R}^2$ の向きを保つ自己同相写像で移り合うとは，$\mathbb{R}^2$ の向きを保つ自己同相写像 $o\colon \mathbb{R}^2 \to \mathbb{R}^2$ が存在して $o(\hat{f}(G)) = \hat{g}(G)$，かつ対応する交差点の上下の情報が全て等しいときをいう．要するにキャンバス $\mathbb{R}^2$ を向きを保つ同相写像の範囲で全体的あるいは部分的に変形したとき，それにより同時に変形された図式をもとの図式と同じとみなす．本書ではこれも $\tilde{f}(G) \cong \tilde{g}(G)$ で表す．また，図 1.13 の各移動は点線の円周の内側の部分を取り替える操作であり，点線の円周の外側の部分では移動前移動後で全く同じ図式となっているものとする．特に G 自身がサイクルの非交和であるとき，即ち $f(G), g(G)$ が結び目/絡み目のとき，移動 I, II, III は **Reidemeister 移動**と呼ばれ，定理 1.2.2 は結び目/絡み目に関する **Reidemeister の定理**としてよく知られている．移動 I, II, III と移動 IV, V を合わせて空間グラフの Reidemeister 移動と呼ぶ．例えば図 1.4 の互いに同型な 2 つの空間グラフ $f(G), g(G)$ において，図 1.4 をそのまま図式 $\tilde{f}(G), \tilde{g}(G)$ と考えたとき，図 1.16 はそれらの間の Reidemeister 移動の列である．ここで一箇所，図 1.14 に示した移動 III′ を用いた．移動 III′ は移動 III とは一番上の交差点の上下が異なっているが，移動 II, III と $\mathbb{R}^2$ の向きを保つ自己同相写像で実現される (図 1.15)．このことから，移動 III′ も Reidemeister 移動と呼んで差し支えない．

III′.　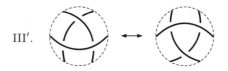

図 1.14　移動 III′.

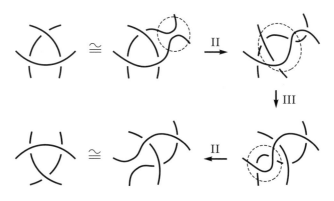

図 1.15　移動 III′ は 移動 II, III で実現される．

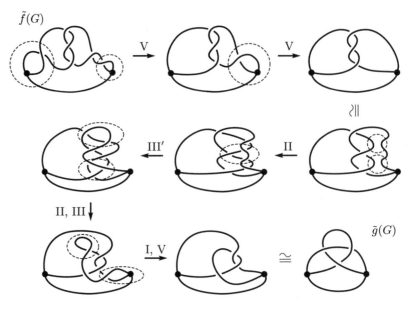

図 1.16 同型な空間グラフの 2 つの図式の間の Reidemeister 移動の列.

定理 1.2.2 から，空間グラフの不変量は，例えばこれら 5 種類の移動で不変であるような量を見つけることで得られる．次の 1.3 節で例を挙げよう．

1.3　空間グラフの不変量の例

$L = f(G)$ を m 成分絡み目とし，$K_1, K_2, \ldots, K_m$ をその全ての結び目成分とする．各結び目成分の f による逆像 $f^{-1}(K_i)$ には 1 次元多様体としての向きが与えられているとし，各結び目成分にも対応する向きを与える．このような L を m 成分の**有向絡み目**といい，特に $m = 1$ のとき**有向結び目**という．各結び目成分の向きは図 1.17 のように成分上の矢印で表す．向きを考えない絡み目，結び目を**無向絡み目**，**無向結び目**ということもある．有向絡み目の同型は各結び目成分のラベルと向きを保存するものを考える．即ち，互いにアンビエント・イソトピックな 2 つの有向絡み目を同じとみなす．

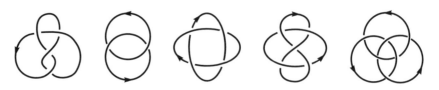

図 1.17　有向結び目/絡み目の例.

有向絡み目 $L = f(G)$ の図式 $\tilde{f}(G)$ を $\widetilde{L}$ で，各結び目成分 K_i の図式を $\widetilde{K}_i$ で表そう．L の向きにより，$\widetilde{L}$ の各交差点 c は図 1.18 (1), (2) のいずれかである．(1) を**正交差点**といい，(2) を**負交差点**という．$\widetilde{L}$ の交差点全体の集合を $C(\widetilde{L})$ とおき，写像 $\varepsilon : C(\widetilde{L}) \to \{-1, 1\}$ を正交差点 c に対し $\varepsilon(c) = 1$，負交差点 c に対し $\varepsilon(c) = -1$ で定義する．$\varepsilon(c)$ を交差点 c の**符号**という．このとき $\widetilde{L}$ の全ての交差点の符号の総和

$$w(\widetilde{L}) = \sum_{c \in C(\widetilde{L})} \varepsilon(c) \in \mathbb{Z}$$

を $\widetilde{L}$ の**ライズ**という．例えば図 1.17 の有向結び目/絡み目のライズは，左から順に $0, 2, 4, -1, 0$ である．

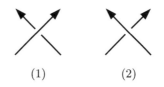

(1)　　　　(2)

図 1.18　(1) 正交差点, (2) 負交差点.

補題 1.3.1　ライズ $w(\widetilde{L})$ は Reidemeister 移動 II, III で変化しない.

証明.　まず移動 II で変化しないことを示す．移動 II の各弧の向きの付き方として図 1.19 の 2 通りを考えれば十分である．移動 II において左の図式を $\widetilde{L}$，右の図式を $\widetilde{M}$ とおき，左の図式に現れる交差点を図 1.19 のように c_1, c_2 とする．このとき

$$w(\widetilde{L}) - w(\widetilde{M}) = \varepsilon(c_1) + \varepsilon(c_1)$$

であり，いずれの場合も右辺の値は 0 となる．従って $w(\widetilde{L}) = w(\widetilde{M})$ である．
次に移動 III で変化しないことを示す．移動 III において左の図式を $\widetilde{L}$，右の図式を $\widetilde{M}$ とおき，左の図式に現れる交差点及び右の図式に現れる交差点を，図 1.19 のように c_1, c_2, c_3 及び c_1', c_2', c_3' とする．このとき

$$w(\widetilde{L}) - w(\widetilde{M}) = \sum_{i=1}^{3} (\varepsilon(c_i) - \varepsilon(c_i')) \tag{1.1}$$

であり，各弧のいかなる向きの付き方においても $\varepsilon(c_i) = \varepsilon(c_i')$ であるから，(1.1) の右辺は 0 となる．従って $w(\widetilde{L}) = w(\widetilde{M})$ である．　　　□

従って更に Reidemeister 移動 I で変化しないならば，定理 1.2.2 からライズは有向絡み目の不変量となるが，残念ながらライズは移動 I では必ず変化する (演習問題 1.2)．そこでそれを逆手に取り，特に 2 成分有向絡み目 $L = K_1 \cup K_2$

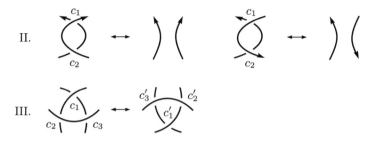

II.

III.

図 1.19　Reidemeister 移動 II, III によるライズの変化.

に対し以下の定義を与えよう. L の図式 $\widetilde{L}$ において, 各結び目成分の図式 $\widetilde{K}_i$ のライズ $w(\widetilde{K}_i)$ も自然に定まる $(i = 1, 2)$. このとき, 数値 $\mathrm{lk}(\widetilde{L})$ を

$$\mathrm{lk}(\widetilde{L}) = \frac{1}{2}\left(w(\widetilde{L}) - w(\widetilde{K}_1) - w(\widetilde{K}_2)\right)$$

で定義する. これは $\widetilde{K}_1$ と $\widetilde{K}_2$ の間の交差点の符号の総和 $\times 1/2$ に等しく, $\widetilde{K}_1$ と $\widetilde{K}_2$ の間の交差点の個数は必ず偶数であることから整数値を取る. このとき以下が成り立つ. 証明は演習問題 1.3 とする.

補題 1.3.2　$\mathrm{lk}(\widetilde{L})$ は Reidemeister 移動 I, II, III で変化しない.

補題 1.3.2 によって直ちに次が結論され, これは定理 1.2.2 によって不変量が見出される典型的な例ともなっている.

定理 1.3.3　$\mathrm{lk}(\widetilde{L})$ は 2 成分有向絡み目 $L = K_1 \cup K_2$ の不変量である. $\mathrm{lk}(\widetilde{L})$ を $\mathrm{lk}(L)$ あるいは $\mathrm{lk}(K_1, K_2)$ と表して, L の**絡み数**という.

一般に有向結び目 K に対し, K の向きを逆にして得られる有向結び目を $-K$ で表すとき, 2 成分有向絡み目 $L = K_1 \cup K_2$ の絡み数について

$$\mathrm{lk}(-K_1, K_2) = \mathrm{lk}(K_1, -K_2) = -\mathrm{lk}(K_1, K_2) \tag{1.2}$$

が成り立つ (演習問題 1.4). このことから, 2 成分無向絡み目 L に対しても, 各結び目成分に適当に向きを付けて有向絡み目としたときの絡み数 $\mathrm{lk}(L)$ の絶対値 $|\mathrm{lk}(L)|$ あるいは平方 $\mathrm{lk}(L)^2$ は, L の同型に関する不変量となる.

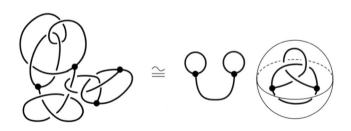

図 1.20　分離空間グラフ.

一般に空間グラフ $f(G)$ が**分離している**，または**分離空間グラフ**であるとは，$\mathbb{R}^3$ 内の 3 次元球体 B でその境界の 2 次元球面 S が $f(G)$ と共通部分を持たないものが存在し，$B \setminus S$ と $\mathbb{R}^3 \setminus B$ がいずれも $f(G)$ と共通部分を持つときをいう．そのような B が存在しないとき，$f(G)$ は**分離不能**という．図 1.20 は分離している空間グラフの例である (演習問題 1.5)．また 2 成分以上の自明な絡み目はもちろん分離している．分離不能な空間グラフとは，要するにもともと連結であるか，または複数の連結成分からなる'外せない'空間グラフのことである．特に 2 成分絡み目 $L = K_1 \cup K_2$ が分離しているならば，その図式 $\widetilde{L}$ で $\widetilde{K}_1$ と $\widetilde{K}_2$ の間の交差点がないものが存在する．このことから次が得られる．

命題 1.3.4　2 成分有向絡み目 L が分離しているならば，$\mathrm{lk}(L) = 0$ である．

従って $\mathrm{lk}(L) \neq 0$ である 2 成分有向絡み目 L は分離不能である．

例 1.3.5　(1) Hopf 絡み目を図 1.17 の左から 2 番目の図の 2 成分有向絡み目と考えると，その絡み数は 1 となる．これより，Hopf 絡み目は分離不能であることが (直観的には明らかではあるが) 厳密に証明できる．

(2) Whitehead 絡み目の各成分にどのように向きを付けても，その絡み数は 0 となる (演習問題 1.6)．一方，この絡み目は別の方法で分離不能であることが証明できる (例 2.6.5)．即ち命題 1.3.4 の逆は成り立たない．

さて，絡み数は 2 成分絡み目を対象とする不変量であるが，次に結び目/絡み目でない空間グラフの不変量の例を紹介しよう．一般に，グラフ G の各辺にやはり 1 次元多様体としての向きが与えられているとき，G を**有向グラフ**という．各辺の向きは図 1.21 のように辺上の矢印で表す．有向グラフ G の空間グラフ $f(G)$ で，各辺に対応する向きが与えられたものを**有向空間グラフ**と呼ぶ．有向空間グラフにおいてもまた，互いにアンビエント・イソトピックな 2 つの空間グラフ $f(G), g(G)$ を同じとみなす．

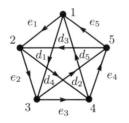 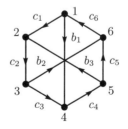

図 1.21　辺のラベルと向きの付いた $K_5, K_{3,3}$.

いま，グラフ G を図 1.6 の $K_5, K_{3,3}$ のいずれかとし，その各辺に図 1.21 のようにラベルと向きを付ける．G の互いに交わらない 2 辺の非順序対 (e, e') に対し，そのウェイト $\varepsilon(e, e')$ を，$G = K_5$ の場合は $\varepsilon(e_i, e_j) = 1$, $\varepsilon(d_i, d_j) = -1$, $\varepsilon(e_i, d_j) = -1$ で，$G = K_{3,3}$ の場合は $\varepsilon(c_i, c_j) = 1$, $\varepsilon(b_i, b_j) = 1$, $\varepsilon(c_i, b_j) = 1$ (c_i と b_j は図 1.21 において向きを込めて平行)，$\varepsilon(c_k, b_l) = -1$ (c_k と b_l は図 1.21 において逆平行) で定義する．そこで空間グラフ $f(G)$ の図式 $\tilde{f}(G)$ において，互いに交わらない 2 辺の非順序対 (e, e') に対し，$\tilde{f}(e)$ と $\tilde{f}(e')$ の間の交差点の符号の総和を $l(\tilde{f}(e), \tilde{f}(e'))$ として，整数 $L(\tilde{f})$ を

$$L(\tilde{f}) = \sum_{(e, e')} \varepsilon(e, e') l(\tilde{f}(e), \tilde{f}(e'))$$

で定義する．このとき，次が成り立つ．

補題 1.3.6　$L(\tilde{f})$ は Reidemeister 移動 I, II, III, IV, V で変化しない．

証明．　移動 I, V に現れる交差点はそれぞれ同一辺上，隣接辺上にあり，$L(\tilde{f})$ とは無関係である．従って移動 I, V で $L(\tilde{f})$ は変化しない．また，補題 1.3.1 と同様にして，$L(\tilde{f})$ は移動 II, III で変化しないことがわかる．以下，$L(\tilde{f})$ は移動 IV で変化しないことを示そう．$G = K_5$ とし，移動 IV に現れる頂点が 1 (の像) である場合を考える．他の頂点の場合も，有向グラフとしての K_5 の対称性から以下と全く同じ議論で示される．いま移動 IV の左の図式を $\tilde{f}(K_5)$ とおくとき，頂点 1 を端点とする辺は $\tilde{f}(e_1), \tilde{f}(e_5), \tilde{f}(d_1), \tilde{f}(e_5)$ である．これらと交差する辺を $\tilde{f}(x)$ とする (図 1.22)．辺 x が e_1, e_5, d_1, d_5 のいずれかなら，これら交差点は $L(\tilde{f})$ とは無関係である．x が頂点 1 を端点としない辺のとき，x は e_1, e_5, d_1, d_5 のうちちょうど 2 辺 y, y' と共通部分を持たず，$\tilde{f}(x)$ と $\tilde{f}(y) \cup \tilde{f}(y')$ はちょうど移動 II をなす．$x = e_3, d_3, d_4, d_2$ のとき (y, y') はそれぞれ $(e_5, e_1), (d_5, d_1), (e_5, d_1), (d_5, e_1)$ で，y, y' の向きは頂点 1 で正転する．いずれの場合も $\varepsilon(x, y) = \varepsilon(x, y')$ であるので $L(\tilde{f})$ は変化しない．$x = e_4, e_2$ のとき (y, y') はそれぞれ $(e_1, d_1), (e_5, d_5)$ で，今度は y, y' の向きは頂点 1 で逆転する．しかしいずれの場合も $\varepsilon(x, y) = -\varepsilon(x, y')$ であるので，$L(\tilde{f})$ はやはり変化しない．以上で $G = K_5$ の場合に $L(\tilde{f})$ が移動 IV で変化しないことが示された．$G = K_{3,3}$ の場合は演習問題 1.7 とする．　□

補題 1.3.6 によって，直ちに次が結論される．

定理 1.3.7 ([124])　$G = K_5, K_{3,3}$ の空間グラフ $f(G)$ において，$L(\tilde{f})$ は $f(G)$ のアンビエント・イソトピー不変量である．$L(\tilde{f})$ を $L(f)$ と表して，$f(G)$ の **Simon 不変量**という．

例 1.3.8　図 1.23 の中央の空間グラフ $f(K_5)$ の Simon 不変量は

$$L(f) = \varepsilon(d_1, d_3)(-1) + \varepsilon(d_1, d_4)(-1) + \varepsilon(d_2, d_4)(-1)$$

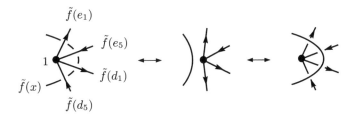

図 1.22 $\tilde{f}(K_5)$ における Reidemeister 移動 IV.

$$+\varepsilon(d_2, d_5) \cdot 1 + \varepsilon(d_3, d_5)(-1)$$
$$= 3.$$

一方，左の $g(K_5)$ については $L(g) = 1$ である．従って $f(K_5)$ と $g(K_5)$ は互いにアンビエント・イソトピックではない．右の $f(K_{3,3})$ の Simon 不変量の計算は演習問題 1.8 とする．

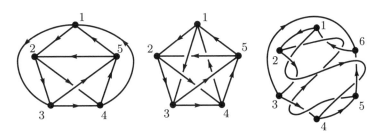

図 1.23 空間グラフ $g(K_5)$ (左)，$f(K_5)$ (中央)，空間グラフ $f(K_{3,3})$ (右)．

Simon 不変量は実は奇数値しか取らない．このことは 3.5 節で示そう (系 3.5.13)．

1.4 空間グラフに現れる独特の現象

結び目/絡み目に加え，更に空間グラフという対象を研究する動機は様々なのだが，最も単純な興味として，結び目理論には現れない特有の現象が空間グラフに現れることが挙げられる．本節ではこのことについて述べよう．

まず，空間グラフの分類において，結び目/絡み目との違いを理解しておくことが基本である．空間グラフの最も素朴な不変量は結び目/絡み目成分の同型類の集合であるが，図 1.24 の 2 つの空間グラフは，**結び目/絡み目成分が全て自明であるにも関わらず，それ自身は非自明な例**である．即ち，空間グラフの同型類はその結び目/絡み目成分に依らず，その分類は結び目/絡み目の分類とは本質的に異なる．図 1.24 の右の空間グラフの絡み目成分が自明であるこ

とは明らかであろう．また左の空間グラフは**樹下のシータ曲線** ([65]) と呼ばれる有名な空間グラフで，図 1.25 はその全ての結び目成分である．近年は化学との関わりの中で，非自明な結び目/絡み目を含まない空間グラフを**ラヴァル** (ravel) と呼ぶ向きもある ([12])．一般には次の定理が知られている．

定理 1.4.1 ([60], [135])　次数 1 以下の頂点を持たない平面的グラフ G の非自明な空間グラフ $f(G)$ で，G の全ての真部分グラフ G' において $f(G')$ が自明であるようなものが存在する．このとき，空間グラフ $f(G)$ は**極小非自明**であるという[*1]．

　図 1.24 の 2 つの空間グラフはラヴァル，更には極小非自明な空間グラフの例である．このことは 2.5 節で示す．このような空間グラフ独特の絡まり方/結ばり方を捉えるには，やはり不変量の研究が重要であるが，結び目/絡み目の代数的な不変量が空間グラフに直接拡張されることは稀である．それは対象が 1 次元閉多様体であることを本質的に用いているからである．そんな中，空間グラフの**結び目群**，及びそれから導き出される **Alexander 不変量**は，結び目/絡み目から空間グラフに直接拡張され，しかも空間グラフ独特の結ばり方/絡まり方を抽出してくれる，空間グラフの研究に欠かせない不変量である．これらについては第 2 章で詳しく述べる．

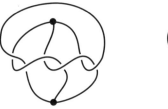

図 1.24　結び目/絡み目成分が全て自明な空間グラフ．

図 1.25　樹下のシータ曲線の 3 つの結び目成分は全て自明な結び目．

[*1]　より一般に，次数 1 以下の頂点を持たないグラフ G の任意の空間グラフ $f(G)$ に対し，$f(G)$ と同型でないある空間グラフ $g(G)$ で，G の全ての真部分グラフ G' において $f(G')$ と $g(G')$ は同型であるようなものが無限個存在することが知られている ([60])．

一方で空間グラフには次のような現象も生じる．それは，$\mathbb{R}^3$ にどのように埋め込んでも，必ず非自明な結び目/絡み目を含むグラフが存在することである．いま，任意の異なる 2 頂点をちょうど 1 本の辺で結んでできるグラフを完全グラフといい，頂点数 n のものを K_n で表す (図 1.26 参照．K_5 は 1.3 節で既に登場したもの)．このとき，次の事実が知られている．

定理 1.4.2 (1) K_6 の任意の空間グラフ $f(K_6)$ は，2 成分の分離不能な絡み目成分を持つ．

(2) K_7 の任意の空間グラフ $f(K_7)$ は，非自明な結び目成分を持つ．

　即ち，$\mathbb{R}^3$ にどのように埋め込んでも，'外せない' 絡み目を必ず含むグラフや，'ほどけない' 結び目を必ず含むグラフが存在する．例えば図 1.27 の左の K_6 の空間グラフは Hopf 絡み目を含み，右の K_7 の空間グラフは三葉結び目を含んでいる (いずれも太線部分)．本節で最初に述べた空間グラフの極小非自明性あるいはラヴァル性が，空間グラフの $\mathbb{R}^3$ における位置に関する外在的な性質であるのに対し，ここで述べた現象は $\mathbb{R}^3$ における位置に依らないという意味で内在的な性質である．このように，一般にグラフが十分複雑ならば，$\mathbb{R}^3$ への埋め込み方に依存しているように見える性質が，実は埋め込みの情報を必要としないグラフの内在的性質として備わっていることがあるのである．

図 1.26　n 頂点完全グラフ K_n ($n = 4, 5, 6, 7$).

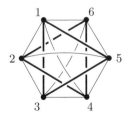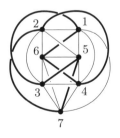

図 1.27　K_6, K_7 の空間グラフ．太線部は左が Hopf 絡み目，右が三葉結び目に同型．

定理 1.4.2 は，**Conway–Gordon の定理**と呼ばれる有名な定理の直接の系として得られ，これは一般に空間グラフの各結び目/絡み目成分たちの振る舞いが独立でなく，不変量のレベルで互いに干渉し合うことを主張するものである．本書の主たる目的は，この Conway–Gordon の定理及びそのアイディアを巡って展開される空間グラフの内在的性質の研究の拡がりと深化について，解説を行なうことである．Conway–Gordon の定理そのものについては 3.2 節で詳しく述べる．極小非自明性やラヴァル性を持つ空間グラフの追求は本書の主目的からは外れるものの，内在的性質の研究の文脈において 5.2 節で再び登場する．また，結び目群及び Alexander 不変量も，本書において多くの場面に直接的または間接的に関わっていることが，追ってわかってくることと思う．

演習問題

1.1 図 1.5 の 2 つの空間グラフ $f(G), h(G)$ をそのまま図式 $\tilde{f}(G), \tilde{h}(G)$ と考えたとき，それらの間の Reidemeister 移動の列を図示せよ．

1.2 有向絡み目の図式 $\widetilde{L}$ のライズ $w(\widetilde{L})$ は Reidemeister 移動 I で必ず変化することを示せ．

1.3 補題 1.3.2 を証明せよ．

1.4 (1.2) を証明せよ．

1.5 図 1.20 の空間グラフが分離していることを確かめよ．

1.6 Whitehead 絡み目 L の各成分にどのように向きを入れても，$\mathrm{lk}(L) = 0$ となることを確かめよ．

1.7 補題 1.3.6 を $G = K_{3,3}$ の場合に証明せよ．

1.8 図 1.23 の右の空間グラフ $f(K_{3,3})$ の Simon 不変量を求めよ．

第 2 章
空間グラフの Alexander 不変量

　本章では，空間グラフの Alexander 不変量について述べる．Alexander 不変量は，古典的な代数的トポロジーを用いて定義され，かつ具体的に計算可能な大変扱いやすい不変量である．よって代数的トポロジーの基本的事項を前提とするが，基本群については例えば [75] を，ホモロジー群については例えば [74] を参照して欲しい．群の表示については例えば [114], [15] を参照のこと．

2.1　群の表示と Tietze の定理

　F_s を階数 s の**自由群**とし，$x_1, x_2, \ldots, x_s$ をその生成元とする．$R = \{r_1, r_2, \ldots, r_t\}$ を F_n の元からなる有限集合とする (空集合でもよい)．いま F_s の元 w が R の**帰結**であるとは，w が

$$w = \prod_{k=1}^{p} u_k r_{i_k}^{\varepsilon_k} u_k^{-1} \quad (1 \le i_1, i_2, \ldots, i_p \le t, \ \varepsilon_k = \pm 1, \ u_k \in F_s)$$

の形で表されているときをいう．R の帰結全体の集合 $N(R)$ は R が生成する F_s の正規部分群である．このとき，商群 $F_s/N(R)$ を次の表示

$$\langle x_1, x_2, \ldots, x_s \mid r_1, r_2, \ldots, r_t \rangle \tag{2.1}$$

で表す．$\mathcal{G}$ を群とするとき，$\mathcal{G}$ が**有限表示群**であるとは，(2.1) の表示で表される群に同型であるときをいい，このとき (2.1) を $\mathcal{G}$ の**表示**という．$x_1, x_2, \ldots, x_s$ を $\mathcal{G}$ の**生成元**といい，$r_1, r_2, \ldots, r_t$ を $\mathcal{G}$ の**関係子**という．また，(2.1) において，$s - t$ をこの表示の**不足度**という．(2.1) の表示を持つ有限表示群 $\mathcal{G}$ とは，要するに任意の元が各 $x_j^{\pm 1}$ を適当に並べることで得られ，$r_i^{\pm 1}$ が現れたら単位元 1 にしてよいとする群である．以下に代表的な群の表示を挙げておく．

例 2.1.1　(1) $\mathbb{Z} \cong \langle x_1 \mid \emptyset \rangle$.
(2) $\mathcal{G}$ を階数 $s \ge 2$ の**自由アーベル群** $\mathbb{Z} \oplus \mathbb{Z} \oplus \cdots \oplus \mathbb{Z}$ (s 個の直和) とする

と，$\mathcal{G} \cong \langle x_1, x_2, \ldots, x_s \mid [x_i, x_j] \ (1 \le i < j \le s) \rangle$．ここで $[x_i, x_j]$ は交換子 $x_i x_j x_i^{-1} x_j^{-1}$ である．

(3) $\mathbb{Z}_p \cong \langle x_1 \mid x_1^p \rangle$．

(4) 3次対称群 $\mathfrak{S}_3 \cong \langle x_1, x_2 \mid x_1^2,\ x_2^2,\ x_1 x_2 x_1 x_2^{-1} x_1^{-1} x_2^{-1} \rangle$．

この後の例 2.1.3 で述べるように，有限表示群 $\mathcal{G}$ の表示は一意的でなく，同じ群でも様々な表示を持つ．それらを統制する以下の操作を導入しよう．(2.1) の表示に施す以下の操作 (T1)，(T1)$'$，(T2)，(T2)$'$ を，**Tietze 変換**という：

(T1)：w が R の帰結のとき，関係子に w を加える．即ち

$$\langle x_1, x_2, \ldots, x_s \mid r_1, r_2, \ldots, r_t \rangle \longrightarrow \langle x_1, x_2, \ldots, x_s \mid r_1, r_2, \ldots, r_t, w \rangle.$$

(T1)$'$：r_i が $R \setminus \{r_i\}$ の帰結のとき，関係子から r_i を消去する（このことを $\hat{r}_i$ で表す．今後もしばしば同様の記法を用いる）．即ち

$$\langle x_1, x_2, \ldots, x_s \mid r_1, r_2, \ldots, r_t \rangle \longrightarrow \langle x_1, x_2, \ldots, x_s \mid r_1, \ldots, \hat{r}_i, \ldots, r_t \rangle.$$

(T2)：どの $x_j^{\pm 1}$ とも異なる z，及び $w \in \langle x_1, x_2, \ldots, x_s \mid \emptyset \rangle$ に対し，z を生成元に加え，zw^{-1} を関係子に加える．即ち

$$\langle x_1, x_2, \ldots, x_s \mid r_1, r_2, \ldots, r_t \rangle \longrightarrow \langle x_1, x_2, \ldots, x_s, z \mid r_1, r_2, \ldots, r_t, zw^{-1} \rangle.$$

(T2)$'$：ある r_i が $r_i = x_j w^{-1}$，$w \in \langle x_1, \ldots, \hat{x}_j, \ldots, x_s \mid \emptyset \rangle$ と表されるとき，$k \ne i$ なる r_k に現れる x_j に w を代入し（それを r_k' で表す），関係子から r_i を消去し，生成元から x_j を消去する．即ち

$$\langle x_1, x_2, \ldots, x_s \mid r_1, r_2, \ldots, r_t \rangle \longrightarrow \langle x_1, \ldots, \hat{x}_j, \ldots, x_s \mid r_1', \ldots, \hat{r}_i, \ldots, r_t' \rangle.$$

(T1) と (T1)$'$，(T2) と (T2)$'$ は互いに逆操作となっていることに注意しよう．このとき，次の定理が成り立つ．証明は例えば [114]，[15] を参照せよ．

定理 2.1.2 2つの有限表示群 $\mathcal{G}, \mathcal{G}'$ が同型であるための必要十分条件は，それらの表示が有限回の Tiezte 変換で互いに移り合うことである．

例 2.1.3 (1) 群 $\mathcal{G}$ は，表示

$$\langle x, y, z \mid x^2,\ y^2,\ z^{-1} x^2 z y^2,\ xyzy^{-1},\ zxyx^{-1} \rangle$$

を持つとする．このとき

$$\begin{aligned}
\mathcal{G} &\cong \langle x, y, z \mid x^2,\ y^2,\ z^{-1} x^2 z y^2,\ xyzy^{-1},\ zxyx^{-1} \rangle \\
&\cong \langle x, y, z \mid x^2,\ y^2,\ xyzy^{-1},\ zxyx^{-1} \rangle \\
&\cong \langle x, y \mid x^2,\ y^2,\ xyxy^{-1} x^{-1} y^{-1} \rangle \\
&\cong \mathfrak{S}_3
\end{aligned} \tag{2.2}$$

となる．それぞれの Tietze 変換の詳細を追うことは演習問題 2.1 とする．

(2) (2.1) の表示において各 r_i と r_i^{-1} は互いに帰結の関係にあるので，r_i を r_i^{-1} に取り替えてよい．

(3) (2.1) の表示で $r_i = x_{i_1}^{\varepsilon_1} x_{i_2}^{\varepsilon_2} \cdots x_{i_p}^{\varepsilon_p}$ とするとき，r_i と $x_{i_p}^{\varepsilon_p} x_{i_1}^{\varepsilon_1} \cdots x_{i_{p-1}}^{\varepsilon_{p-1}}$ は

$$x_{i_p}^{\varepsilon_p} x_{i_1}^{\varepsilon_1} \cdots x_{i_{p-1}}^{\varepsilon_{p-1}} = x_{i_p}^{\varepsilon_p}(x_{i_1}^{\varepsilon_1} x_{i_2}^{\varepsilon_2} \cdots x_{i_p}^{\varepsilon_p}) x_{i_p}^{-\varepsilon_1}$$

から互いに帰結の関係にあるので，r_i を $x_{i_p}^{\varepsilon_p} x_{i_1}^{\varepsilon_1} \cdots x_{i_{p-1}}^{\varepsilon_{p-1}}$ に取り替えてよい．即ち，各関係子は群の同型の下で生成元の積の順番を '巡回' させることが可能である．

例 2.1.3 (2)，(3) から特に，(2.1) の表示において，ある r_i にただ 1 つの x_j が現れてさえいれば，r_i を $x_j w^{-1}$，$w \in \langle x_1, \ldots, \hat{x}_j, \ldots, x_s \mid \emptyset \rangle$ なる関係子に取り替えることができ，従って (T2)′ が適用できることに注意しよう．

2.2 空間グラフの結び目群

結び目 (または絡み目) K の $\mathbb{R}^3$ における補空間 $\mathbb{R}^3 \setminus K$ の基本群 $\pi_1(\mathbb{R}^3 \setminus K)$ を K の**結び目群**という．互いに同型な結び目の $\mathbb{R}^3$ における補空間は同相であることから，Reidemeister の定理 (定理 1.2.2) を用いるまでもなく，これは結び目不変量となる．結び目群は結び目の古典的かつ代表的な不変量の 1 つであり，素な結び目を完全に分類するなど ([41])，強力な不変量としてもよく知られている．一般の空間グラフ $f(G)$ についても，その $\mathbb{R}^3$ における補空間 $\mathbb{R}^3 \setminus f(G)$ の基本群 $\pi_1(\mathbb{R}^3 \setminus f(G))$ は $f(G)$ の同型類の不変量である．これを空間グラフ $f(G)$ の**結び目群**といい，本書ではこれを $\mathcal{G}(f(G))$ で表す[*1)]．$\mathbb{S}^3$ への埋め込みを考える場合は，$\mathbb{S}^3$ における補空間の基本群で定義する．$\pi_1(\mathbb{S}^3 \setminus f(G))$ と $\pi_1(\mathbb{R}^3 \setminus f(G))$ の間には自然な同型があり，どちらで考えても群としては同じものである．

結び目/絡み目の場合，その図式から **Wirtinger 表示**と呼ばれる有限個の生成元と関係子からなる結び目群の有限表示を読み取ることができることはよく知られている．一般の空間グラフ $f(G)$ の場合も，以下のようにしてその結び目群の有限表示が得られる．まず，$f(G)$ の図式 $\tilde{f}(G)$ において，交差点の '切れ目' またはグラフの頂点を端点とする単純曲線で，端点以外には頂点を含まないものをこの図式の**弧**と呼ぶ．$\tilde{f}(G)$ の各辺に適当に向きを入れ，各弧に有向線分 x_j を図 2.1 の左の要領で適当に割り当てる．その際，各弧の向きと割り当てた x_j の向きが正交差点をなすようにする．例えば図 2.1 では図式はちょうど 9 本の弧からなり，それぞれに $x_1, x_2, \ldots, x_9$ が割り当てられてい

---

*1)　一方，2 成分以上の絡み目について，「絡み目群」(link group) とは通常，補空間の基本群をある特別な部分群で割った商群のことを指す ([81])．このことから，本書では $\mathcal{G}(f(G))$ を「空間グラフ群」でなく「空間グラフの結び目群」と呼ぶことにする．

る．これら x_j が結び目群の生成元となる．幾何学的な意味は図 2.1 の右の通り．次に各交差点に対し，正交差点及び負交差点の場合に対応して，図 2.2 の左及び中央の要領で，それぞれ $x_i x_j x_i^{-1} x_k^{-1}$，$x_j x_i x_k^{-1} x_i^{-1}$ を関係子として加える．これらは，各交差点の周りにそれぞれの弧に割り当てられた生成元を寄せて正方形を作り，その外周を向きを反映させて反時計回りに読んだものである．更にグラフの各頂点に対し，図 2.2 の右の要領で $x_{j_1}^{\varepsilon_1} x_{j_2}^{\varepsilon_2} \cdots x_{j_d}^{\varepsilon_d}$ を関係子として加える．ここで各 ε_l は x_{j_l} が割り当てられている弧の向きが頂点から出る方向なら $+1$，頂点に入る方向なら -1 と決める．これも各頂点の周りにそれぞれの弧に割り当てられた生成元を寄せて多角形を作り，その外周を向きを反映させてやはり反時計回りに読んだものである．こうして得られた有限表示が実際に $\mathcal{G}(f(G))$ の表示となることが，結び目の場合とほぼ同様の方法で示される．

定理 2.2.1 上で構成した有限表示は $f(G)$ の結び目群 $\mathcal{G}(f(G))$ の表示となる．これを $\mathcal{G}(f(G))$ の **Wirtinger** 表示という．

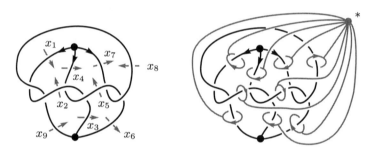

図 2.1 空間グラフの結び目群の生成元．

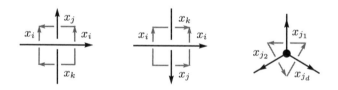

図 2.2 空間グラフの結び目群の関係子．

空間グラフの図式 $\tilde{f}(G)$ が**連結**であるとは，対応する射影図 $\hat{f}(G)$ が $\mathbb{R}^2$ の連結部分集合であるときをいう．連結でない図式を持つ空間グラフは分離しているが，分離空間グラフであっても，適当に Reidemeister 変形 II を用いることによって連結な図式を持つ．このとき次が成り立つ．

命題 2.2.2 空間グラフ $f(G)$ に対し，$\tilde{f}(G)$ をその連結な図式でちょうど c 個の交差点を持つものとする．このとき，次が成り立つ．

(1) $\tilde{f}(G)$ はちょうど $c + \sharp E(G)$ 本の弧を持つ．即ち，$\tilde{f}(G)$ から得られる $\mathcal{G}(f(G))$ の Wirtinger 表示の生成元の個数は $c + \sharp E(G)$ である．

(2) $\tilde{f}(G)$ から得られる $\mathcal{G}(f(G))$ の Wirtinger 表示について，任意の関係子は他の関係子の帰結となっている．従って Tietze 変換 (T1)$'$ によって任意の関係子を 1 つ消去できる．

(2) は定理 2.2.1 の証明の際に同時に示される事実だが，ここでは証明は省略する．以下で (1) を示そう．

証明. $\tilde{f}(G)$ に対応する射影図 $\hat{f}(G)$ を，各交差点を次数 4 の頂点とみなして平面グラフ $\widehat{G}$ と考える．このときグラフ理論における握手補題から

$$2\sharp E(\widehat{G}) = \sum_{v' \in V(\widehat{G})} \deg_{\widehat{G}} v' = 4c + \sum_{v \in V(G)} \deg_G v = 4c + 2\sharp E(G)$$

が得られ，従って $\sharp E(\widehat{G}) = 2c + \sharp E(G)$ となる．そこでもともと交差点だった $\widehat{G}$ の頂点を全て交差点に戻すことで辺が c 本減り，$c + \sharp E(G)$ が $\tilde{f}(G)$ の弧の本数，即ち $\mathcal{G}(f(G))$ の Wirtinger 表示の生成元の個数となる． $\square$

命題 2.2.2 から次の基本的な結果が得られる．これは結び目/絡み目の結び目群が不足度 1 の有限表示を持つというよく知られた事実の空間グラフへの一般化である．以下，$\beta_q(X)$ で位相空間 X の q 次元 Betti 数 $(= \operatorname{rank} H_q(X; \mathbb{Z}))$ を表す．

系 2.2.3 空間グラフ $f(G)$ の結び目群 $\mathcal{G}(f(G))$ は，不足度 $1 - \beta_0(G) + \beta_1(G)$ の表示を持つ．

証明. $\tilde{f}(G)$ は $f(G)$ の連結な図式でちょうど c 個の交差点を持つものとする．そこで Wirtinger 表示を取ると，その生成元の個数は命題 2.2.2 (1) から $c + \sharp E(G)$ で，関係子の個数は $c + \sharp V(G)$ である．更に命題 2.2.2 (2) から関係子を任意に 1 つ消去すると，その不足度は

$$c + \sharp E(G) - (c + \sharp V(G) - 1) = 1 - (\sharp V(G) - \sharp E(G))$$

である．ここで $\sharp V(G) - \sharp E(G)$ は Euler–Poincaré の公式から，G の Euler 標数 $\beta_0(G) - \beta_1(G)$ に等しい．これで示された． $\square$

例 2.2.4 樹下のシータ曲線 $f(G)$ について，図 2.1 から Wirtinger 表示を求めると，関係子は

$$r_1 = x_2 x_8 x_1^{-1} x_8^{-1}, \ r_2 = x_9 x_2 x_8^{-1} x_2^{-1}, \ r_3 = x_5 x_2 x_4^{-1} x_2^{-1},$$
$$r_4 = x_3 x_5 x_2^{-1} x_5^{-1}, \ r_5 = x_8 x_5 x_7^{-1} x_5^{-1}, \ r_6 = x_6 x_8 x_5^{-1} x_8^{-1},$$

$$r_7 = x_1 x_4 x_7, \ r_8 = x_3 x_6 x_9$$

である．まず $r_8 = x_3 x_6 x_9$ を消去する．次に x_3, x_6, x_9 はそれぞれ関係子 r_4, r_6, r_2 に 1 つだけ現れ，他の関係子には現れないので，(T2)' により関係子から r_2, r_4, r_6 を，生成元から x_3, x_6, x_9 をそれぞれ消去する．更に x_1, x_4, x_7 はそれぞれ関係子 r_1, r_3, r_5 に 1 つだけ現れるので，(T2)' により

$$x_1 = x_8^{-1} x_2 x_8, \ \ x_4 = x_2^{-1} x_5 x_2, \ \ x_7 = x_5^{-1} x_8 x_5$$

を r_7 の x_1, x_4, x_7 に代入し，関係子から r_1, r_3, r_5 を，生成元から x_1, x_4, x_7 をそれぞれ消去する．以上により，

$$\mathcal{G}(f(G)) \cong \left\langle x_2, x_5, x_8 \mid x_8^{-1} x_2 x_8 x_2^{-1} x_5 x_2 x_5^{-1} x_8 x_5 \right\rangle \tag{2.3}$$

となる．

特に平面的グラフ G の自明な空間グラフ $f(G)$ について，その結び目群 $\mathcal{G}(f(G))$ は，Wirtinger 表示の応用により次のように決定される．

命題 2.2.5 G を平面的グラフとし，$f(G)$ を G の自明な空間グラフとする．このとき，$\mathcal{G}(f(G))$ は階数が $\beta_1(G)$ の自由群である．

証明． $G_1, G_2, \ldots, G_m$ を G の連結成分とし，T_i を G_i の全域木，即ち G_i の全ての頂点を含む木とする．各 T_i を 1 頂点に縮約して得られるブーケグラフを G_i' とし，それらの非交和を G' とする．いま $f(G)$ を自明な空間グラフとするとき，各 $f(G_i)$ も自明な空間グラフで，$\mathbb{R}^2$ 上の互いに交わらない円板 $D_1, D_2, \ldots, D_m$ が存在し，$f(G_i)$ を D_i の内部に同型の下で移動できる．このとき，各 $f(G_i)$ において $f(T_i)$ を 1 点に縮約して得られる空間グラフを $f'(G')$ とすると，$\mathbb{R}^3 \setminus f(G)$ と $\mathbb{R}^3 \setminus f'(G')$ はホモトピー同値なので[*2)]，$\mathcal{G}(f(G)) \cong \mathcal{G}(f'(G'))$ となる．$f'(G')$ を $\mathbb{R}^2$ 上の図式と同一視して Wirtinger 表示を取ると，$f'(G)$ のループは全部で $\beta_1(G')$ 個あり，各頂点に対応する関係子は単位元となって消える．従って $\mathcal{G}(f'(G'))$ は階数 $\beta_1(G') = \beta_1(G)$ の自由群となる．　　　　$\square$

一方，よく知られているように，弧状連結な位相空間 X の基本群 $\pi_1(X)$ のアーベル化 $\pi_1(X)/[\pi_1(X), \pi_1(X)]$ は X の 1 次元ホモロジー群 $H_1(X; \mathbb{Z})$ に同型となる．一般の空間グラフ $f(G)$ について，結び目群 $\mathcal{G}(f(G))$ のアーベル化 $H_1(\mathbb{R}^3 \setminus f(G); \mathbb{Z})$ は埋め込み f の情報を反映しないことが次の命題からわかる．

[*2)]　具体的には，$f(G), f'(G')$ それぞれの補空間は外部空間とホモトピー同値で，更にそれぞれの外部空間は互いに同相である．外部空間については 2.7 節を参照せよ．

命題 2.2.6 空間グラフ $f(G)$ の結び目群のアーベル化 $H_1(\mathbb{R}^3 \setminus f(G); \mathbb{Z})$ は, G の 1 次元ホモロジー群 $H_1(G; \mathbb{Z})$ に同型である.

証明. G_i, T_i, G_i', G' は命題 2.2.5 の証明と同様とする $(i = 1, 2, \ldots, m)$. 各 $f(G_i)$ において $f(T_i)$ を 1 点に縮約して得られる空間グラフ $f'(G')$ について $\mathcal{G}(f(G)) \cong \mathcal{G}(f'(G'))$ となるのも同様である. $f'(G')$ の図式 $\tilde{f}'(G')$ を適当に取ってその Wirtinger 表示を取る. このとき $\tilde{f}'(G_i')$ の各ループ上の生成元は, そのループ上の各交差点に対応する関係子をアーベル化することで $\mathcal{G}(f(G))$ において全て等しくなり, また各 $\tilde{f}'(G_i')$ の頂点に対応する関係子は単位元となって消える. 従って $\mathcal{G}(f'(G'))$ は階数 $\beta_1(G') = \beta_1(G)$ の自由アーベル群となり, これは $H_1(G; \mathbb{Z})$ に同型である. $\qquad\square$

命題 2.2.6 から, $f(G)$ の特性は $\mathcal{G}(f(G))$ の非可換性の中にあることがわかる. 特に平面的グラフ G の空間グラフ $f(G)$ の自明性について, 命題 2.2.5 から, 結び目群 $\mathcal{G}(f(G))$ が自由群でなければ, $f(G)$ は非自明である. 更に結び目についてその逆も成り立つことは **Dehn** の補題としてよく知られているが, この事実は次の形で平面的グラフの空間グラフに拡張され, **Scharlemann–Thompson** の定理と呼ばれている.

定理 2.2.7 (Scharlemann–Thompson の定理 [115]) 平面的グラフ G の空間グラフ $f(G)$ が自明であるための必要十分条件は, $f(G)$ が全自由であることである.

ここで空間グラフ $f(G)$ が**自由**であるとは, $f(G)$ の結び目群が自由群であるときをいい, 更に**全自由**であるとは, G の任意の部分グラフ G' に対し, $f(G')$ の結び目群が自由群であるときをいう. 定理 2.2.7 から, 極小非自明な空間グラフは自由でないことが従うが, 一般には非自明な空間グラフであっても自由となることがあり (2.7 節で述べる), その場合は真部分空間グラフとして自由でないものが存在する. 一方, 与えられた群の表示からそれが自由群でないことを判定することは一般には簡単でない. 例えば例 2.2.4 において樹下のシータ曲線 $f(G)$ の結び目群が (2.3) の表示を持つことを見たが, これは単に 3 個の生成元と 1 個の関係子からなる表示を得たに過ぎない. この群が自由群と同型でないことを言うには, どのように Tiezte 変換を施しても決して関係子が消えないことを厳密に示さねばならないのである. 更には, 与えられた 2 つの群の表示から, それらが同型でない群を表すかどうかを判定することも一般には簡単でない. 与えられた 2 つの群の表示から, それらが群として同型であるか否かを決定することを群の**同型問題**という.

そこで以下, 与えられた群の表示から, **自由微分法**という方法を用いて, よりわかりやすい代数的情報を引き出し, それを用いて判定することを考えよう. この情報が群の **Alexander 不変量**と呼ばれるものであり, 結び目群の

表示を介して空間グラフに直接応用される．まずは次の 2.3 節，2.4 節で代数的な準備を行なう．

2.3　自由微分

群 $\mathcal{G}$ 及び環 R に対し，$R\mathcal{G}$ で $\mathcal{G}$ の R 上の**群環**を表す．即ち，$R\mathcal{G}$ は $\mathcal{G}$ の元の R 上の形式的有限和 $\sum_g a_g g$ $(a_g \in R,\ g \in \mathcal{G})$ の全体で，多項式の和と積の要領で自然な和と積が入る．いま，階数 s の自由群 $F_s = \langle x_1, x_2, \ldots, x_s \mid \emptyset \rangle$ に対し，写像 $\partial/\partial x_j \colon F_s \to \mathbb{Z}F_s$ が，次の性質：

$$\frac{\partial x_i}{\partial x_j} = \begin{cases} 1 & (i = j) \\ 0 & (i \neq j) \end{cases}, \quad \frac{\partial(uv)}{\partial x_j} = \frac{\partial u}{\partial x_j} + u\frac{\partial v}{\partial x_j} \quad (u, v \in F_s)$$

をみたすものとして一意的に存在する（[15]）．特に $\partial 1/\partial x_j = 0$ である．これを群環の準同型に拡張した写像 $\partial/\partial x_j \colon \mathbb{Z}F_s \to \mathbb{Z}F_s$ を，x_j に関する**自由微分**という．実際の計算は以下のように行なえばよい．いま F_s の元 $u = x_{j_1}^{\varepsilon_1} x_{j_2}^{\varepsilon_2} \cdots x_{j_p}^{\varepsilon_p}$ $(\varepsilon_k = \pm 1)$ 及び $k = 1, 2, \ldots, p$ に対し，

$$u_{(k)} = x_{j_1}^{\varepsilon_1} x_{j_2}^{\varepsilon_2} \cdots x_{j_{k-1}}^{\varepsilon_{k-1}} x_{j_k}^{\frac{\varepsilon_k - 1}{2}}$$

を u の k **切片**という．このとき，

$$\frac{\partial u}{\partial x_j} = \sum_k \varepsilon_k u_{(k)}$$

となる．ここで和は x_j に等しい x_{j_k} のところで取る．次の命題は演習問題 2.2 とする．

命題 2.3.1　$u \in F_s$ に対し，以下が成り立つ．

(1) $\dfrac{\partial u^{-1}}{\partial x_j} = -u^{-1}\dfrac{\partial u}{\partial x_j}$.

(2) 整数 $p > 0$ に対し，$\dfrac{\partial u^p}{\partial x_j} = (1 + u + \cdots + u^{p-1})\dfrac{\partial u}{\partial x_j}$.

(3) 整数 $p < 0$ に対し，$\dfrac{\partial u^p}{\partial x_j} = (-u^{-1} - u^{-2} - \cdots - u^p)\dfrac{\partial u}{\partial x_j}$.

また，次の定理は**自由微分の基本公式**と呼ばれている．

定理 2.3.2　$u \in \mathbb{Z}F_s$ に対し，$\displaystyle\sum_{j=1}^{s} \frac{\partial u}{\partial x_j}(x_j - 1) = u - 1$.

証明.　$u \in F_s$ の場合を示せば十分である．u は $x_{j_1}^{\varepsilon_1} x_{j_2}^{\varepsilon_2} \cdots x_{j_p}^{\varepsilon_p}$ $(\varepsilon_k = \pm 1)$ の形で表された p 個の生成元の積とし，この p に関する帰納法で示す．$p = 1$ のとき，$u = x_k^{\varepsilon}$ $(\varepsilon = \pm 1)$ とできて，

$$\sum_{j=1}^{s} \frac{\partial u}{\partial x_j}(x_j - 1) = \sum_{j=1}^{s} \frac{\partial x_k^\varepsilon}{\partial x_j}(x_j - 1) = \frac{\partial x_k^\varepsilon}{\partial x_k}(x_k - 1)$$

$$= \begin{cases} \dfrac{\partial x_k}{\partial x_k}(x_k - 1) & (\varepsilon = 1) \\[2mm] \dfrac{\partial x_k^{-1}}{\partial x_k}(x_k - 1) & (\varepsilon = -1) \end{cases}$$

$$= \begin{cases} x_k - 1 & (\varepsilon = 1) \\[2mm] -1 + x_k^{-1} & (\varepsilon = -1) \end{cases}$$

$$= x_k^\varepsilon - 1$$

$$= u - 1.$$

次に $p-1$ 個の積まで正しいとして p 個の積のとき，v を $p-1$ 個の生成元の積として $u = v x_k^\varepsilon$ と書けて，

$$\sum_{j=1}^{s} \frac{\partial u}{\partial x_j}(x_j - 1) = \sum_{j=1}^{s} \frac{\partial v x_k^\varepsilon}{\partial x_j}(x_j - 1)$$

$$= \sum_{j=1}^{s} \left(\frac{\partial v}{\partial x_j} + v \frac{\partial x_k^\varepsilon}{\partial x_j} \right)(x_j - 1)$$

$$= \sum_{j=1}^{s} \frac{\partial v}{\partial x_j}(x_j - 1) + v \sum_{j=1}^{s} \frac{\partial x_k^\varepsilon}{\partial x_j}(x_j - 1)$$

$$= v - 1 + v(x_k^\varepsilon - 1)$$

$$= v x_k^\varepsilon - 1$$

$$= u - 1.$$

これで示された. □

例 **2.3.3** $F_3 = \langle x_1, x_2, x_3 \mid \emptyset \rangle$ の元 $u = x_2^{-2} x_1^3 x_3$ に対し，

$$\frac{\partial u}{\partial x_j} = \frac{\partial x_2^{-2}}{\partial x_j} + x_2^{-2} \frac{\partial x_1^3}{\partial x_j} + x_2^{-2} x_1^3 \frac{\partial x_3}{\partial x_j}$$

$$= (-x_2^{-1} - x_2^{-2}) \frac{\partial x_2}{\partial x_j} + x_2^{-2}(1 + x_1 + x_1^2) \frac{\partial x_1}{\partial x_j} + x_2^{-2} x_1^3 \frac{\partial x_3}{\partial x_j}$$

であり，各 $j = 1, 2, 3$ について

$$\frac{\partial u}{\partial x_1} = 0 + x_2^{-2}(1 + x_1 + x_1^2) + 0 = x_2^{-2} + x_2^{-2} x_1 + x_2^{-2} x_1^2,$$

$$\frac{\partial u}{\partial x_2} = (-x_2^{-1} - x_2^{-2}) + 0 + 0 = -x_2^{-1} - x_2^{-2},$$

$$\frac{\partial u}{\partial x_3} = 0 + 0 + x_2^{-2} x_1^3 = x_2^{-2} x_1^3$$

となる. また，これらから

$$\sum_{j=1}^{3} \frac{\partial u}{\partial x_j}(x_j - 1) = (x_2^{-2} + x_2^{-2}x_1 + x_2^{-2}x_1^2)(x_1 - 1)$$
$$+ (-x_2^{-1} - x_2^{-2})(x_2 - 1) + x_2^{-2}x_1^3(x_3 - 1)$$
$$= x_2^{-2}x_1^3 x_3 - 1$$
$$= u - 1.$$

2.4 Alexander 行列と Alexander イデアル

$F_s = \langle x_1, x_2, \ldots, x_s \mid \emptyset \rangle$ を階数 s の自由群とし,

$$\mathcal{G} = \langle x_1, x_2, \ldots, x_s \mid r_1, r_2, \ldots, r_t \rangle \tag{2.4}$$

を有限表示群として, $\varphi \colon F_s \to \mathcal{G}$ を標準全射とする. また $\mathcal{C}$ をアーベル群, $\psi \colon \mathcal{G} \to \mathcal{C}$ を準同型とする. これら群の準同型 φ, ψ をそれぞれ群環の準同型 $\tilde{\varphi} \colon \mathbb{Z}F_s \to \mathbb{Z}\mathcal{G}$, $\tilde{\psi} \colon \mathbb{Z}\mathcal{G} \to \mathbb{Z}\mathcal{C}$ に拡張しておく. $\mathcal{C}$ がアーベル群であることから, 群環 $\mathbb{Z}\mathcal{C}$ は単位元を持つ可換環である. このとき, $\tilde{\psi} \circ \tilde{\varphi}(\partial r_i / \partial x_j) \in \mathbb{Z}\mathcal{C}$ を (i,j) 成分とする ∞ 行 s 列の行列 $A(\mathcal{G}, \psi)$ を, $\mathcal{G}$ の ψ に関する **Alexander 行列**という. 但し第 $(t+1)$ 行以降の成分は全て 0 とし, しばしば省略する.

例 2.4.1 F_3 の元 r_1, r_2 を $r_1 = x_2 x_1 x_2^{-1} x_3^{-1}$, $r_2 = x_1 x_3 x_1^{-1} x_2^{-1}$ として, $\mathcal{G} = \langle x_1, x_2, x_3 \mid r_1, r_2 \rangle$ を考えよう. $\mathcal{C}$ を t が生成する無限巡回群 $\langle t \mid \emptyset \rangle$ とし, 準同型 $\psi \colon \mathcal{G} \to \mathcal{C}$ を $\psi(x_j) = t$ $(j = 1, 2, 3)$ で定義する. 群環 $\mathbb{Z}\mathcal{C}$ は t を変数とする整係数 Laurent 多項式環 $\mathbb{Z}[t^{\pm 1}]$ である. このとき

$$\frac{\partial r_1}{\partial x_1} = x_2 \qquad \frac{\partial r_1}{\partial x_2} = 1 - x_2 x_1 x_2^{-1} \qquad \frac{\partial r_1}{\partial x_3} = -x_2 x_1 x_2^{-1} x_3^{-1}$$

$$\frac{\partial r_2}{\partial x_1} = 1 - x_1 x_3 x_1^{-1} \qquad \frac{\partial r_2}{\partial x_2} = -x_1 x_3 x_1^{-1} x_2^{-1} \qquad \frac{\partial r_2}{\partial x_3} = x_1$$

から, $\mathcal{G}$ の ψ に関する Alexander 行列は

$$A(\mathcal{G}, \psi) = \begin{pmatrix} t & 1-t & -1 \\ 1-t & -1 & t \end{pmatrix} \tag{2.5}$$

である.

　一般に R を単位元を持つ可換環とし, A を R に成分を持ち第 $(t+1)$ 行以降の成分が全て 0 であるような ∞ 行 s 列の行列とする. $d \geq 0$ に対し, R のイデアル $E_d(A)$ を, $s - d > t$ のとき (0), $0 < s - d \leq t$ のとき A の $(s-d)$ 次小行列式が生成するイデアル, $s - d \leq 0$ のとき $(1) = R$ で定める. $E_d(A)$ を A の d **番初等イデアル**という.

命題 2.4.2 $E_0(A) \subset E_1(A) \subset \cdots \subset E_s(A) = R$.

証明. $E_d(A) \subset E_{d+1}(A)$ を示せばよい. $s - d > t$ のときは $E_d(A) = (0)$ なので成り立つ. $s - d \leq 0$ のときは $E_d(A) = E_{d+1}(A) = (1) = R$ なので成り立つ. $0 < s - d \leq t$ のとき, A の任意の $(s-d)$ 次小行列式は, 余因子展開することで A の $(s-d-1)$ 次小行列式の R 上の1次結合で表せる. 従って A の $(s-(d+1))$ 次小行列式が生成するイデアルの元である. $\square$

例 2.4.3 $R = \mathbb{Z}[t^{\pm 1}]$ に成分を持つ行列 A を, (2.5) と同じ行列とする. 即ち

$$A = \begin{pmatrix} t & 1-t & -1 \\ 1-t & -1 & t \end{pmatrix}$$

である. このとき

$$E_d(A) = \begin{cases} (0) & (3-d > 2) \\ (A \text{ の } (3-d) \text{ 次小行列式全体}) & (0 < 3-d \leq 2) \\ (1) & (3-d \leq 0) \end{cases}$$

$$= \begin{cases} (0) & (d = 0) \\ (A \text{ の } 2 \text{ 次小行列式全体}) & (d = 1) \\ (A \text{ の } 1 \text{ 次小行列式全体}) & (d = 2) \\ (1) & (d \geq 3) \end{cases}$$

である. $E_2(A) = (1)$ は明らかで, また

$$E_1(A) = \left(\begin{vmatrix} 1-t & -1 \\ -1 & t \end{vmatrix}, \begin{vmatrix} t & -1 \\ 1-t & t \end{vmatrix}, \begin{vmatrix} t & 1-t \\ 1-t & -1 \end{vmatrix} \right)$$
$$= (-1 + t - t^2, \ 1 - t + t^2, \ -1 + t - t^2)$$
$$= (1 - t + t^2)$$

となる. 以上により, A の初等イデアルの列は

$$E_d(A) = \begin{cases} (0) & (d = 0) \\ (1 - t + t^2) & (d = 1) \\ (1) & (d \geq 2) \end{cases}$$

となる.

R を単位元を持つ可換環とし, A, A' を R に成分を持つ行列とする. ここでそれぞれの列数は有限とし, 行数は無限でも構わないが, 0 でない成分を持つ行は高々有限個しかないとする. いま A と A' が**基本同値**であるとは, 次の4つの操作を用いて互いに移り合うときをいう:

(1) 2つの行, または2つの列を入れ替える.

(2) 全ての成分が 0 である行を付け加える，または取り除く.

(3) r を R の元とするとき，ある行の r 倍を他の行に加える.

(4) k 行 l 列の行列 M を，$(k+1)$ 行 $(l+1)$ 列の行列 $\left(\begin{array}{c|c} M & \mathbf{0} \\ \hline * & 1 \end{array}\right)$ に変える.

　　ここで $\mathbf{0}$ は全ての成分が 0 から成る k 次元列ベクトルで，$*$ は任意の l 次元行ベクトルである.

このとき $A \sim A'$ と表す.

命題 2.4.4　次の 3 つの操作は基本同値の下で実現できる.　即ち，上の操作 (1)，(2)，(3)，(4) の組合せで得られる.

(5) u を R の単元とするとき，ある行の全ての成分を u 倍する.

(6) u を R の単元とするとき，ある列の全ての成分を u 倍する.

(7) r を R の元とするとき，ある列の r 倍を他の列に加える.

証明.　まず操作 (5) が基本同値で実現されることを示す.　操作 (5) を施す行列の第 i 行を行ベクトル $\boldsymbol{a}_i$ で表し，u を R の単元とする.　いま適当に零行ベクトル $\mathbf{0}$ を付け加えてそこに第 i 行の u 倍を加えることで

$$
\begin{pmatrix} * \\ \boldsymbol{a}_i \\ * \end{pmatrix} \overset{(2)}{\sim} \begin{pmatrix} * \\ \boldsymbol{a}_i \\ * \\ \mathbf{0} \end{pmatrix} \overset{(3)}{\sim} \begin{pmatrix} * \\ \boldsymbol{a}_i \\ * \\ u\boldsymbol{a}_i \end{pmatrix}
$$

とできる.　そこで最終行 $u\boldsymbol{a}_i$ を $(1 - u^{-1})$ 倍して第 i 行に加えると第 i 行も $u\boldsymbol{a}_i$ となり，それを (-1) 倍して最終行に加え $\mathbf{0}$ としてそれを消去する.　即ち

$$
\begin{pmatrix} * \\ \boldsymbol{a}_i \\ * \\ u\boldsymbol{a}_i \end{pmatrix} \overset{(3)}{\sim} \begin{pmatrix} * \\ u\boldsymbol{a}_i \\ * \\ u\boldsymbol{a}_i \end{pmatrix} \overset{(3)}{\sim} \begin{pmatrix} * \\ u\boldsymbol{a}_i \\ * \\ \mathbf{0} \end{pmatrix} \overset{(2)}{\sim} \begin{pmatrix} * \\ u\boldsymbol{a}_i \\ * \end{pmatrix}
$$

となる.　従って行の単元倍が基本同値で実現できた.

　次に操作 (7) が基本同値で実現されることを示す.　(7) の操作を施す行列を，必要ならば零行ベクトルを操作 (2) で取り除いて m 行 n 列の行列とし，その (i,j) 成分を a_{ij} で，また第 j 列を m 次元列ベクトル $\boldsymbol{a}_j$ で表す.　列の入れ替えは基本同値の下で可能なので，第 2 列 $\boldsymbol{a}_2$ の r 倍を第 1 列 $\boldsymbol{a}_1$ に加える操作が基本同値で実現できることを確かめればよい.　実際に操作 (1)，(3)，(4)，(5) を用いて以下の (2.6) のように実現される.　その詳細を追うことは演習問題 2.4 とする.

$$
\left(\begin{array}{c} a_{ij} \end{array} \right) \overset{(4)}{\sim}
\left(
\begin{array}{cccc|ccc}
a_{11} & a_{12} & \cdots & a_{1n} & & & \\
a_{21} & a_{22} & \cdots & a_{2n} & & & \\
\vdots & \vdots & \ddots & \vdots & & \text{\huge 0} & \\
a_{m1} & a_{m2} & \cdots & a_{mn} & & & \\
\hline
r & -1 & \cdots & 0 & 1 & \cdots & 0 \\
\vdots & \vdots & \ddots & \vdots & \vdots & \ddots & \vdots \\
0 & 0 & \cdots & -1 & 0 & \cdots & 1
\end{array}
\right)
$$

$$
\overset{(3)}{\sim}
\left(
\begin{array}{cccc|ccc}
a_{11}+ra_{12} & 0 & \cdots & 0 & a_{11} & \cdots & a_{1n} \\
a_{21}+ra_{22} & 0 & \cdots & 0 & a_{22} & \cdots & a_{2n} \\
\vdots & \vdots & \ddots & \vdots & \vdots & \ddots & \vdots \\
a_{m1}+ra_{m2} & 0 & \cdots & 0 & a_{m2} & \cdots & a_{mn} \\
\hline
r & -1 & \cdots & 0 & 1 & \cdots & 0 \\
\vdots & \vdots & \ddots & \vdots & \vdots & \ddots & \vdots \\
0 & 0 & \cdots & -1 & 0 & \cdots & 1
\end{array}
\right)
$$

$$
\overset{(1),\,(5)}{\sim}
\left(
\begin{array}{cccc|ccc}
a_{11}+ra_{12} & a_{11} & \cdots & a_{1n} & & & \\
a_{21}+ra_{22} & a_{22} & \cdots & a_{2n} & & & \\
\vdots & \vdots & \ddots & \vdots & & \text{\huge 0} & \\
a_{m1}+ra_{m2} & a_{m2} & \cdots & a_{mn} & & & \\
\hline
-r & -1 & \cdots & 0 & 1 & \cdots & 0 \\
\vdots & \vdots & \ddots & \vdots & \vdots & \ddots & \vdots \\
0 & 0 & \cdots & -1 & 0 & \cdots & 1
\end{array}
\right)
$$

$$
\overset{(4)}{\sim}
\left(\begin{array}{cccc} \boldsymbol{a}_1+r\boldsymbol{a}_2 & \boldsymbol{a}_2 & \cdots & \boldsymbol{a}_n \end{array} \right). \tag{2.6}
$$

最後に操作 (6) が基本同値で実現されることを示す. 操作 (6) を施す行列の第 j 列を列ベクトル $\boldsymbol{a}_j$ で表し, u を R の単元とする. いま適当に操作 (4) を 1 回施し, 第 j 列を u 倍して最終列に加えることで

$$
\left(\begin{array}{ccc} * & \boldsymbol{a}_j & * \end{array} \right)
\overset{(4)}{\sim}
\left(\begin{array}{ccc|c} * & \boldsymbol{a}_j & * & \boldsymbol{0} \\ * & 0 & * & 1 \end{array} \right)
\overset{(7)}{\sim}
\left(\begin{array}{cccc} * & \boldsymbol{a}_j & * & u\boldsymbol{a}_j \\ * & 0 & * & 1 \end{array} \right)
$$

とできる. 次に最終列を $-u^{-1}$ 倍して第 j 列に加え, 更に最終行を $-u$ 倍することで

$$
\left(\begin{array}{cccc} * & \boldsymbol{a}_j & * & u\boldsymbol{a}_j \\ * & 0 & * & 1 \end{array} \right)
\overset{(7)}{\sim}
\left(\begin{array}{cccc} * & \boldsymbol{0} & * & u\boldsymbol{a}_j \\ * & -u^{-1} & * & 1 \end{array} \right)
$$

$$
\overset{(5)}{\sim}
\left(\begin{array}{cccc} * & \boldsymbol{0} & * & u\boldsymbol{a}_j \\ * & 1 & * & -u \end{array} \right)
$$

とできる．そこで第 j 列と最終列を入れ替えて操作 (4) を施すことにより，

$$\begin{pmatrix} * & \mathbf{0} & * & u\boldsymbol{a}_j \\ * & 1 & * & -u \end{pmatrix} \overset{(1)}{\sim} \left(\begin{array}{ccc|c} * & u\boldsymbol{a}_j & * & \mathbf{0} \\ * & -u & * & 1 \end{array}\right) \overset{(4)}{\sim} \begin{pmatrix} * & u\boldsymbol{a}_j & * \end{pmatrix}$$

となる．従って列の単元倍が基本同値で実現できた．　　　　　　□

このとき次の補題が成り立つ．証明は演習問題 2.3 とする．

補題 2.4.5　行列 A, A' が基本同値なら，任意の $d \geq 0$ に対し $E_d(A) = E_d(A')$ となる．即ち，初等イデアルの列 $\{E_d(A)\}_{d \geq 0}$ は行列の基本同値に関する不変量である．

一般に初等イデアルの列 $\{E_d(A)\}_{d \geq 0}$ を具体的に求める際，A のサイズが大きいと計算すべき行列式のサイズも大きくなるが，補題 2.4.5 により，あらかじめ基本同値の下で行列のサイズを小さくすることでその労力が軽減される．次の例で，例 2.4.3 で計算した初等イデアルの場合を見てみよう．

例 2.4.6　例 2.4.3 の行列 A は，基本同値の下で

$$A \overset{(1)}{\sim} \begin{pmatrix} 1-t & -1 & t \\ t & 1-t & -1 \end{pmatrix} \overset{(5)}{\sim} \begin{pmatrix} 1-t & -1 & t \\ -t & -1+t & 1 \end{pmatrix}$$

$$\overset{(3)}{\sim} \left(\begin{array}{cc|c} 1-t+t^2 & -1+t-t^2 & 0 \\ -t & -1+t & 1 \end{array}\right) \overset{(4)}{\sim} \begin{pmatrix} 1-t+t^2 & -1+t-t^2 \end{pmatrix}$$

$$\overset{(7)}{\sim} \begin{pmatrix} 1-t+t^2 & 0 \end{pmatrix} = A'$$

と変形できる．このとき，補題 2.4.5 から

$$E_d(A) = \begin{cases} (0) & (2-d > 1) \\ (A' \text{ の } (2-d) \text{ 次小行列式全体}) & (0 < 2-d \leq 1) \\ (1) & (2-d \leq 0) \end{cases}$$

$$= \begin{cases} (0) & (d = 0) \\ (A' \text{ の } 1 \text{ 次小行列式全体}) & (d = 1) \\ (1) & (d \geq 2) \end{cases}$$

$$= \begin{cases} (0) & (d = 0) \\ (1-t+t^2) & (d = 1) \\ (1) & (d \geq 2) \end{cases}$$

となる．

さて，以上の内容を Alexander 行列に適用しよう．本節冒頭の設定の下で，有限表示群 $\mathcal{G}$ の ψ に関する Alexander 行列 $A(\mathcal{G}, \psi)$ の d 番初等イデアルを，

$\mathcal{G}$ の ψ に関する d 番 Alexander イデアルという．本書では応用上の観点から特に $\mathcal{G}$ の表示の不足度 $s - t$ が正の場合がほとんどで，このとき，

$$
E_d(A(\mathcal{G}, \psi)) = \begin{cases} (0) & (0 \le d < s - t) \\ \left(A(\mathcal{G}, \psi) \text{ の } (s - d) \text{ 次小行列式全体}\right) & (s - t \le d < s) \\ (1) & (d \ge s) \end{cases}
$$

となる．

補題 2.4.7 $\mathcal{G}$ の ψ に関する d 番 Alexander イデアルの列 $\{E_d(A(\mathcal{G}, \psi))\}_{d \ge 0}$ は，$\mathcal{G}$ の有限表示の取り方に依らない．

証明． 定理 2.1.2 から，$\mathcal{G}$ の 2 つの有限表示は Tietze 変換で移り合う．従って，d 番 Alexander イデアル $E_d(A(\mathcal{G}, \psi))$ が $\mathcal{G}$ に施す Tietze 変換で変化しないことを示せばよい．以下では $\mathbb{Z}F_s$ の元 u に対し，$\tilde{\psi} \circ \tilde{\varphi}(u)$ を $u^{\varphi\psi}$ とも表す．まず，Tietze 変換 (T1), (T1)$'$：

$$
\langle x_1, x_2, \ldots, x_s \mid r_1, r_2, \ldots, r_t \rangle \longleftrightarrow \langle x_1, x_2, \ldots, x_s \mid r_1, r_2, \ldots, r_t, w \rangle
$$

において，w は $r_1, r_2, \ldots, r_t$ の帰結なので

$$
w = \prod_{k=1}^{p} u_k r_{i_k}^{\varepsilon_k} u_k^{-1} \quad (u_k \in F_s, \ \varepsilon_k = \pm 1)
$$

と書けて，新たな Alexander 行列は

$$
A' = \begin{pmatrix} A(\mathcal{G}, \psi) \\ \left(\dfrac{\partial w}{\partial x_1}\right)^{\varphi\psi} \cdots \left(\dfrac{\partial w}{\partial x_s}\right)^{\varphi\psi} \end{pmatrix}
$$

とできる．ここで

$$
\frac{\partial w}{\partial x_j} = \sum_{k=1}^{p} \left(\prod_{l=1}^{k-1} u_l r_{i_l}^{\varepsilon_k} u_l^{-1}\right) \frac{\partial u_k r_{i_k} u_k^{-1}}{\partial x_j}
$$

から

$$
\begin{aligned}
\left(\frac{\partial w}{\partial x_j}\right)^{\varphi\psi} &= \sum_{k=1}^{p} \left(\prod_{l=1}^{k-1} u_l r_{i_l}^{\varepsilon_k} u_l^{-1}\right)^{\varphi\psi} \left(\frac{\partial u_k r_{i_k} u_k^{-1}}{\partial x_j}\right)^{\varphi\psi} \\
&= \sum_{k=1}^{p} \left(\frac{\partial u_k r_{i_k} u_k^{-1}}{\partial x_j}\right)^{\varphi\psi}
\end{aligned} \tag{2.7}
$$

であり，更に

$$
\begin{aligned}
\left(\frac{\partial u_k r_{i_k} u_k^{-1}}{\partial x_j}\right)^{\varphi\psi} &= \left(\frac{\partial u_k}{\partial x_j} + u_k \frac{\partial r_{i_k}^{\varepsilon_k}}{\partial x_j} + u_k r_{i_k}^{\varepsilon_k} \frac{\partial u_k^{-1}}{\partial x_j}\right)^{\varphi\psi} \\
&= \left(\frac{\partial u_k}{\partial x_j}\right)^{\varphi\psi} + \left(u_k \left(\varepsilon_k r_{i_k}^{\frac{\varepsilon_k - 1}{2}} \frac{\partial r_{i_k}}{\partial x_j}\right)\right)^{\varphi\psi}
\end{aligned}
$$

$$+ \left(u_k r_{i_k}^{\varepsilon_k} \left(-u_k^{-1} \frac{\partial u_k}{\partial x_j} \right) \right)^{\varphi\psi}$$

$$= \left(\frac{\partial u_k}{\partial x_j} \right)^{\varphi\psi} + \varepsilon_k u_k^{\varphi\psi} \left(\frac{\partial r_{i_k}}{\partial x_j} \right)^{\varphi\psi} - \left(\frac{\partial u_k}{\partial x_j} \right)^{\varphi\psi}$$

$$= \varepsilon_k u_k^{\varphi\psi} \left(\frac{\partial r_{i_k}}{\partial x_j} \right)^{\varphi\psi} \tag{2.8}$$

である. (2.7), (2.8) から, 各 $j = 1, 2, \ldots, s$ に対し

$$\left(\frac{\partial w}{\partial x_j} \right)^{\varphi\psi} = \sum_{k=1}^{p} \varepsilon_k u_k^{\varphi\psi} \left(\frac{\partial r_{i_k}}{\partial x_j} \right)^{\varphi\psi}$$

となり, これは A' の第 $(t+1)$ 行が他の行の $\mathbb{Z}\mathcal{C}$ 上の 1 次結合であることを意味する. 従って $A(\mathcal{G}, \psi)$ と A' は基本同値である.

次に, Tietze 変換 (T2), (T2)':

$$\langle x_1, x_2, \ldots, x_s \mid r_1, r_2, \ldots, r_t \rangle \longleftrightarrow \langle x_1, x_2, \ldots, x_s, z \mid r_1, r_2, \ldots, r_t, zw^{-1} \rangle$$

において, 新たな Alexander 行列は

$$A'' = \left(\begin{array}{c|c} A(\mathcal{G}, \psi) & \mathbf{0} \\ \hline * & \left(\dfrac{\partial (zw^{-1})}{\partial z} \right)^{\varphi\psi} \end{array} \right)$$

とできる. ここで w には z は現れないことに注意して,

$$\left(\frac{\partial (zw^{-1})}{\partial z} \right)^{\varphi\psi} = \left(\frac{\partial z}{\partial z} + z \frac{\partial w^{-1}}{\partial z} \right)^{\varphi\psi} = 1^{\varphi\psi} = 1$$

となるから, $A(\mathcal{G}, \psi)$ と A'' は基本同値である. 従って補題 2.4.5 により, $E_d(A(\mathcal{G}, \psi))$ は $\mathcal{G}$ に施す Tietze 変換で変化しない. □

$\mathcal{G}$ と同型な有限表示群 $\mathcal{G}'$ の表示は $\mathcal{G}$ の表示でもあるので, 補題 2.4.7 から次が得られる.

定理 2.4.8 全ての準同型 $\psi \colon \mathcal{G} \to \mathcal{C}$ に関する d 番 Alexander イデアルの列 $\{E_d(A(\mathcal{G}, \psi))\}_{d \geq 0}$ の族は, $\mathcal{G}$ の同型類の不変量である.

例 2.4.9 $\mathcal{G}$ を有限表示 (2.4) を持つ群とし, $\mathcal{C}$ を $\{1\}$, 即ち自明群とする. このとき準同型 $\psi \colon \mathcal{G} \to \{1\}$ はただ 1 つである. いま, ψ に関する Alexander 行列 $A(\mathcal{G}, \psi)$ の (i, j) 成分 $(\partial r_i / \partial x_j)^{\varphi\psi} \in \mathbb{Z}\mathcal{C} = \mathbb{Z}$ は r_i に現れる x_j の指数の総和となるので, $A(\mathcal{G}, \psi)$ は $\mathcal{G}$ のアーベル化 $\mathcal{G}/[\mathcal{G}, \mathcal{G}]$ の表現行列とみなすことができる. このとき, ある整数 $s \geq 0$, 及び整数列 $\nu_1, \nu_2, \ldots, \nu_r$ で各 i に対し $\nu_i \geq 2$ かつ ν_i が ν_{i+1} を割り切るものが存在して, $A(\mathcal{G}, \psi)$ は基本同値の下で

$$\begin{pmatrix} \nu_1 & 0 & \cdots & 0 & 0 & \cdots & 0 \\ 0 & \nu_2 & \cdots & 0 & 0 & \cdots & 0 \\ \vdots & \vdots & \ddots & \vdots & \vdots & & \vdots \\ 0 & 0 & \cdots & \nu_r & 0 & \cdots & 0 \end{pmatrix} \tag{2.9}$$

の形に変形される．ここで (2.9) の右の零列ベクトルは s 個である．これは $\mathcal{G}/[\mathcal{G},\mathcal{G}]$ が有限生成アーベル群として

$$\underbrace{\mathbb{Z} \oplus \cdots \oplus \mathbb{Z}}_{s \text{ 個}} \oplus \mathbb{Z}_{\nu_1} \oplus \mathbb{Z}_{\nu_2} \oplus \cdots \oplus \mathbb{Z}_{\nu_r}$$

と同型であることに対応している (詳細は例えば [61] の第 2 章を参照せよ)．このとき ψ に関する d 番 Alexander イデアルの列は

$$E_d(A(\mathcal{G},\psi)) = \begin{cases} (0) & (0 \le d < s) \\ (\nu_1 \nu_2 \cdots \nu_{r+s-d}) & (s \le d < r+s) \\ (1) & (d \ge r+s) \end{cases} \tag{2.10}$$

となる．

例 2.4.9 において特に $\mathcal{G}$ が階数 s の自由群 F_s の場合 ($\varphi \colon F_s \to F_s$ は恒等写像 id_{F_s} と考える)，そのアーベル化は $\mathbb{Z}$ の s 個の直和なので，(2.10) から，$E_d(A(F_s,\psi))$ は $0 \le d < s$ のとき (0) で，$d \ge s$ のとき (1) である．このことは任意の準同型 $\psi \colon F_s \to \mathcal{C}$ についても成り立つ．

命題 2.4.10　階数 s の自由群 F_s と任意の準同型 $\psi \colon F_s \to \mathcal{C}$ に対し，

$$E_d(A(F_s,\psi)) = \begin{cases} (0) & (0 \le d < s) \\ (1) & (d \ge s) \end{cases}. \tag{2.11}$$

証明．　F_s の ψ に関する Alexander 行列は，∞ 行 s 列の零行列である．故に，その d 番初等イデアルの定義から直ちに結果が得られる．　　　$\square$

定理 2.4.8 と命題 2.4.10 から，適当な ψ について d 番 Alexander イデアルの列 $\{E_d(A(\mathcal{G},\psi))\}_{d \ge 0}$ が (2.11) と異なれば，$\mathcal{G}$ は自由群でないことがわかる．

例 2.4.11　例 2.4.1 の有限表示群

$$\mathcal{G} = \langle x_1, x_2, x_3 \mid x_2 x_1 x_2^{-1} x_3^{-1}, \; x_1 x_3 x_1^{-1} x_2^{-1} \rangle \tag{2.12}$$

及び準同型 $\psi \colon \mathcal{G} \to \langle t \mid \emptyset \rangle$，$\psi(x_j) = t$ を考える．このとき $\mathcal{G}$ の ψ に関する Alexander 行列は例 2.4.1 で見た通り

$$A(\mathcal{G}, \psi) = \begin{pmatrix} t & 1-t & -1 \\ 1-t & -1 & t \end{pmatrix}$$

であり，$\mathcal{G}$ の ψ に関する d 番 Alexander イデアルは，例 2.4.3 から

$$E_d(A(\mathcal{G}, \psi)) = \begin{cases} (0) & (d=0) \\ (1-t+t^2) & (d=1) \\ (1) & (d \geq 2) \end{cases}$$

である．特に $E_1(A(\mathcal{G}, \psi)) \neq (0), (1)$ から，(2.12) の群 $\mathcal{G}$ は自由群でない．

2.5 空間グラフの Alexander 不変量

2.4 節で述べたことを空間グラフの結び目群に適用しよう．空間グラフの結び目群 $\mathcal{G}(f(G))$ の有限表示 $\langle x_1, x_2, \ldots, x_s \mid r_1, r_2, \ldots, r_t \rangle$ 及びアーベル群 $\mathcal{C}$ に対し，準同型 $\psi\colon \mathcal{G}(f(G)) \to \mathcal{C}$ に関する d 番 Alexander イデアルを，空間グラフ $f(G)$ の ψ に関する d **番 Alexander イデアル**という．$\mathcal{G}(f(G))$ は空間グラフの同型類の不変量なので，定理 2.4.8 から直ちに次が得られる．

定理 2.5.1 全ての準同型 $\psi\colon \mathcal{G}(f(G)) \to \mathcal{C}$ に関する d 番 Alexander イデアルの列 $\{E_d(A(\mathcal{G}(f(G)), \psi))\}_{d \geq 0}$ の族は，$f(G)$ の同型類の不変量である．これを空間グラフの **Alexander 不変量**とも呼ぶ．

特に $\beta_1(G) = s$ なる自明な空間グラフ $f(G)$ は，任意の準同型 ψ について (2.11) を Alexander イデアルの列の族として持つので，適当な ψ, d について $E_d(A(\mathcal{G}(f(G)), \psi)) \neq (0), (1)$ なら，$\mathcal{G}(f(G))$ は自由群でなく，従って定理 2.2.7 から $f(G)$ は非自明である．

空間グラフの Alexander 不変量は，結び目/絡み目の **Alexander 多項式**と呼ばれる有名な不変量の直接の拡張である．結び目/絡み目の場合にきれいな多項式不変量が定まるのには，結び目群の標準的なアーベル化写像が取れることと，結び目群が不足度 1 の表示を持つことが本質的に効いている．このことは 2.6 節で述べる．一方，一般の空間グラフの場合，その結び目群のアーベル化写像の表し方に自由度が増すことと，結び目群が不足度 >1 の表示を持つこと（系 2.2.3 で述べたように，一般に $1 - \beta_0(G) + \beta_1(G)$ である）から，より緻密な設定が必要となる．以下，特に $\mathcal{C} = \langle t \mid \emptyset \rangle$ の場合を考えてみよう．

空間グラフ $f(G)$ に対し，$f(G)$ の 1 次元ホモロジー類 $l \in H_1(f(G); \mathbb{Z})$ と，$\mathbb{R}^3 \setminus f(G)$ の 1 次元ホモロジー類 $h \in H_1(\mathbb{R}^3 \setminus f(G); \mathbb{Z})$ との間の**絡み数** $\mathrm{lk}(h, l)$ が定義され，この絡み数は双一次性を持つ写像

$$\mathrm{lk}\colon H_1(\mathbb{R}^3 \setminus f(G); \mathbb{Z}) \times H_1(f(G); \mathbb{Z}) \longrightarrow \mathbb{Z}$$

を定める. 特に $f(G)$ を $\mathbb{S}^3$ への埋め込みの像と考えたとき, 同型

$$H_1(\mathbb{S}^3 \setminus f(G); \mathbb{Z}) \cong \mathrm{Hom}(H_1(f(G); \mathbb{Z}), \mathbb{Z}), \qquad (2.13)$$

$$H_1(f(G); \mathbb{Z}) \cong \mathrm{Hom}(H_1(\mathbb{S}^3 \setminus f(G); \mathbb{Z}), \mathbb{Z}) \qquad (2.14)$$

が写像 lk によって与えられることは, Alexander 双対定理としてよく知られている (詳細は [59] を参照せよ). グラフの 1 次元ホモロジー群が自由アーベル群であることから, (2.13) より特に $H_1(\mathbb{S}^3 \setminus f(G); \mathbb{Z}) \cong H_1(f(G); \mathbb{Z})$ が得られるが, これは命題 2.2.6 において既に示した事実である.

この絡み数は, 具体的には以下のようにして計算できる. $H_1(f(G); \mathbb{Z})$ の基底 $l_1, l_2, \ldots, l_\beta$ を $f(G)$ の結び目成分として取ることができ, $l \in H_1(f(G); \mathbb{Z})$ は $l = \sum_{i=1}^{\beta} c_i l_i$ $(c_i \in \mathbb{Z})$ と表される. 一方, $h \in H_1(\mathbb{R}^3 \setminus f(G); \mathbb{Z})$ は $\mathbb{R}^3 \setminus f(G)$ 内の適当な有向結び目として取れる. このとき

$$\mathrm{lk}(h, l) = \sum_{i=1}^{\beta} c_i \, \mathrm{lk}(h, l_i)$$

である. ここで各 $\mathrm{lk}(h, l_i)$ は, 1.3 節で定義した意味での絡み数である.

そこでいま, $\mathcal{G}(f(G))$ を $f(G)$ の結び目群, $l \in H_1(f(G); \mathbb{Z})$ を $f(G)$ の 1 次元ホモロジー類とし, また

$$\alpha \colon \mathcal{G}(f(G)) \longrightarrow H_1(\mathbb{R}^3 \setminus f(G); \mathbb{Z})$$

を $\mathcal{G}(f(G))$ のアーベル化写像とする. このとき, 準同型

$$\psi_l \colon \mathcal{G}(f(G)) \longrightarrow \mathcal{C} = \langle t \mid \emptyset \rangle \qquad (2.15)$$

を, $g \in \mathcal{G}(f(G))$ に対し $\psi_l(g) = t^{\mathrm{lk}(\alpha(g), l)}$ で定義する. 全ての 1 次元ホモロジー類 $l \in H_1(f(G); \mathbb{Z})$ に対して準同型 $\psi_l \colon \mathcal{G}(f(G)) \to \langle t \mid \emptyset \rangle$ を集めると, それらに関する d 番 Alexander イデアルの列 $\{E_d(A(\mathcal{G}(f(G)), \psi_l))\}_{d \geq 0}$ の族は $f(G)$ の同型類の不変量である. 更にこの場合は次も成り立つ.

命題 2.5.2 任意の準同型 $\psi \colon \mathcal{G}(f(G)) \to \langle t \mid \emptyset \rangle$ に対し, $f(G)$ のある 1 次元ホモロジー類 $l \in H_1(f(G); \mathbb{Z})$ が存在して, $\psi = \psi_l$ となる.

証明. 空間グラフ $f(G)$ を $\mathbb{S}^3$ への埋め込みの像と考える. $\mathcal{G}(f(G))$ の生成元を $x_1, x_2, \ldots, x_s$ とする. このとき, ある整数 c_j が存在して $\psi(x_j) = t^{c_j}$ となる $(j = 1, 2, \ldots, s)$. また, α は全射なので, $\alpha(x_j)$ $(j = 1, 2, \ldots s)$ は $H_1(\mathbb{S}^3 \setminus f(G); \mathbb{Z})$ を生成する. このとき, 準同型 $\psi' \colon H_1(\mathbb{S}^3 \setminus f(G); \mathbb{Z}) \to \langle t \mid \emptyset \rangle$ を $\psi'(\alpha(x_j)) = t^{c_j}$ で定義する. 即ち, 以下の図式は可換図式となる.

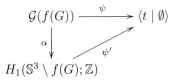

いま，(2.14) の同型

$$H_1(f(G), \mathbb{Z}) \xrightarrow{\cong} \mathrm{Hom}\left(H_1(\mathbb{S}^3 \setminus f(G); \mathbb{Z}), \mathbb{Z}\right)$$

が $l \in H_1(f(G); \mathbb{Z})$ を $\mathrm{lk}_l \colon H_1(\mathbb{S}^3 \setminus f(G); \mathbb{Z}) \to \mathbb{Z}$, $h \mapsto \mathrm{lk}(h, l)$ に対応させることで与えられる．従って，ある $l \in H_1(f(G); \mathbb{Z})$ が存在して $\psi' = \mathrm{lk}_l$ となる．このとき

$$\psi(x_j) = \psi'(\alpha(x_j)) = \mathrm{lk}_l(\alpha(x_j)) = t^{\mathrm{lk}(\alpha(x_j), l)} = \psi_l(x_j)$$

となり，$\psi = \psi_l$ となる． $\qquad\qquad\square$

従って，全ての $l \in H_1(f(G); \mathbb{Z})$ に対し，準同型 $\psi_l \colon \mathcal{G}(f(G)) \to \langle t \mid \emptyset \rangle$, $g \mapsto t^{\mathrm{lk}(\alpha(g), l)}$ を考えれば，全ての準同型 $\psi \colon \mathcal{G}(f(G)) \to \langle t \mid \emptyset \rangle$ を集めたことになる．

さて，ようやく準備が整ったので，以下で図 1.24 の 2 つの空間グラフがいずれも極小非自明であることを示そう．

例 2.5.3 樹下のシータ曲線 $f(G)$ について，図 2.3 の左のように x_1, x_2, x_3 を取り，また $r = x_3^{-1} x_1 x_3 x_1^{-1} x_2 x_1 x_2^{-1} x_3 x_2$ とおけば，$f(G)$ の結び目群 $\mathcal{G}(f(G))$ は表示 $\langle x_1, x_2, x_3 \mid r \rangle$ を持つ (例 2.2.4)．いま G の各辺を図 2.3 の左のように e_1, e_2, e_3 とするとき，$l_1 = e_1 - e_3$, $l_2 = e_2 - e_3$ とおけば，$H_1(f(G); \mathbb{Z})$ の任意の元 l は $l = c_1 l_1 + c_2 l_2$ $(c_1, c_2 \in \mathbb{Z})$ と表される．このとき，準同型 $\psi = \psi_l$ による各生成元の行き先は

$$\psi(x_1) = t^{\mathrm{lk}(x_1, c_1 l_1 + c_2 l_2)} = t^{c_1 \mathrm{lk}(x_1, l_1) + c_2 \mathrm{lk}(x_1, l_2)} = t^{c_1},$$

$$\psi(x_2) = t^{\mathrm{lk}(x_2, c_1 l_1 + c_2 l_2)} = t^{c_1 \mathrm{lk}(x_2, l_1) + c_2 \mathrm{lk}(x_2, l_2)} = t^{c_2},$$

$$\psi(x_3) = t^{\mathrm{lk}(x_3, c_1 l_1 + c_2 l_2)} = t^{c_1 \mathrm{lk}(x_3, l_1) + c_2 \mathrm{lk}(x_3, l_2)} = t^{-c_1 - c_2}$$

となる．そこで $\mathcal{G}(f(G))$ の ψ に関する Alexander 行列の各成分を求めると，

$$\left(\frac{\partial r}{\partial x_1}\right)^{\varphi\psi} = (x_3^{-1} - x_3^{-1} x_1 x_3 x_1^{-1} + x_3^{-1} x_1 x_3 x_1^{-1} x_2)^{\varphi\psi}$$
$$= t^{c_1 + c_2} - 1 + t^{c_2},$$

$$\left(\frac{\partial r}{\partial x_2}\right)^{\varphi\psi} = (x_3^{-1} x_1 x_3 x_1^{-1} - x_3^{-1} x_1 x_3 x_1^{-1} x_2 x_1 x_2^{-1} + r x_2^{-1})^{\varphi\psi}$$
$$= 1 - t^{c_1} + t^{-c_2},$$

$$\left(\frac{\partial r}{\partial x_3}\right)^{\varphi\psi} = (-x_3^{-1} - x_3^{-1} x_1 + r x_2^{-1} x_3^{-1})^{\varphi\psi}$$
$$= -t^{c_1 + c_2} + t^{2c_1 + c_2} + t^{c_1}$$

であるから，

$$A(\mathcal{G}(f(G)), \psi)$$

$$= \left(\begin{array}{ccc} t^{c_1+c_2} - 1 + t^{c_2} & 1 - t^{c_1} + t^{-c_2} & -t^{c_1+c_2} + t^{2c_1+c_2} + t^{c_1} \end{array} \right)$$

となる. そこで第 2 列を t^{c_2} 倍して第 1 列に, また $t^{c_1+c_2}$ 倍して第 3 列に加え, 更に適当に基本同値の下で変形すると

$$A(\mathcal{G}(f(G)), \psi) \sim \left(\begin{array}{ccc} 2t^{c_2} & 1 - t^{c_1} + t^{-c_2} & 2t^{c_1} \end{array} \right)$$
$$\sim \left(\begin{array}{ccc} 2 & 1 - t^{c_1} + t^{-c_2} & 0 \end{array} \right)$$

となり, 特に 2 番 Alexander イデアルは

$$E_2(A(\mathcal{G}(f(G)), \psi)) = (2, \ 1 - t^{c_1} + t^{-c_2})$$

となる. 例えば $c_1 = c_1 = 1$ の場合, イデアル $(2, \ t^{-1} + 1 - t)$ は非単項イデアルで (0) でも (1) でもない. 従って, 樹下のシータ曲線は非自明である.

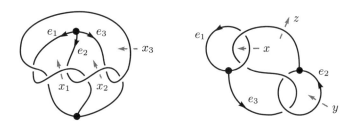

図 2.3 空間グラフの結び目群の生成元.

例 2.5.4 図 2.3 の右の空間グラフ $f(G)$ を考えよう. 一般にこのような手錠型をしたグラフの空間グラフを**空間手錠グラフ**と呼んだりもする. いま $f(G)$ について, 図 2.3 の右のように x, y, z を取り, また $r = zyxzx^{-1}y^{-1}xz^{-1}x^{-1}$ とおけば, $f(G)$ の結び目群 $\mathcal{G}(f(G))$ は表示 $\langle x, y, z \mid r \rangle$ を持つ (演習問題 2.5). いま G の各辺を図 2.3 の右のように e_1, e_2, e_3 とするとき, $H_1(f(G); \mathbb{Z})$ の任意の元 l は $l = c_1 e_1 + c_2 e_2 \ (c_1, c_2 \in \mathbb{Z})$ と表され, 準同型 $\psi = \psi_l$ による各生成元の行き先は $\psi(x) = t^{c_1}$, $\psi(y) = t^{c_2}$, $\psi(z) = 1$ となる. そこで ψ に関する $\mathcal{G}(f(G))$ の Alexander 行列は

$$A(\mathcal{G}(f(G)), \psi) = \left(\begin{array}{ccc} \left(\dfrac{\partial r}{\partial x} \right)^{\varphi\psi} & \left(\dfrac{\partial r}{\partial y} \right)^{\varphi\psi} & \left(\dfrac{\partial r}{\partial z} \right)^{\varphi\psi} \end{array} \right)$$
$$= \left(\begin{array}{ccc} 0 & 0 & 1 - t^{c_1} + t^{c_1+c_2} \end{array} \right)$$

となり, 特に 2 番 Alexander イデアルは

$$E_2(A(\mathcal{G}(f(G)), \psi)) = (1 - t^{c_1} + t^{c_1+c_2})$$

となる. 例えば $c_1 = c_1 = 1$ の場合, イデアル $(1 - t + t^2)$ は単項イデアルで

(0) でも (1) でもない. 従って, この空間手錠グラフ $f(G)$ は非自明である.

ここまで, Alexander イデアルとして 1 変数整係数 Laurent 多項式環のイデアルを扱ってきたが, 以下のように多変数の場合も考えることができる. $f(G)$ を $\beta_1(G) = \beta$ なるグラフ G の空間グラフとし, $l = \sum_{i=1}^{\beta} c_i l_i$ を $f(G)$ の 1 次元ホモロジー類とする. また

$$\mathcal{H}_\beta = \langle t_1, t_2, \ldots, t_\beta \mid [t_i, t_j] \ (1 \le i < j \le \beta) \rangle$$

を $t_1, t_2, \ldots, t_\beta$ を生成元とする階数 β の自由アーベル群の有限表示とする. このとき, 準同型 $\alpha_l \colon \mathcal{G}(f(G)) \to \mathcal{H}_\beta$ を, $g \in \mathcal{G}(f(G))$ に対し

$$\alpha_l(g) = \prod_{i=1}^{\beta} t_i^{c_i \, \mathrm{lk}(\alpha(g), l_i)} \tag{2.16}$$

で定義する (演習問題 2.6). 群環 $\mathbb{Z}\mathcal{H}_\beta$ は β 変数整係数 Laurent 多項式環 $\mathbb{Z}[t_1^{\pm}, t_2^{\pm}, \ldots, t_\beta^{\pm}]$ であり, 全ての 1 次元ホモロジー類 $l \in H_1(f(G); \mathbb{Z})$ に対して準同型 $\alpha_l \colon \mathcal{G}(f(G)) \to \mathcal{H}_\beta$ を集めると, それらに関する d 番 Alexander イデアルの列 $\{E_d(A(\mathcal{G}(f(G)), \alpha_l))\}_{d \ge 0}$ の族は $f(G)$ の同型類の不変量である. 図 2.3 のグラフについて, 実際に 2 変数の Alexander イデアルの族 $\{E_d(A(\mathcal{G}(f(G)), \alpha_l))\}_{d \ge 0}$ を求めてみよ (演習問題 2.8). $\xi \colon \mathcal{H}_\beta \to \langle t \mid \emptyset \rangle$ を $\xi(t_i) = t$ で定義される準同型とすると, 合成写像

$$\xi \circ \alpha_l \colon \mathcal{G}(f(G)) \longrightarrow \langle t \mid \emptyset \rangle \tag{2.17}$$

は (2.15) の準同型 ψ_l と一致する (演習問題 2.7). 従って $E_d(A(\mathcal{G}(f(G)), \alpha_l))$ において全ての t_i を t とすれば $E_d(A(\mathcal{G}(f(G)), \psi_l))$ が得られ, この意味で多変数 Alexander イデアルの列 $\{E_d(A(\mathcal{G}(f(G)), \alpha_l))\}_{d \ge 0}$ の族は 1 変数 Alexander イデアル $\{E_d(A(\mathcal{G}(f(G)), \psi_l))\}_{d \ge 0}$ の族よりも強い不変量である.

2.6 Alexander 多項式

空間グラフ $f(G)$ の Alexander 不変量において, 特に $f(G)$ が結び目/絡み目の場合, 適当な 1 次元ホモロジー類 $l \in H_1(f(G); \mathbb{Z})$ による標準的な準同型 ψ_l (多変数の場合は α_l) を取ることができて, それに関する d 番 Alexander イデアルがそのまま $f(G)$ の同型類の不変量となる. 以下, 簡単のため $K = f(G)$ を結び目とする. K を有向結び目としてその結び目群の有限表示

$$\mathcal{G}(K) = \langle x_1, x_2, \ldots, x_s \mid r_1, r_2, \ldots, r_{s-1} \rangle$$

を取り, また K を自身の 1 次元ホモロジー類と同一視して $l = cK \in H_1(K; \mathbb{Z})$ とおく. このとき各生成元 x_j に対し $\mathrm{lk}(\alpha(x_j), K) = 1$ であるので,

$$\psi_l(x_j) = t^{\mathrm{lk}(\alpha(x_j),l)} = t^{c\,\mathrm{lk}(\alpha(x_j),K)} = t^c \quad (j = 1, 2, \ldots, s)$$

となる. このとき, 特に 1 番 Alexander イデアルについて次が成り立つ.

定理 2.6.1 準同型 $\psi_l\colon \mathcal{G}(K) \to \langle t \mid \emptyset \rangle$ に関する 1 番 Alexander イデアル $E_1(A(\mathcal{G}(K), \psi_l))$ は単項イデアルである.

証明. $c = 0$ の場合は ψ_l は自明な準同型であり, $\mathcal{G}(K)$ のアーベル化は $\mathbb{Z}$ なので例 2.4.9 から $E_1(A(\mathcal{G}(K), \psi_l)) = (1)$ となる. また, K が交差点のない図式 $\widetilde{K}$ を持つなら, K は自明で $\mathcal{G}(K) \cong F_1$ なので $E_1(A(\mathcal{G}(K), \psi_l)) = (1)$ となる. 以下, $c \neq 0$ かつ $s > 1$ とする. ψ_l に関する Alexander 行列の第 s 行以降の零行ベクトルを省略したものを改めて $A(\mathcal{G}(K), \psi_l)$ で表し,

$$A(\mathcal{G}(K), \psi_l) = \begin{pmatrix} \boldsymbol{a}_1 & \boldsymbol{a}_2 & \cdots & \boldsymbol{a}_s \end{pmatrix}$$

と列ベクトル表示しておく. これは $(s-1, s)$ 行列なので, 1 列除いた小行列式が取れる. D_j を $A(\mathcal{G}(K), \psi_l)$ の第 j 列を除いて取った小行列式とし, これを

$$D_j = \det \begin{pmatrix} \boldsymbol{a}_1 & \cdots & \hat{\boldsymbol{a}}_j & \cdots & \boldsymbol{a}_s \end{pmatrix}$$

とも表す. このとき Alexander イデアルの定義から

$$E_1(A(\mathcal{G}(K), \psi_l)) = \begin{pmatrix} D_1, D_2, \ldots, D_s \end{pmatrix}$$

である. いま, 自由微分の基本公式 (定理 2.3.2) から, 各関係子 r_i に対し

$$\sum_{j=1}^{s} \frac{\partial r_i}{\partial x_j}(x_j - 1) = r_i - 1 \quad (i = 1, 2, \ldots, s-1)$$

が成り立つ. これより

$$\sum_{j=1}^{s} \left(\frac{\partial r_i}{\partial x_j} \right)^{\varphi\psi} (t^c - 1) = 0 \quad (i = 1, 2, \ldots, s-1),$$

$$(t^c - 1) \sum_{j=1}^{s} \boldsymbol{a}_j = \boldsymbol{0}$$

となり, 従って $\sum_{j=1}^{s} \boldsymbol{a}_j = \boldsymbol{0}$ である. このとき, $j \neq k$ に対し

$$\begin{aligned}
D_j &= \det \begin{pmatrix} \boldsymbol{a}_1 & \cdots & \boldsymbol{a}_k & \cdots & \hat{\boldsymbol{a}}_j & \cdots & \boldsymbol{a}_s \end{pmatrix} \\
&= \det \begin{pmatrix} \boldsymbol{a}_1 & \cdots & -\sum_{l \neq k} \boldsymbol{a}_l & \cdots & \hat{\boldsymbol{a}}_j & \cdots & \boldsymbol{a}_s \end{pmatrix} \\
&= -\sum_{l \neq k} \det \begin{pmatrix} \boldsymbol{a}_1 & \cdots & \boldsymbol{a}_l & \cdots & \hat{\boldsymbol{a}}_j & \cdots & \boldsymbol{a}_s \end{pmatrix} \\
&= -\det \begin{pmatrix} \boldsymbol{a}_1 & \cdots & \boldsymbol{a}_j & \cdots & \hat{\boldsymbol{a}}_j & \cdots & \boldsymbol{a}_s \end{pmatrix} \\
&= \pm\det \begin{pmatrix} \boldsymbol{a}_1 & \cdots & \hat{\boldsymbol{a}}_k & \cdots & \boldsymbol{a}_j & \cdots & \boldsymbol{a}_s \end{pmatrix} \\
&= \pm D_k
\end{aligned}$$

となり，これは $E_1(A(\mathcal{G}(K), \psi_l))$ が単項イデアルであることを意味する．　□

定理 2.6.1 によって，$E_1(A(\mathcal{G}(K), \psi_l))$ は t^c についてのある Laurent 多項式 $\Delta_K(t^c) \in \mathbb{Z}[t^{\pm 1}]$ で生成される．特に $c = 1$ の場合，即ち ψ_K に関する 1 番 Alexander イデアル $E_1(A(\mathcal{G}(K), \psi_K))$ の生成元 $\Delta_K(t)$ から一般の場合が全て決まる．この $\Delta_K(t)$ を結び目 K の **Alexander 多項式**といい，これは $\pm t^m$ 倍を除いて結び目不変量である．具体的には，Alexander 行列の勝手な第 j 列を除いて取った小行列式 D_j で $\pm t^m$ 倍を無視したものが $\Delta_K(t)$ である．K が自明ならば $E_1(A(\mathcal{G}(K), \psi_K)) = (1)$ であるから $\Delta_K(t) = 1$ である．従って $\pm t^m$ 倍を除いて $\Delta_K(t) \neq 1$ であれば K は非自明である．

例 2.6.2　図 2.4 の左の三葉結び目 K を考えよう．図 2.4 のように生成元 x_1, x_2, x_3 を取り，一番下の交差点に対応する関係子を除くことで，結び目群 $\mathcal{G}(K)$ の Wirtinger 表示

$$\langle x_1, x_2, x_3 \mid x_2 x_1 x_2^{-1} x_3^{-1},\ x_1 x_3 x_1^{-1} x_2^{-1} \rangle$$

を得る．これは例 2.4.1 で扱った有限表示群と同じ表示であり，準同型 $\psi_K : \mathcal{G}(K) \to \langle t \mid \emptyset \rangle,\ x_j \mapsto t$ は例 2.4.1 の ψ と同じものである．従って例 2.4.1 及び例 2.4.3 の結果から $E_1(A(\mathcal{G}(K), \psi_K)) = (1 - t + t^2)$ となり，K の Alexander 多項式は $\Delta_K(t) = 1 - t + t^2$ である．これは $\Delta_K(t) = t^{-1} - 1 + t$ としてもよく，このようなとき，しばしば

$$\Delta_K(t) \doteq 1 - t + t^2 \doteq t^{-1} - 1 + t$$

とも表す．いずれにしても $\Delta_K(t) \neq 1$ なので K は非自明である．

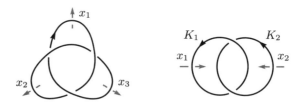

図 2.4　三葉結び目, Hopf 絡み目.

例 2.6.3　8 の字結び目 J の Alexander 多項式は

$$\Delta_J(t) \doteq -1 + 3t - t^2 \doteq -t^{-1} + 3 - t$$

となる (演習問題 2.10). 従って J は非自明で，$\pm t^m$ 倍を除いても三葉結び目の Alexander 多項式 $1 - t + t^2$ とは異なる．よって 8 の字結び目と三葉結び

目は互いに同型でない.

一方, $f(G)$ を $\beta\ (\geq 2)$ 成分有向絡み目 $L = K_1 \cup K_2 \cup \cdots \cup K_\beta$ とし, L の結び目群 $\mathcal{G}(L)$ の (関係子を 1 つ除いた) Wirtinger 表示が

$$\langle x_{j1}, x_{j2}, \ldots, x_{js_j}\ (j = 1, 2, \ldots, \beta) \mid r_1, r_2, \ldots, r_t \rangle$$

で与えられているとする. ここで $x_{jp}\ (p = 1, 2, \ldots, s_j)$ は $\widetilde{K}_j$ の各弧に対応する生成元であり, $t = \left(\sum_{j=1}^{\beta} s_j\right) - 1$ である. 各 K_i を L の 1 次元ホモロジー類と同一視して $l = \sum_{i=1}^{\beta} c_i K_i \in H_1(L; \mathbb{Z})$ とおく. このとき準同型 $\alpha_l : \mathcal{G}(L) \to \mathcal{H}_\beta$ を考えると, 各生成元 x_{jp} に対し $\mathrm{lk}(\alpha(x_{jp}), K_i) = \delta_{ij}$ (Kronecker のデルタ) であるので,

$$\alpha_l(x_{jp}) = \prod_{i=1}^{\beta} t_i^{c_i\,\mathrm{lk}(\alpha(x_{jp}),K_i)} = t_j^{c_j}$$

となる. 各 i について $c_i = 0$ の場合は α_l は自明な準同型である. $\mathcal{G}(L)$ のアーベル化は $\mathbb{Z}$ の β 個の直和なので, 例 2.4.9 から $E_1(A(\mathcal{G}(L), \alpha_l)) = (0)$ となる. また, L が交差点のない図式 $\widetilde{L}$ を持つなら, L は自明で $\mathcal{G}(L) \cong F_\beta$ なので $E_1(A(\mathcal{G}(L), \alpha_l)) = (0)$ となる. 以下, ある i が存在して $c_i \neq 0$ であるとし, かつ $s > 1$ とする. 先程と同様に $A(\mathcal{G}(L), \alpha_l)$ の第 $(t+1)$ 行以降の零行ベクトルは省略し, D_{ip} を $A(\mathcal{G}(K), \alpha_l)$ の '第 ip 列' を除いて取った小行列式とする. このとき定理 2.6.1 と同様の議論によって, $(i, p) \neq (j, q)$ なる D_{ip}, D_{jq} に対し

$$(t_j^{c_j} - 1)D_{ip} = \pm(t_i^{c_i} - 1)D_{jq} \tag{2.18}$$

となることがわかる (演習問題 2.9). $i = j$ かつ $c_i \neq 0$ なら, (2.18) から $D_{ip} = \pm D_{iq}$ である. $c_i = 0$ のとき, $c_j \neq 0$ なる j が存在して, (2.18) から $D_{ip} = 0$ となる. 一方, $i \neq j$ のとき, $c_i, c_j \neq 0$ なら, $t_i^{c_i} - 1$ と $t_j^{c_j} - 1$ は互いを割り切らないので, $t_i^{c_i} - 1$ は D_{ip} を, $t_j^{c_j} - 1$ は D_{jq} をそれぞれ割り切り, かつ

$$\frac{D_{ip}}{t_i^{c_i} - 1} = \pm\frac{D_{jq}}{t_j^{c_j} - 1}$$

となる. $c_i \neq 0$ なる i がただ 1 つだけだとすると, $E_1(A(\mathcal{G}(L), \alpha_l)) = (D_{ip})$ で, $t_i^{c_i} = 1$ とすると $E_1(A(\mathcal{G}(L), \alpha_l)) = (0)$ であるから, D_{ip} は $t_i^{c_i} - 1$ で割り切れる. 以上のことから, 勝手な ip を選んで, β 個の変数からなる整係数 Laurent 多項式 $\Delta_L(t_1^{c_1}, t_2^{c_2}, \ldots, t_\beta^{c_\beta}) \in \mathbb{Z}[t_1^{\pm 1}, t_2^{\pm 1}, \ldots, t_\beta^{\pm 1}]$ を

$$\Delta_L(t_1^{c_1}, t_2^{c_2}, \ldots, t_\beta^{c_\beta}) = \frac{D_{ip}}{t_i^{c_i} - 1}$$

で定義すると, $\pm$ の差を除いてこれは ip の選び方に依らず, α_l に関する 1 番

Alexander イデアルは

$$E_1(A(\mathcal{G}(K), \alpha_l))$$
$$= \Delta_L(t_1^{c_1}, t_2^{c_2}, \ldots, t_\beta^{c_\beta})(t_1^{c_1} - 1, t_2^{c_2} - 1, \ldots, t_\beta^{c_\beta} - 1) \qquad (2.19)$$

と書ける．これも全ての i について $c_i = 1$ の場合，即ち α_L に関する多項式 $\Delta_L(t_1, t_2, \ldots, t_\beta)$ から一般の場合が全て決まる．この $\Delta_L(t_1, t_2, \ldots, t_\beta)$ を β 成分有向絡み目 L の**多変数 Alexander 多項式**といい，これは $\pm t_1^{m_1} t_2^{m_2} \cdots t_\beta^{m_\beta}$ 倍を除いて有向絡み目のアンビエント・イソトピー不変量である．L が 2 つの絡み目成分 L_1, L_2 に分離している場合，連結な図式 $\widetilde{L}_1, \widetilde{L}_2$ で互いに交差点を持たないものが存在し，従って命題 2.2.2 (2) 及び系 2.2.3 から，$\mathcal{G}(L)$ の表示で不足度が 2 以上であるものが存在する．よって Alexander イデアルの定義から $E_1(A(\mathcal{G}(L), \alpha_L)) = (0)$，即ち $\Delta_L(t_1, t_2, \ldots, t_\beta) = 0$ である．従って $\Delta_L(t_1, t_2, \ldots, t_\beta) \neq 0$ であれば L は分離不能である．

(2.15) の準同型 ψ_L に関する 1 番 Alexander イデアルは，(2.19) から

$$E_1(A(\mathcal{G}(L), \psi_L)) = \Delta_L(t, t, \ldots, t)(t - 1, t - 1, \ldots, t - 1)$$
$$= ((t - 1)\Delta_L(t, t, \ldots, t))$$

となる．即ち，絡み目 L の場合も ψ_L に関する 1 番 Alexander イデアルは単項イデアルとなり，その生成元は有向絡み目 L の絡み目不変量である．$(t - 1)\Delta_L(t, t, \ldots, t)$ を改めて $\Delta_L(t)$ で表して，L の **(1 変数) Alexander 多項式**という．これは結び目の場合と同様に，ψ_L に関する Alexander 行列の勝手な列を除いて取った小行列式でも求まる．

例 2.6.4 図 2.4 の右の Hopf 絡み目 $L = K_1 \cup K_2$ を考えよう．図 2.4 のように生成元 x_1, x_2 を取り，一番下の交差点に対応する関係子を除くことで，結び目群 $\mathcal{G}(L)$ の Wirtinger 表示 $\langle x_1, x_2 \mid x_1 x_2 x_1^{-1} x_2^{-1} \rangle$ を得る．$r = x_1 x_2 x_1^{-1} x_2^{-1}$ とおくと

$$A(\mathcal{G}(L), \alpha_L) = \left(\ \left(\frac{\partial r}{\partial x_1} \right)^{\varphi\psi_L} \quad \left(\frac{\partial r}{\partial x_2} \right)^{\varphi\psi_L} \ \right) = \left(\ 1 - t_2 \quad t_1 - 1 \ \right)$$

となるので，L の 2 変数及び 1 変数 Alexander 多項式はそれぞれ

$$\Delta_L(t_1, t_2) = \frac{t_1 - 1}{t_1 - 1} = 1 \doteq t_1 t_2, \quad \Delta_L(t) \doteq t - 1$$

となる．いずれも 0 でないので L は分離不能である．

例 2.6.5 Whitehead 絡み目 $L = K_1 \cup K_2$ を図 2.5 の左の有向絡み目と考え，また Borromean 環 $M = K_1 \cup K_2 \cup K_2$ を図 2.5 の右の有向絡み目と考える．このとき，これらの絡み目の多変数 Alexander 多項式は

$$\Delta_L(t_1, t_2) \doteq (1 - t_1)(1 - t_2),$$

$$\Delta_M(t_1, t_2, t_3) \doteq (1 - t_1)(1 - t_2)(1 - t_3)$$

となる (演習問題 2.11). また, 1 変数 Alexander 多項式はそれぞれ

$$\Delta_L(t) \doteq (1 - t)^3, \quad \Delta_M(t) \doteq (1 - t)^4$$

である. 従ってこれらの絡み目は分離不能であることがわかる.

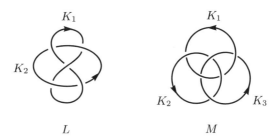

図 2.5 Whitehead 絡み目, Borromean 環.

多変数 Alexander 多項式 $\Delta_L(t_1, t_2, \ldots, t_\beta)$ はもちろん 1 変数 Alexander 多項式 $\Delta_L(t)$ より強い不変量である. 例えば図 2.6 の 3 成分絡み目 $L = K_1 \cup K_2 \cup K_3$ において $\Delta_L(t) = 0$ だが,

$$\Delta_L(t_1, t_2, t_3) = (t_1 - t_2)^2 (1 - t_3)$$

であるので, L が分離不能であることがわかる[*3].

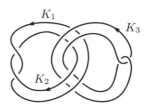

図 2.6 $\Delta_L(t) = 0$ である分離不能絡み目 L の例.

以上, 本節においてここまで結び目/絡み目の 1 番 Alexander イデアルについて詳しく見てきた. 本書では深入りしないが, 以下で '高番' の Alexander 多項式について補足しておこう. 一般に ψ_L に関する d 番 Alexander イデアル $E_d(A(\mathcal{G}(L), \psi_L))$ は $d \geq 2$ のとき単項イデアルとは限らないが, 整係数 Laurent 多項式環は一意分解整域なので, $E_d(A(\mathcal{G}(L), \psi_L))$ を含む最小の単項イデアルが存在する. その生成元を $\Delta_L^{(d)}(t)$ で表して, L の d 番 **Alexander**

---

*3) この例は和田康載氏から教えて貰った ([82]).

多項式という. L の d 番多変数 **Alexander** 多項式 $\Delta_L(t_1, t_2, \ldots, t_\beta)$ も同様に定義される. これは要するに d 番 Alexander イデアルの生成元たちの最大公約元で, d 番 Alexander イデアルよりは弱いがもちろん結び目/絡み目不変量となる. 1 番 Alexander 多項式は既に定義した Alexander 多項式にほかならない. 一般の空間グラフ $f(G)$ の場合も同様に, ψ_l に関する d 番 Alexander 多項式と呼んで然るべき $\Delta_{f(G), \psi_l}(t)$ (α_l に関する d 番 Alexander 多項式 $\Delta_{f(G), \alpha_l}(t_1, t_2, \ldots, t_\beta)$) を考えることができるが, 同型類の不変量とするには適当な ψ_l (または α_l) の族を考える必要がある.

2.7　空間グラフの近傍同値とハンドル体結び目

空間グラフの Alexander 不変量は, $\mathbb{S}^3$ の境界付き 3 次元部分多様体の位置の問題への応用がある. 以下では空間グラフを $\mathbb{S}^3$ への埋め込みの像とし, グラフ G は連結であるとする. また, $\mathbb{S}^3$ の部分空間 N, N' が同型であるとは, $\mathbb{S}^3$ の向きを保つ自己同相写像 Φ が存在して $\Phi(N) = N'$ となるときをいう.

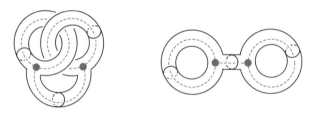

図 2.7　空間グラフの正則近傍.

空間グラフ $f(G)$ の $\mathbb{S}^3$ における正則近傍を $N(f(G))$ とおく. これは図 2.7 のように空間グラフに 3 次元的に厚みを付け '太らせた' ものであり, 位相的には種数 $g = \beta_1(G)$ のハンドル体と同相である. $\mathbb{S}^3$ における $N(f(G))$ の内部の補集合は $f(G)$ の**外部空間**と呼ばれ, これは $\partial N(f(G))$ を共通の境界とするコンパクト 3 次元多様体である. いま空間グラフ $f(G)$ と $f'(G')$ が**近傍同値**であるとは, $N(f(G))$ と $N(f'(G'))$ が $\mathbb{S}^3$ の部分空間として同型であるときをいう ([121]). 定義から $\beta_1(G) = \beta_1(G')$ である必要があるが, G と G' が同相である必要はない. 空間グラフの通常の同型と異なるのは, 例えば図 2.8 のような変形が近傍同値の下で可能となることである. このことから, 図 2.7 の 2 つの空間手錠グラフが近傍同値であることが, 例えば図 2.9 のようにして確かめられる. これらは異なる絡み目成分を持つため, 通常の意味では同型でない.

空間グラフ $f(G)$ の正則近傍 $N(f(G))$ は $\mathbb{S}^3$ の部分空間としての同型の下で一意的に定まるので, $f(G)$ の近傍同値類は, $\mathbb{S}^3$ 内の種数 $g = \beta_1(G)$ のハ

図 2.8　空間グラフの正則近傍の同型類を変えない変形の例.

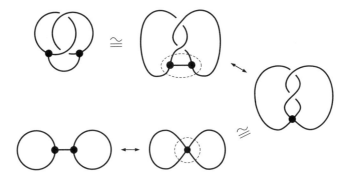

図 2.9　互いに近傍同値な 2 つの空間グラフ.

ンドル体の同型類と 1 対 1 に対応する．一般に $\mathbb{S}^3$ 内のハンドル体を**ハンドル体結び目**という．ハンドル体結び目 H が**自明**であるとは，H が $\mathbb{S}^3$ 内の**標準的なハンドル体**と同型であるときをいい，標準的なハンドル体とは，その外部空間が同じ種数のハンドル体となるものをいう．空間グラフの言葉でいえば，もちろん自明な空間グラフに近傍同値であることと同義であり，例えば図 2.7 の 2 つの空間グラフの正則近傍は，いずれも種数 2 の自明なハンドル体結び目である．自明でないハンドル体結び目は**非自明**であるという．即ち，外部空間がハンドル体でない境界付き 3 次元多様体となるものである．

　空間グラフ $f(G)$ 及びその正則近傍 $N(f(G))$ に対し，$N(f(G))$ の補空間の基本群 $\pi_1(\mathbb{S}^3 \setminus N(f(G)))$ は $N(f(G))$ の同型類の不変量で，従って $f(G)$ の近傍同値類の不変量である．一方，$\mathbb{S}^3 \setminus f(G)$ と $\mathbb{S}^3 \setminus N(f(G))$ はホモトピー同値であるから，$f(G)$ の結び目群 $\mathcal{G}(f(G))$ は $\pi_1(\mathbb{S}^3 \setminus N(f(G)))$ と同型である．故に $\mathcal{G}(f(G))$ は $f(G)$ の近傍同値類の不変量であり，更にアーベル群 $\mathcal{C}$ に対し，全ての準同型 $\psi \colon \mathcal{G}(f(G)) \to \mathcal{C}$ に関する d 番 Alexander イデアルの列 $\{E_d(A(\mathcal{G}(f(G)), \psi))\}_{d \geq 0}$ の族は，$f(G)$ の近傍同値類の不変量，言い換えるとハンドル体結び目の不変量でもある．

例 2.7.1　図 2.7 の空間手錠グラフを $h(G)$ とおく．$h(G)$ は自明で $\beta_1(G) = 2$ であるから，既に見たように，その任意の準同型 $\psi \colon \mathcal{G}(h(G)) \to \langle t \mid \emptyset \rangle$ に関する 2 番 Alexander イデアルは (1) である．次に図 2.3 の右の空間手錠グラフを $f(G)$ とし，また左の樹下のシータ曲線をここでは $f'(G')$ とおく．$\beta_1(G') = 2$ に注意しよう．まず例 2.5.3 で見たように，$f'(G')$ は適当な準同型

$\psi: \mathcal{G}(f'(G')) \to \langle t \mid \emptyset \rangle$ に関し非単項な 2 番 Alexander イデアルを持つので，$h(G)$ に近傍同値でない．即ち，ハンドル体結び目 $N(f'(G'))$ は非自明である．一方，例 2.5.4 で見たように，$f(G)$ は適当な準同型 $\psi: \mathcal{G}(f(G)) \to \langle t \mid \emptyset \rangle$ に関しその 2 番 Alexander イデアルは (1) でないので，$h(G)$ に近傍同値でない．即ち，ハンドル体結び目 $N(f(G))$ も非自明である．更に任意の準同型 $\psi: \mathcal{G}(f(G)) \to \langle t \mid \emptyset \rangle$ に関しその 2 番 Alexander イデアルは単項イデアルなので，$f'(G')$ と $f(G)$ は近傍同値でない．即ち，$N(f'(G'))$ と $N(f(G))$ はハンドル体結び目として同型でない．

注意 2.7.2　一般に平面的グラフ G の極小非自明な空間グラフ $f(G)$ の結び目群は Scharlemann–Thompson の定理 (定理 2.2.7) から自由群でなく，従ってハンドル体結び目 $N(f(G))$ は非自明となる．

例 2.7.3 ([20])　図 2.10 の左の空間手錠グラフを $f(G)$ とおく．K_1, K_2 を $f(G)$ の結び目成分とし，$f(G)$ の 1 次元ホモロジー類と同一視すると，$f(G)$ の 1 次元ホモロジー類 l は $l = c_1 K_1 + c_2 K_2$ と表される．特に $l_0 = K_1 + K_2$ に対し，α_{l_0} に関する 2 番 Alexander イデアル $E_2(A(\mathcal{G}(f(G)), \alpha_{l_0}))$ は

$$E_2(A(\mathcal{G}(f(G)), \alpha_{l_0})) = (-t_2^{-1} + t_1^{-1} + 1 + t_1 - t_2) \tag{2.20}$$

となる．従って $f(G)$ は図 2.7 の空間手錠グラフ $h(G)$ に近傍同値でない．即ち，ハンドル体結び目 $N(f(G))$ は非自明である．実は (2.20) の生成元は $L = K_1 \cup K_2$ の 2 番多変数 Alexander 多項式 $\Delta_L^{(2)}(t_1, t_2)$ に等しい．一方，任意の l に対し $E_2(A(\mathcal{G}(f(G)), \psi_l)) = (1)$ であるので，$N(f(G))$ の非自明性は 1 変数の 2 番 Alexander イデアルでは判定できない．

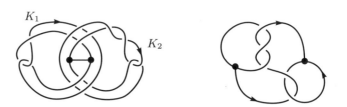

図 2.10　空間手錠グラフ $f(G), g(G)$.

　以上見てきたように，Alexander 不変量は空間グラフ並びにハンドル体結び目の分類に大変有用であるが，一方，例えば図 2.10 の右の空間手錠グラフ $g(G)$ を考えよう．$g(G)$ は Hopf 絡み目を含んでいるので空間グラフとしては非自明である．しかし $g(G)$ の任意の 1 次元ホモロジー類 l に対し

$$E_d(A(\mathcal{G}(g(G)), \alpha_l)) = \begin{cases} (0) & (d < 2) \\ (1) & (d \ge 2) \end{cases} \tag{2.21}$$

となるので (演習問題 2.12)，ハンドル体結び目 $N(g(G))$ の非自明性は多変数の Alexander イデアルでも判定することができない．[53] では，$\mathcal{G}(g(G))$ の線形表現，特に $SL(2, \mathbb{Z}_5)$ 表現の共役類の個数を計算機を用いて求めることによって $N(g(G))$ の非自明性が示された．一方，結び目について結び目群の線形表現を経由してねじれ **Alexander 多項式**が定義されるように，空間グラフについても，その結び目群の線形表現を経由してねじれ **Alexander 不変量**が定義され，例えば上の $N(g(G))$ の非自明性は $SL(2, \mathbb{Z}_2)$ 表現に関するねじれ Alexander 不変量でも判定できる ([54])．結び目のねじれ Alexander 多項式についての詳細は [131] 及び [66] を，また，空間グラフのねじれ Alexander 不変量の計算例及びその応用研究については [54]，[102] をそれぞれ参照せよ．

　Alexander 不変量は代数的トポロジーに根ざした素朴な道具と方法で定義されるものであるが，他方，定理 1.2.2 に基づく空間グラフの組合せ的構造に根ざした方法による不変量の研究も盛んに行なわれている．例えば結び目の **Jones 多項式**をもとに定義された**山田多項式** ([137]) や，またそのある意味での一般化である**横田多項式** ([140]) などが知られていて，いずれも大変強力な不変量である．一方，図 2.8 を空間グラフの図式の一部と考え，その左右の図を Reidemeister 移動と同様に点線の円周の内側の部分を取り換える操作とみなし，これを **IH 変形**と呼ぶ．全ての頂点の次数が 3 であるグラフを **3 価グラフ**といい，ハンドル体結び目の同型類と，空間 3 価グラフの図式を Reidemeister 移動及び IH 変形で割った剰余類がやはり 1 対 1 に対応することが知られている ([51])．この組合せ的再構成を基に，**カンドル**と呼ばれる代数を用いたハンドル体結び目の不変量の研究が 2000 年代終盤から活発に成されるようになった．詳細は [52] を参照せよ．

演習問題

2.1 (2.2) において施された Tietze 変換の詳細を確認せよ．

2.2 命題 2.3.1 を証明せよ．

2.3 補題 2.4.5 を証明せよ．

2.4 命題 2.4.4 において，操作 (7) が基本同値で実現されることの詳細を (2.6) を参考に確認せよ．

2.5 図 2.10 の右の空間手錠グラフ $f(G)$ の結び目群 $\mathcal{G}(f(G))$ は，図 2.10 のように x, y, z を取ることで表示 $\langle x, y, z \mid zyxzx^{-1}y^{-1}xz^{-1}x^{-1} \rangle$ を持つことを確かめよ．(Wirtinger 表示を取り，右の頂点に対応する関係子を除いて適当に Tietze 変換を適用してみよ．)

2.6 (2.16) の対応 $\alpha_l \colon \mathcal{G}(f(G)) \to \mathcal{H}_\beta$, $g \mapsto \prod_{i=1}^{\beta} t_i^{c_i \, \mathrm{lk}(\alpha(g), l_i)}$ は準同型であることを示せ．

2.7 (2.17) の準同型 $\xi \circ \alpha_l \colon \mathcal{G}(f(G)) \to \langle t \mid \emptyset \rangle$ は (2.15) の準同型 ψ_l と一致することを示せ．

2.8 樹下のシータ曲線や図 2.3 の右の空間手錠グラフについて，2 変数の Alexander

イデアルの族 $\{E_d(A(\mathcal{G}(f(G)), \alpha_l))\}_{d \geq 0}$ を求めよ.

2.9 (2.18) を証明せよ.

2.10 J を 8 の字結び目とするとき,その Alexander 多項式 $\Delta_J(t)$ を求めよ.

2.11 図 2.5 の Whitehead 絡み目 L 及び Borromean 環 M の多変数 Alexander 多項式をそれぞれ求めよ.

2.12 図 2.10 の右の空間手錠グラフを $g(G)$ とするとき,$g(G)$ の任意の 1 次元ホモロジー類 l に対し

$$E_d(A(\mathcal{G}(g(G)), \alpha_l)) = \begin{cases} (0) & (d < 2) \\ (1) & (d \geq 2) \end{cases}$$

となることを示せ.

第 3 章
Conway–Gordon の定理

本章では，空間グラフの内在的性質の研究の嚆矢となった Conway–Gordon の定理について述べ，更にその証明で用いられたアイディアから派生した空間グラフの不変量と，空間グラフのホモトピー分類，ホモロジー分類の関係について解説する．特に 3.6 節で述べられる 2 つの定理 (定理 3.6.1，定理 3.6.3) は，第 4 章以降で重要な役割を果たすものである．

3.1 Conway 多項式

Conway 多項式は，負べきを持たない通常の多項式型の絡み目不変量である．'絵を描いて研究する' という結び目理論の特性とよく調和しており，また数列の一般項を漸化式から求めるような感覚で再帰的に計算できる．本節では，その計算方法と基本的性質について手短にまとめておく．

まずは再帰的計算のもととなるスケイントリプルを，少し一般的な立場から導入しよう．$f_+(G)$, $f_-(G)$, $f_0(G')$ を，それぞれ図 3.1 の 3 つの図式 $\tilde{f}_+(G)$, $\tilde{f}_-(G)$, $\tilde{f}_0(G')$ が表す有向空間グラフとする．これら図式は点線の円周の外側では 3 つとも全く同じ図式を表すものとする．$\tilde{f}_+(G)$ と $\tilde{f}_-(G)$ を互いに取り替える操作を**交差交換**といい，このとき $f_+(G)$, $f_-(G)$ は一方が他方から交差交換で得られる，ともいう．また，$\tilde{f}_+(G)$ または $\tilde{f}_-(G)$ を $\tilde{f}_0(G')$ に置き換える操作を交差点の**平滑化**といい，このとき $f_0(G')$ は $f_+(G)$ または $f_-(G)$ において交差点を平滑化して得られる，ともいう．この場合，G と G' は同相とは限らないことに注意せよ (多くの場合同相でない)．これら空間グラフの 3 つ組 $(f_+(G), f_-(G), f_0(G'))$ を**スケイントリプル**という．特にこれら空間グラフが全て有向絡み目であるときは，(L_+, L_-, L_0) などと表すことが多い．この場合 L_+, L_- の成分数は等しく，L_0 の成分数は L_+ 成分数 ± 1 である．

そこで，次の定理によりその存在が保証される有向絡み目 L の不変量 $\nabla_L(z)$ を，L の **Conway 多項式**という．

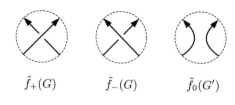

$$\tilde{f}_+(G) \qquad \tilde{f}_-(G) \qquad \tilde{f}_0(G')$$

図 3.1　スケイントリプル.

定理 3.1.1　有向絡み目 L に対し，ある 1 変数整係数多項式 $\nabla_L(z) \in \mathbb{Z}[z]$ が一意的に存在し，次の条件をみたす：

(0) M を L と同型な絡み目とすると，$\nabla_M(z) = \nabla_L(z)$ が成り立つ.

(1) 自明な結び目 O について，$\nabla_O(z) = 1$.

(2) 任意のスケイントリプル (L_+, L_-, L_0) において，$\mathbb{Z}[z]$ の中で等式

$$\nabla_{L_+}(z) - \nabla_{L_-}(z) = z\nabla_{L_0}(z) \tag{3.1}$$

が成り立つ. (3.1) を**スケイン関係式**という.

Conway 多項式は定理 3.1.1 の条件 (1), (2) を公理として計算が可能であるが，実際の計算では更に次の命題が便利である.

命題 3.1.2　L を分離絡み目とするとき，$\nabla_L(z) = 0$ である.

証明.　L は 2 つの絡み目成分 L_1, L_2 に分離しているとする. このとき有向絡み目 L_+, L_- で，L との 3 つ組 (L_+, L_-, L) が図 3.2 のようなスケイントリプルをなすものが存在する. ここで L_+ と L_- は互いに同型なので (演習問題 3.1)，スケイン関係式から

$$z\nabla_L(z) = \nabla_{L_+}(z) - \nabla_{L_-}(z) = 0$$

となる. 従って $\nabla_L(z) = 0$ である. $\qquad\qquad\square$

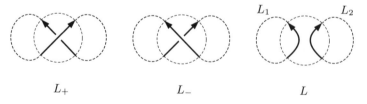

$$L_+ \qquad\qquad\qquad L_- \qquad\qquad\qquad L$$

図 3.2　L を分離絡み目としたスケイントリプル (L_+, L_-, L).

定理 3.1.1 の条件 (1), (2) と命題 3.1.2 を用いることで，有向絡み目 L の Conway 多項式 $\nabla_L(z)$ は以下のような再帰的方法によって計算することができる. L の図式 $\widetilde{L}$ の交差点を選び，そこで交差交換を行なって得られる絡み

目の図式と，平滑化を行なって得られる絡み目の図式を考える．これらがともに自明な結び目/絡み目の図式になっていたら終了である．いずれかに非自明（そう）な結び目/絡み目の図式が現れたら，別の交差点を選んで同様の手続きを行なう．一般に任意の絡み目の図式において，幾つかの交差点を適当に選び，それら全てで交差交換を行なうと自明な絡み目の図式となることが知られており（例えば [123]，[62] を参照せよ），この事実を踏まえて交差交換を行なう交差点をうまく選ぶと，この手続きは必ず終了する．例えば三葉結び目の場合を図 3.3 に示した．このように，上記手続きを終了するまで行なうと，L からスタートして交差交換及び平滑化で得られた絡み目が樹木状に並んだ図で，その末端は全て自明な結び目/絡み目となっているものが得られる．このような図を L の**スケインツリー**と呼ぶ．そこで末端の自明な結び目，2 成分以上の自明な絡み目の Conway 多項式がそれぞれ 1, 0 であることから，末端より前の絡み目の Conway 多項式が次々と求まっていき，最後に $\nabla_L(z)$ が求まる．次の例で三葉結び目の Conway 多項式を計算してみよう．

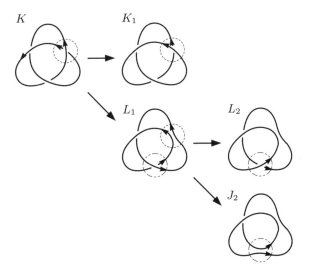

図 3.3　三葉結び目のスケインツリー.

例 3.1.3　図 3.3 の左上の三葉結び目 K を考える．図 3.3 のスケインツリーにおいて，まずスケイントリプル (L_1, L_2, J_2) から $\nabla_{L_1}(z) - \nabla_{L_2}(z) = z\nabla_{J_2}(z)$ となる．これより

$$\nabla_{L_1}(z) = \nabla_{L_2}(z) + z\nabla_{J_2}(z) = 0 + z = z. \tag{3.2}$$

次にスケイントリプル (L, K_1, L_1) から $\nabla_K(z) - \nabla_{K_1}(z) = z\nabla_{L_1}(z)$ となる．これと (3.2) を合わせて

$$\nabla_K(z) = \nabla_{K_1}(z) + z\nabla_{L_1}(z) = 1 + z^2.$$

従って $\nabla_K(z) \neq 1$ であるから, K が非自明であることが Conway 多項式によっても判定できる. またスケインツリーに登場した 2 成分絡み目 L_1 は図 2.4 の右の Hopf 絡み目と同型であり, その Conway 多項式が z であることも合わせて求まっていることに注意しよう. $\nabla_{L_1}(z) \neq 0$ であるから, L_1 が分離不能であることが Conway 多項式によっても判定できる.

例 3.1.4 図 1.17 の 8 の字結び目 J, Whitehead 絡み目 L, Borromean 環 M の Conway 多項式は, それぞれ $\nabla_J(z) = 1 - z^2$, $\nabla_L(z) = z^3$, $\nabla_M(z) = z^4$ となる. 詳細は演習問題 3.2 とする.

さて, 以下で Conway 多項式の基本的な性質, 及び絡み目の向きや空間の向きとの関係について述べておこう. 1.3 節で, 有向結び目 K に対し, K の向きを逆にして得られる有向結び目を $-K$ で表した. 一般に有向絡み目 L に対しても, L の全ての結び目成分の向きを逆にして得られる有向絡み目を $-L$ で表す. 一方, $f(G)$ を空間グラフとし, $\varphi \colon \mathbb{R}^3 \to \mathbb{R}^3$ を $\varphi(x, y, z) = (x, y, -z)$ で定義される連続写像とする. $\mathbb{S}^3$ への埋め込みを考える場合は, $\varphi \colon \mathbb{S}^3 \to \mathbb{S}^3$ を $\varphi(x, y, z, w) = (x, y, z, -w)$ で定義される連続写像とする. いずれも空間の向きを逆にする同相写像である. このとき合成写像 $\varphi \circ f$ を f^* で表すとこれもまた埋め込みであり, 空間グラフ $f^*(G)$ を $f(G)$ の**鏡像**という (図 3.4). より具体的には, $f(G)$ の図式 $\tilde{f}(G)$ の全ての交差点で交差交換を行なって得られる図式が, 鏡像 $f^*(G)$ の図式 $\tilde{f}^*(G)$ である. $f(G)$ が絡み目 L であるときは, その鏡像を L^* と表す. 一般に Ψ を $\mathbb{R}^3$ の向きを逆にする自己同相写像とするとき, $\Phi = \Psi \circ \varphi$ は $\mathbb{R}^3$ の向きを保つ自己同相写像で $\Phi \circ f^* = \Psi \circ f$ となるので, $\Psi \circ f(G)$ は $f^*(G)$ とアンビエント・イソトピックである.

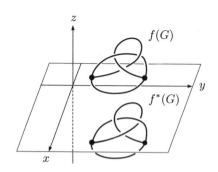

図 3.4 空間グラフ $f(G)$ の鏡像 $f^*(G)$.

このとき，次の命題が成り立つ．いずれもスケインツリーとスケイン関係式を用いて示されるが，詳細は演習問題 3.3 とする．

命題 3.1.5 m 成分有向絡み目 L に対し，次が成り立つ．

(1) $\nabla_{-L}(z) = \nabla_L(z)$.

(2) $\nabla_{L^*}(z) = \nabla_L(-z)$.

(3) z^2 についての多項式 $\nabla'(z) \in \mathbb{Z}[z^2]$ が存在して，$\nabla_L(z) = z^{m-1} \nabla'(z)$.

(1) から，特に有向結び目の Conway 多項式は向きに依らない不変量となる．また (3) から，成分数が奇数の場合は偶数次の項のみ，成分数が偶数の場合は奇数次の項のみが現れることがわかる．更に (2) と (3) から

$$\nabla_{L^*}(z) = (-1)^{m-1} \nabla_L(z)$$

となり，特に成分数が奇数の有向絡み目とその鏡像の Conway 多項式は一致する．また成分数が偶数の有向絡み目は，その Conway 多項式が 0 でなければ鏡像と同型でない．空間グラフとその鏡像の非同型問題については，内在的性質の観点から 7.1 節で再び触れる．

更に結び目理論においてよく知られている重要な事実として，Conway 多項式において適当に変数変換を行なうと Alexander 多項式が得られる．具体的には次の定理が成り立つ．

定理 3.1.6 m 成分有向絡み目 L において

$$\Delta_L(t) \doteq t^{\frac{m-1}{2}} \nabla_L(t^{\frac{1}{2}} - t^{-\frac{1}{2}}). \tag{3.3}$$

証明については，例えば [100] にわかりやすい解説がある．(3.3) は，Alexander 多項式を適当に $\pm t^{\frac{k}{2}}$ 倍すると $z = t^{\frac{1}{2}} - t^{-\frac{1}{2}}$ についての多項式で表せて，それが Conway 多項式となるとも言っている．このことから $\nabla_L(z)$ を **Alexander–Conway 多項式**と呼ぶこともある．

例 3.1.7 図 2.4 の左の三葉結び目 K 及び右の Hopf 絡み目 L について，例 3.1.3 から

$$t^{\frac{1-1}{2}} \nabla_K(t^{\frac{1}{2}} - t^{-\frac{1}{2}}) = 1 + (t^{\frac{1}{2}} - t^{-\frac{1}{2}})^2 = t^{-1} - 1 + t,$$
$$t^{\frac{2-1}{2}} \nabla_L(t^{\frac{1}{2}} - t^{-\frac{1}{2}}) = t^{\frac{1}{2}}(t^{\frac{1}{2}} - t^{-\frac{1}{2}}) = t - 1$$

となり，それぞれ K, L の Alexander 多項式である (例 2.6.2，例 2.6.4)．図 1.17 の 8 の字結び目，Whitehead 絡み目，Borromean 環についても (3.3) が成り立つことを，例 3.1.4，例 2.6.3，例 2.6.5 から確かめてみよ (演習問題 3.4)．

m 成分有向絡み目 L に対し，その Conway 多項式 $\nabla_L(z)$ の z^k の係数を $a_k(L)$ とおく．$\nabla_L(z)$ が絡み目不変量なので，$a_k(L)$ は整数値の絡み目不変

量を与えている. この a_k はスケイントリプル (L_+, L_-, L_0) において

$$a_k(L_+) - a_k(L_-) = a_{k-1}(L_0) \tag{3.4}$$

をみたすことがスケイン関係式から直ちにわかる. 命題 3.1.5 (3) から, $k < m-1$ のとき $a_k(L) = 0$ となり, これより $a_{m-1}(L)$ を $\nabla_L(z)$ の**第一係数**ともいう. 特に有向結び目及び 2 成分有向絡み目において, 次が成り立つ.

命題 3.1.8 (1) 任意の有向結び目 K に対し, $a_0(K) = 1$.
(2) 任意の 2 成分有向絡み目 L に対し, $a_1(L) = \mathrm{lk}(L)$.

命題 3.1.8 を示す前に, 絡み数に関する次の補題を示しておこう. これは絡み数の別定義としてよく用いられるものである.

補題 3.1.9 $\widetilde{L}$ を 2 成分有向絡み目 $L = K_1 \cup K_2$ の図式とし, $c_1, c_2, \ldots, c_l$ を $\widetilde{L}$ の交差点で $\widetilde{K}_2$ が $\widetilde{K}_1$ の上を通るものの全体とする. このとき

$$\mathrm{lk}(L) = \sum_{i=1}^{l} \varepsilon(c_i).$$

証明. $\widetilde{L}$ において全ての c_i で交差交換を行なって得られる図式を $\widetilde{L'}$ とおくと, L' は分離絡み目となり, $\mathrm{lk}(L') = 0$ である. 一方, $c_1, c_2, \ldots, c_l$ には正交差点が p 個, 負交差点が q 個あるとする. 交差交換におけるライズの変化は, 正交差点から負交差点への交換で -2, 負交差点から正交差点への交換で $+2$ であることに注意すると, L' の絡み数は

$$\mathrm{lk}(L') = \frac{1}{2}\{2\,\mathrm{lk}(L) - 2p + 2q\} = \mathrm{lk}(L) - p + q$$

となる. そこで $\mathrm{lk}(L') = 0$ から

$$\mathrm{lk}(L) = p - q = \sum_{i=1}^{l} \varepsilon(c_i)$$

となる. $\qquad\square$

命題 3.1.8 の証明. (1) スケイントリプル (L_+, L_-, L_0) において L_+, L_- を有向結び目とすると, (3.4) から $a_0(L_+) - a_0(L_-) = 0$ となる. 即ち, 結び目の Conway 多項式の定数項は交差交換で変化しない. 任意の結び目は適当な交差交換で自明な結び目に変形できるので, 結果が従う.

(2) $\widetilde{L}$ を 2 成分有向絡み目 $L = K_1 \cup K_2$ の図式とし, $c_1, c_2, \ldots, c_l$ を $\widetilde{L}$ の交差点で $\widetilde{K}_2$ が $\widetilde{K}_1$ の上を通るものの全体とする. これら交差点全てで順番に交差交換を行なうことで, 絡み目の列 $L = L_0, L_1, \ldots, L_l$ を得る. ここで L_i は L_{i-1} から交差点 c_i での交差交換で得られ, また L_l は分離絡み目である. そこで各 L_{i-1} から c_i で平滑化を行なうと有向結び目 K_i が得られ, スケイン関係式と (1) から

$$a_1(L_{i-1}) - a_1(L_i) = \varepsilon(c_i)a_0(K_i) = \varepsilon(c_i)$$

となる．これより

$$a_1(L) = a_1(L_0) = a_1(L_1) + \varepsilon(c_1) = \cdots = a_1(L_l) + \sum_{i=1}^{l} \varepsilon(c_i) \quad (3.5)$$

となり，この右辺は命題 3.1.2 と補題 3.1.9 から $\mathrm{lk}(L)$ に等しい． $\square$

命題 3.1.8 のちょっとした応用として，絡み数のちょうど 1 回の交差交換における変化量が求まる．これは絡み数の定義から直接示されることでもあるが (演習問題 3.5)，ここで示しておこう．

命題 3.1.10 L, M は 2 成分有向絡み目で，M は $\widetilde{L}$ の交差点 c におけるちょうど 1 回の交差交換で得られるとする．このとき，次が成り立つ．
(1) c が同一成分上の交差点なら，$\mathrm{lk}(L) - \mathrm{lk}(M) = 0$.
(2) c が異なる成分の間の交差点なら，$\mathrm{lk}(L) - \mathrm{lk}(M) = \pm 1$.

証明. L, M をスケイントリプル (L_+, L_-, L_0) の L_+, L_- としてよい．c が同一成分上の交差点なら，L_0 は 3 成分絡み目で $a_1(L_+) - a_1(L_-) = a_0(L_0) = 0$ となる．c が異なる成分の間の交差点なら，L_0 は結び目で $a_1(L_+) - a_1(L_-) = a_0(L_0) = 1$ となる．$a_1 = \mathrm{lk}$ から求める結果が得られる． $\square$

さて，命題 3.1.5 (3) と命題 3.1.8 (1) から，結び目 K の Conway 多項式は

$$\nabla_K(z) = 1 + \sum_{i \geq 1} a_{2i}(K) z^{2i}$$

と表される．第一係数は必ず 1 で結び目の分類には役に立たない．次に非零の可能性があるのは 2 次の係数 $a_2(K)$ で，実際に三葉結び目や 8 の字結び目について 0 でない (例 3.1.3，例 3.1.4)．この整数値不変量 $a_2(K)$ は低次元トポロジーにおいてよく登場する重要な結び目不変量である．例えば $a_2(K)$ は 3 次元整ホモロジー球面と呼ばれる 3 次元多様体の Casson 不変量の手術公式に現れる整数値不変量 $\lambda'(K)$ に一致することから K の **Casson 不変量** とも呼ばれる (cf. [6])．更に $a_2(K) \bmod 2$ は，K の Seifert 曲面 F から得られる $\mathbb{Z}_2$ 上の Seifert 形式 ϕ_2 が定める非退化 2 次形式 $q\colon H_1(F;\mathbb{Z}_2) \to \mathbb{Z}_2$, $x \mapsto \phi_2(x,x)$ の Arf 不変量に一致することから，K の **Arf 不変量** とも呼ばれ ([106], [57])，4 次元のトポロジーとも関係する．このあたりの背景については，例えば [76] に易しい解説がある．

$a_2(K)$ は，Conway 多項式自体を計算しなくても，以下の方法で機械的に求めることができる．まず (3.4) と命題 3.1.8 (2) から直ちに次が得られる．

命題 3.1.11 スケイントリプル (L_+, L_-, L_0) において L_+, L_- を有向結び目とすると L_0 は 2 成分有向結び目で，

$$a_2(L_+) - a_2(L_-) = \mathrm{lk}(L_0). \tag{3.6}$$

そこでいま有向結び目 K に対し，$\widetilde{K}$ をその図式とし，$c_1, c_2, \ldots, c_l$ は $\widetilde{K}$ の交差点で，それら全てで交差交換を行なうと自明な結び目となるものとする．これら交差点全てで順番に交差交換を行なうことで，結び目の列 $K = K_0, K_1, \ldots, K_l$ を得る．ここで K_i は K_{i-1} から交差点 c_i での交差交換で得られ，また K_l は自明な結び目である．各 K_{i-1} から c_i で平滑化を行なって得られる有向絡み目を L_i とする．このとき，次が成り立つ．

補題 3.1.12 $a_2(K) = \displaystyle\sum_{i=1}^{l} \varepsilon(c_i)\,\mathrm{lk}(L_i).$

証明. 各 c_i での交差交換と平滑化について，(3.6) から

$$a_2(K_{i-1}) - a_2(K_i) = \varepsilon(c_i)\,\mathrm{lk}(L_i)$$

となる．これより (3.5) と同様に

$$a_2(K) = a_2(K_0) = a_2(K_l) + \sum_{i=1}^{l} \varepsilon(c_i)\,\mathrm{lk}(L_i)$$

が得られ，K_l は自明な結び目なので $a_2(K_l) = 0$ である． $\square$

例 3.1.13 図 3.5 の有向結び目 K について，$a_2(K) = \mathrm{lk}(L_1) + \mathrm{lk}(L_2) = 2 + 1 = 3$.

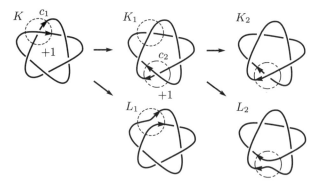

図 3.5 有向結び目の交差交換と，交差点の平滑化で得られる 2 成分有向絡み目.

3.2 Conway–Gordon の定理

さて，準備が整ったので Conway–Gordon の定理を述べよう．以下，グラフ G のちょうど k 個の頂点を含むサイクルを k **サイクル**と呼ぶ．完全グラフ

K_n などの場合は頂点の数珠順列でサイクルを表すこともでき，例えば頂点 $i_1, i_2, \ldots, i_k$ を順番に通過する k サイクルをしばしば $[i_1 i_2 \cdots i_k]$ とも表す．この表記は順列の巡回置換に依らない．G の k サイクル全ての集合を $\Gamma_k(G)$ で，また，k サイクルと l サイクルとの非交和全ての集合を $\Gamma_{k,l}(G)$ で表す．有向結び目 K に対し，$a_2(K) \bmod 2$ を K の Arf 不変量ともいうのであった．これを $\mathbb{Z}_2$ の元として考え $\mathrm{Arf}(K)$ で表す．また 2 成分有向絡み目 L に対し，$\mathrm{lk}(L) \bmod 2$ を $\mathbb{Z}_2$ の元として考え $\mathrm{lk}_2(L)$ で表す．Arf も lk_2 も結び目/絡み目の向きに依らない不変量である．K_n を 1.4 節で述べた n 頂点完全グラフとする．特に $n = 6, 7$ のとき，Conway–Gordon は次を示した．

定理 3.2.1 (Conway–Gordon の定理 [14])　(1) K_6 の任意の空間グラフ $f(K_6)$ において，

$$\sum_{\lambda \in \Gamma_{3,3}(K_6)} \mathrm{lk}_2(f(\lambda)) \equiv 1 \pmod 2. \tag{3.7}$$

(2) K_7 の任意の空間グラフ $f(K_7)$ において，

$$\sum_{\gamma \in \Gamma_7(K_7)} \mathrm{Arf}(f(\gamma)) \equiv 1 \pmod 2. \tag{3.8}$$

定理 3.2.1 から，K_6 の空間グラフは必ず絡み数が奇数の 2 成分絡み目を含み，また K_7 の空間グラフは必ず a_2 が奇数の結び目を含む (図 1.27)．これより直ちに定理 1.4.2 が得られる．定理 1.4.2 を指して Conway–Gordon の定理ということも多い．K_6 に関しては 4.2 節で触れるように Sachs も独立に示していて，Conway–Gordon–Sachs の定理といわれることもある．

以下の証明においては，空間グラフの図式 $\tilde{f}(G)$ 及び G の互いに交わらない部分グラフ H_1, H_2 に対し，$\tilde{f}(H_2)$ が $\tilde{f}(H_1)$ の上を通る交差点の個数を $\bmod 2$ で数えたものを $\omega(\tilde{f}(H_1), \tilde{f}(H_2))$ で表す．2 成分絡み目の図式 $\widetilde{L} = \widetilde{K}_1 \cup \widetilde{K}_2$ に対し，$\omega(\widetilde{K}_1, \widetilde{K}_2)$ は補題 3.1.9 から $\mathrm{lk}_2(L)$ にほかならない．

定理 3.2.1 の証明.　(1) K_6 の空間グラフ $f(K_6)$ に対し，$\sigma(f) \in \mathbb{Z}_2$ を

$$\sigma(f) \equiv \sum_{\lambda \in \Gamma_{3,3}(K_6)} \mathrm{lk}_2(f(\lambda)) \pmod 2$$

で定義する．まず，これが交差交換で不変となることを示す．同一辺の間の交差交換及び隣接 2 辺上の交差交換は，$f(K_6)$ の絡み目成分において同一成分上の交差交換を引き起こし，命題 3.1.10 (1) からそれは lk_2 の値を変えない．非隣接 2 辺の間の交差交換は，$f(K_6)$ のちょうど 2 つの絡み目成分において異なる成分の間の交差交換を引き起こし，命題 3.1.10 (2) から lk_2 の変化は 1 である．従って $\sigma(f)$ の値は変わらない．よって $\sigma(f)$ は交差交換で不変である．互いに同相な 2 つの空間グラフは交差交換で移り合うので，$\sigma(f)$ は埋め込み f に依らない．そこで $h(K_6)$ を図 1.27 の左の空間グラフとすると，全

10 個の絡み目成分のうち $h([135] \cup [246])$ だけ Hopf 絡み目で残りは全て自明な絡み目である (演習問題 3.6). これより $\sigma(f) = \sigma(h) = 1$ となり, 求める結果が得られた.

(2) K_7 の空間グラフ $f(K_7)$ に対し, $\alpha(f) \in \mathbb{Z}_2$ を

$$\alpha(f) \equiv \sum_{\gamma \in \Gamma_7(K_7)} \mathrm{Arf}(f(\gamma)) \pmod 2$$

で定義する. 今度はこれが交差交換で不変となることを示す. $g(K_7)$ は K_7 の空間グラフで, $f(K_7)$ から辺 $f(e), f(e')$ の間の交差点 c でのちょうど 1 回の交差交換で得られるものとする. このとき

$$\alpha(f) - \alpha(g) \equiv \sum_{\substack{\gamma \in \Gamma_7(K_7) \\ e \cup e' \subset \gamma}} (\mathrm{Arf}(f(\gamma)) - \mathrm{Arf}(g(\gamma))) \pmod 2 \qquad (3.9)$$

であり, ここで $e \cup e'$ を含む各 7 サイクル γ に対し, 結び目 $f(\gamma)$ において c を平滑化して得られる 2 成分絡み目を L とおくと, 命題 3.1.11 から

$$\mathrm{Arf}(f(\gamma)) - \mathrm{Arf}(g(\gamma)) \equiv \mathrm{lk}_2(L_1, L_2) \pmod 2 \qquad (3.10)$$

となる. これらの絡み数の総和が偶数であることを示せばよい.

一般に空間グラフの同一辺の間の交差交換は隣接 2 辺の間の交差交換とアンビエント・イソトピーで実現されるので (図 3.6), 隣接 2 辺の間の交差交換, 及び非隣接 2 辺の間の交差交換で $\alpha(f)$ が変化しないことを確かめればよい. まず隣接 2 辺の間の交差交換を考える. $e = \overline{12}$, $e' = \overline{13}$ として, 交差点 c は $f(e)$ と $f(e')$ の間にあるとしてよい. また, 頂点 $1, 2, 3$ を図 3.7 のように c の十分近くに '寄せる' ことで, $f(e)$ 上の交差点は c のみで, それは $f(e')$ 上では頂点 3 の直近にあるとしてよい. このとき 2 辺 e, e' を含む 7 サイクル γ に対し, $f(\gamma)$ において c を平滑化して得られる 2 成分絡み目 L の頂点 1 を含む成分を L_1 とし, 頂点 $2, 3$ を含む成分を L_2 とすると, L_1 は各 $f(\gamma)$ に依らず共通で,

$$\mathrm{lk}_2(L_1, L_2) = \omega(\widetilde{L}_1, \widetilde{L}_2) \equiv \sum_{\substack{\widetilde{e''} \subset \widetilde{L}_2 \\ e'' \neq e, e'}} \omega(\widetilde{L}_1, \widetilde{e''}) \pmod 2 \qquad (3.11)$$

となる. そこで隣接辺 e, e' 及びそれら以外の辺 e'' の 3 辺を全て含む K_7 の 7 サイクルは偶数個なので (演習問題 3.7), (3.10), (3.11) から, (3.9) の右辺には $\omega(\widetilde{L}_1, \widetilde{e''})$ が偶数回現れる. これより $\alpha(f) = \alpha(g)$ である.

次に非隣接 2 辺の間の交差交換を考える. $e = \overline{12}$, $e' = \overline{34}$ として, 交差点 c は $f(e)$ と $f(e')$ の間にあるとしてよい. また, 頂点 $1, 2, 3, 4$ を図 3.8 のように c の十分近くに寄せることで, $f(e), f(e')$ 上の交差点はいずれも c のみとしてよい. このとき 2 辺 e, e' を含む 7 サイクル γ に対し, $f(\gamma)$ において c を平滑化して得られる 2 成分絡み目 L は, 一方の成分に頂点 $1, 4$ が含まれ,

他方の成分に頂点 2, 3 が含まれるか，または一方の成分に頂点 1, 3 が含まれ，他方の成分に頂点 2, 4 が含まれるかのいずれかである．どちらでもこの後の議論は同じなのでここでは前者を仮定し，図 3.8 のように，頂点 1, 4 を含む成分を L_1 とし，頂点 2, 3 を含む成分を L_2 とする．このとき

$$\text{lk}_2(L_1, L_2) = \omega(\widetilde{L}_1, \widetilde{L}_2) \equiv \sum_{\substack{\widetilde{e}_i \subset \widetilde{L}_i \\ e_i \neq e, e'}} \omega(\widetilde{e}_1, \widetilde{e}_2) \pmod{2} \tag{3.12}$$

となる．そこで非隣接辺 e, e' 及びそれら以外の非隣接辺 e_1, e_2 に対し，これら 4 辺を全て含む K_7 の 7 サイクルで $\widetilde{e}_i \subset \widetilde{L}_i$ $(i = 1, 2)$ となるものは偶数個なので (演習問題 3.8)，(3.10)，(3.12) から，(3.9) の右辺には $\omega(\widetilde{e}_1, \widetilde{e}_2)$ が偶数回現れる．これより $\alpha(f) = \alpha(g)$ である．以上により，$\alpha(f)$ が交差交換で不変であることがわかった．

そこで (1) の証明のときと同様に，互いに同相な 2 つの空間グラフは交差交換で移り合うので，$\alpha(f)$ は埋め込み f に依らない．そこで $h(K_7)$ を図 1.27 の右の空間グラフとすると，7 サイクルの像として得られる全 360 個 (演習問題 3.9) の結び目成分のうち $h([1357246])$ だけ三葉結び目で残りは全て自明な結び目である．これより $\alpha(f) = \alpha(h) = 1$ となり，求める結果が得られた． □

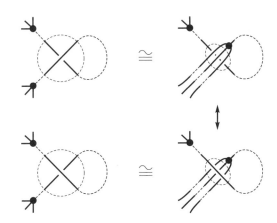

図 3.6　同一辺上の交差交換は隣接辺上の交差交換で実現できる．

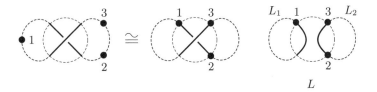

図 3.7　隣接辺の間の交差点の平滑化．

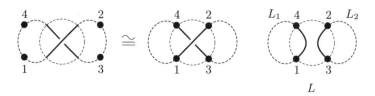

図 3.8　非隣接辺の間の交差点の平滑化.

　上の証明において，$h(K_7)$ が含む非自明な Hamilton 結び目がただ 1 つで
あることは，もちろん 360 個全てを調べ上げればよいのだが，ここでは別の方
法できちんと確認しておこう．

命題 3.2.2　図 1.27 の右の空間グラフ $h(K_7)$ は，ただ 1 つの非自明な結び目
成分を持つ．

　証明の前に少し準備する．いま空間グラフ $f(G)$ 及び G の自己同相写像
$\tau\colon G \to G$ に対し，$f(G)$ が τ 対称であるとは，$\mathbb{R}^3$ の向きを保つ自己同相写
像 Φ が存在して $\Phi \circ f = f \circ \tau$ が成り立つときをいう．要するにグラフの自己
同相を $\mathbb{R}^3$ 内の変形で実現できる空間グラフのことである．

例 3.2.3　図 3.9 の上段の空間グラフ $f(K_7)$ を考えよう．完全グラフ K_n の
自己同相写像は n 次対称群 $\mathfrak{S}_n$ の元と同一視でき，$f(K_7)$ は K_7 の自己同相
写像 $\tau = (1\,2\,3\,4\,5\,6\,7)$ について τ 対称である．実際，図 3.9 の右側のよう
に，頂点 1 に接続した全ての辺をぐるっと裏に回し，図式を時計回りに $2\pi/7$
回転させればよい．

命題 3.2.2 の証明.　図 1.27 の右の空間グラフ $h(K_7)$ は，図 3.9 の空間グラフ
$f(K_7)$ にアンビエント・イソトピックである (演習問題 3.10)．従って例 3.2.3
から，$h(K_7)$ も K_7 の自己同相写像 $\tau = (1\,2\,3\,4\,5\,6\,7)$ について τ 対称であ
る．いま K_7 から辺 $\overline{35}$ を除いた部分グラフを H とし，更に H から頂点 $2,7$
に接続する辺を全て除いた部分グラフを H' とする．このとき，図 3.10 の左
を $h(H)$ の図式と考え，図式の乗る $\mathbb{R}^2$ の上部に頂点 2 を引き上げ，下部に頂
点 7 を引き下げることで，$h(H)$ は $g(H') \subset \mathbb{R}^2$ をみたす図 3.10 の右の空間
グラフ $g(H)$ にアンビエント・イソトピックであることがわかる．$g(H)$ の全
ての結び目成分は $\mathbb{R}^3$ の第 3 座標に関して極大点をたった 1 つ持つように変形
できるので，自明な結び目である (いわゆる 1 橋結び目)．従って，$h(K_7)$ の非
自明な結び目成分は辺 $h(\overline{35})$ を含まねばならない．そこで $h(K_7)$ の τ 対称性
から，$h(K_7)$ の非自明な結び目成分は辺 $h(\tau^i(\overline{35}))$ $(i = 0, 1, \ldots, 6)$ を含まね
ばならない．辺 $\overline{35}$ を $\tau = (1\,2\,3\,4\,5\,6\,7)$ で次々写した軌道は

$$\overline{35} \longmapsto \overline{46} \longmapsto \overline{57} \longmapsto \overline{61} \longmapsto \overline{72} \longmapsto \overline{13} \longmapsto \overline{24}$$

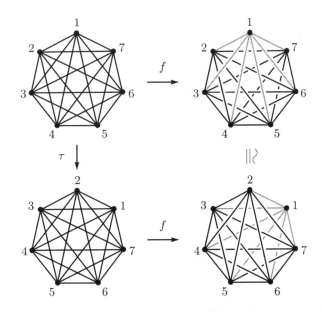

図 3.9 $\tau = (1\,2\,3\,4\,5\,6\,7)$ について τ 対称な空間グラフ $f(K_7)$.

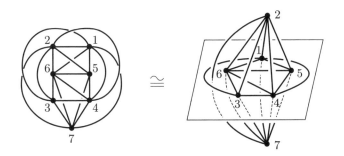

図 3.10 $h(H)$ の結び目成分は全て自明な結び目.

であるから，この 7 辺を全て含む 7 サイクルの像 $h([1357246])$ しか非自明結
び目となりえず，実際にこれは三葉結び目である (図 1.27 の太線部分)．　　□

　尚，ここでは命題 3.2.2 に結び目理論的な証明を与えたが，[129] では Euclid
幾何を用いた証明が紹介されている．

3.3　空間グラフの頂点ホモトピーと α 不変量

　定理 3.2.1 (2) において，空間グラフ $f(K_7)$ に対し定義された $\alpha(f)$ の値は
必ず 1 を取り，K_7 の埋め込みに依らない特性量であった．従って K_7 の空間
グラフの同型類の分類自体には役に立たないが，そのエッセンスをうまく引き
出すと，空間グラフの特徴ある不変量が現れる．本節ではそれを述べよう．

　グラフ G の 2 つの空間グラフ $f(G), g(G)$ が**頂点ホモトピック**であるとは，
$f(G)$ と $g(G)$ が隣接辺の間の交差交換とアンビエント・イソトピーで互いに

移り合うときをいう．ここでループは隣接辺とみなす．定理 3.2.1 (2) の証明中で見たように，ループでない同一辺上の交差交換は隣接辺上の交差交換で実現できるのであった (図 3.6)．従って同一辺上の交差交換も頂点ホモトピーの下で自由に行なってよい．特に有向絡み目 L, M が頂点ホモトピックであることと，それらが同じ結び目成分上の交差交換とアンビエント・イソトピーで移り合うことは同値である．これはもともとリンク・ホモトピーといい，結び目理論では大変よく研究されている概念である ([81])．例えば Whitehead 絡み目や図 1.4 の空間グラフ $f(G)$ は，いずれも頂点ホモトピーの下で自明である (演習問題 3.11)．一方，互いに頂点ホモトピックでない 2 つの空間グラフの存在は，例えば次の命題から確かめることができる．

命題 3.3.1 (1) 2 成分有向絡み目 L, M に対し，L と M が頂点ホモトピックならば，$\mathrm{lk}(L) = \mathrm{lk}(M)$．

(2) G を図 1.21 の $K_5, K_{3,3}$ とするとき，G の 2 つの空間グラフ $f(G), g(G)$ に対し $f(G)$ と $g(G)$ が頂点ホモトピックならば，$L(f) = L(g)$．

証明. (1) は命題 3.1.10 (1) そのものである．(2) は Simon 不変量の定義から直ちにわかる (演習問題 3.12)．　　　　　　　　　　　　　　　　□

従って絡み数と Simon 不変量は実は頂点ホモトピー不変量であったのだが，以下，別の方法で頂点ホモトピー不変量を導入しよう．一般にグラフ G とそのサイクル全体の集合 $\Gamma(G)$ に対し，写像 $\omega \colon \Gamma(G) \to \mathbb{Z}_m$ を $\Gamma(G)$ 上の**ウェイト**という．e_1, e_2 を G の隣接 2 辺とし，$\Gamma_{e_1, e_2}(G)$ で e_1, e_2 を含む G のサイクル全体を表す．いま G の各辺に向きを入れて有向グラフとし，$\Gamma_{e_1, e_2}(G)$ の各サイクル γ に e_1 の向きから誘導される向きを入れて $H_1(G; \mathbb{Z}_m)$ のホモロジー類とみなす．このときウェイト ω が隣接辺の組 (e_1, e_2) 上で**バランスが取れている**とは，$H_1(G; \mathbb{Z}_m)$ において

$$\sum_{\gamma \in \Gamma_{e_1, e_2}(G)} \omega(\gamma)\gamma = 0$$

が成り立つときをいう．これは G の向きには依らない性質である．

例 3.3.2 図 1.21 の K_5 において，ウェイト $\omega = \omega_{K_5} \colon \Gamma(K_5) \to \mathbb{Z}$ を $\omega(\gamma) = 1$ $(\gamma \in \Gamma_5(K_5))$，$-1$ $(\gamma \in \Gamma_4(K_5))$，$0$ $(\gamma \in \Gamma_3(K_5))$ で定義する．いま隣接辺の組 (e_1, e_2) に対し，$\Gamma_{e_1, e_2}(K_5)$ の各元は $H_1(K_5; \mathbb{Z})$ の元として

$$\gamma_1 = e_1 + e_2 + d_2 + e_5, \quad \gamma_2 = e_1 + e_2 + e_3 + d_5,$$

$$\gamma_3 = e_1 + e_2 + e_3 + e_4 + e_5, \quad \gamma_4 = e_1 + e_2 + d_2 - e_4 + d_5$$

の 4 つであり，このとき

$$\sum_{\gamma \in \Gamma_{e_1, e_2}(K_5)} \omega(\gamma)\gamma = -\gamma_1 - \gamma_2 + \gamma_3 + \gamma_4 = 0$$

となる. 従ってウェイト ω は (e_1, e_2) 上でバランスが取れている.

そこでいま，空間グラフ $f(G)$ に対し，$\alpha_\omega(f) \in \mathbb{Z}_m$ を

$$\alpha_\omega(f) \equiv \sum_{\gamma \in \Gamma(G)} \omega(\gamma) a_2(f(\gamma)) \pmod{m}$$

で定義する. ここで $a_2(f(\gamma))$ は結び目成分 $f(\gamma)$ の Conway 多項式の 2 次の係数である. これを α **不変量**という. 結び目成分の不変量の線形和であるから，アンビエント・イソトピー不変量であることは明らかであるが，更に次が成り立つ.

定理 3.3.3 (谷山 [125])　ウェイト $\omega\colon \Gamma(G) \to \mathbb{Z}_m$ が G の任意の隣接辺の組の上でバランスが取れているならば，互いに頂点ホモトピックな 2 つの空間グラフ $f(G), g(G)$ に対し $\alpha_\omega(f) = \alpha_\omega(g)$ となる.

証明.　$(f_+(G), f_-(G), f_0(G'))$ を隣接辺 e_1, e_2 の像の間の交差点での交差交換に対応するスケイントリプルとする. このとき $\alpha_\omega(f_+) = \alpha_\omega(f_-)$ となることを示せばよい. $\Gamma_{e_1,e_2}(G)$ の元 γ に対し，$f_+(\gamma)$ においてこの交差点を平滑化して得られる 2 成分絡み目は，各 γ に共通の結び目 K と，γ から一意的に誘導される G' のサイクル γ' の像 $f_0(\gamma')$ から成る (図 3.11). ウェイト ω が (e_1, e_2) 上でバランスが取れていることから，$H_1(f_0(G'); \mathbb{Z}_m)$ において

$$\sum_{\gamma \in \Gamma_{e_1,e_2}(G)} \omega(\gamma) f_0(\gamma') = 0$$

が成り立つことに注意しよう. このとき

$$
\begin{aligned}
\alpha_\omega(f_+) - \alpha_\omega(f_-) &\equiv \sum_{\gamma \in \Gamma_{e_1,e_2}(G)} \omega(\gamma)(a_2(f_+(\gamma) - a_2(f_+(\gamma)))\\
&= \sum_{\gamma \in \Gamma_{e_1,e_2}(G)} \omega(\gamma) \operatorname{lk}(K, f_0(\gamma'))\\
&= \operatorname{lk}\Big(K, \sum_{\gamma \in \Gamma_{e_1,e_2}(G)} \omega(\gamma) f_0(\gamma')\Big)\\
&\equiv 0 \pmod{m}
\end{aligned}
$$

となり，従って $\alpha_\omega(f_+) = \alpha_\omega(f_-)$ となる.　□

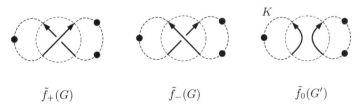

$$\tilde{f}_+(G) \qquad\qquad \tilde{f}_-(G) \qquad\qquad \tilde{f}_0(G')$$

図 3.11　隣接辺の間の交差交換とその平滑化.

注意 3.3.4 定理 3.2.1 (2) の証明中，$\alpha(f)$ が隣接辺の間の交差交換で不変であることは，ウェイト $\omega\colon \Gamma(K_7) \to \mathbb{Z}_2$ を $\omega(\gamma) = 1$ $(\gamma \in \Gamma_7(K_7))$，$0$ (それ以外) で定義したとき，$H_1(K_7; \mathbb{Z}_2)$ において

$$\sum_{\gamma \in \Gamma_{e,e'}(K_7)} \omega(\gamma)\gamma = 0$$

であるというホモロジカルな条件から実は示されたのである．α 不変量はこのことを応用したものである．

例 3.3.5 図 1.21 の K_5 において，例 3.3.2 のウェイト $\omega = \omega_{K_5}$ は K_5 の任意の隣接辺の組の上でバランスが取れている (演習問題 3.13)．従って空間グラフ $f(K_5)$ に対し，$\alpha_\omega(f)$ は頂点ホモトピー不変量である．図 1.23 中央の空間グラフ $f(K_5)$ はただ 1 つの非自明結び目 $f([13524])$ を含み，これは三葉結び目である．従って $\alpha_\omega(f) = 1$ である．一方，図 1.23 の左の空間グラフ $g(K_5)$ は非自明結び目を含まないので $\alpha_\omega(g) = 0$ である．よって $f(K_5)$ と $g(K_5)$ は互いに頂点ホモトピックでない．このことは例 1.3.8 と命題 3.3.1 (2) から，Simon 不変量を用いて示すこともできる．

例 3.3.6 図 1.21 の $K_{3,3}$ において，ウェイト $\omega = \omega_{K_{3,3}}\colon \Gamma(K_{3,3}) \to \mathbb{Z}$ を $\omega(\gamma) = 1$ $(\gamma \in \Gamma_6(K_{3,3}))$，$-1$ $(\gamma \in \Gamma_4(K_{3,3}))$ で定義すると，ω は $K_{3,3}$ の任意の隣接辺の組の上でバランスが取れている (演習問題 3.14)．従って空間グラフ $f(K_{3,3})$ に対し，$\alpha_\omega(f)$ は頂点ホモトピー不変量である．

例 3.3.7 図 3.12 の左のグラフ D_4 において，ウェイト $\omega = \omega_{D_4}\colon \Gamma(D_4) \to \mathbb{Z}$ を $\gamma \in \Gamma_4(D_4)$ に対して

$$\omega(\gamma) = \begin{cases} 1 & (\gamma = e_i \cup e_j \cup e_k \cup e_l,\ i+j+k+l \equiv 0 \pmod 2) \\ -1 & (\gamma = e_i \cup e_j \cup e_k \cup e_l,\ i+j+k+l \equiv 1 \pmod 2) \end{cases}$$

で，また $\gamma \in \Gamma_2(D_4)$ に対して $\omega(\gamma) = 0$ で定義すると，ω は D_4 の任意の隣接辺の組の上でバランスが取れている (演習問題 3.15)．従って空間グラフ $f(D_4)$ に対し，$\alpha_\omega(f)$ は頂点ホモトピー不変量である．図 3.12 の中央の空間グラフ $f(D_4)$ はただ 1 つの非自明結び目 $f(e_2 \cup e_4 \cup e_6 \cup e_8)$ を含み，これは三葉結び目に同型である．これより $\alpha_\omega(f) = 1$ となる．一方，図 3.12 の右の空間グラフ $g(D_4)$ はただ 1 つの非自明結び目 $g(e_2 \cup e_4 \cup e_6 \cup e_8)$ を含み，これは 8 の字結び目に同型である．これより $\alpha_\omega(f) = -1$ となる．よって $f(D_4)$ と $g(D_4)$ は互いに頂点ホモトピックでない．このことは $\mathrm{lk}(f(e_3 \cup e_4), f(e_7 \cup e_8)) = 1$，$\mathrm{lk}(g(e_3 \cup e_4), g(e_7 \cup e_8)) = -1$ と命題 3.3.1 (1) から示すこともできる．

　以上，本節では空間グラフの頂点ホモトピー不変量として α 不変量を導入したが，一方，空間グラフ $f(G), g(G)$ が**辺ホモトピック**であるとは，$f(G)$ と

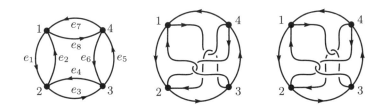

図 3.12　グラフ D_4 (左) とその空間グラフ $f(D_4)$ (中央)，$g(D_4)$ (右).

$g(G)$ が同一辺上の交差交換とアンビエント・イソトピーで互いに移り合うときをいう．これも絡み目のリンク・ホモトピーの一般化で，空間グラフにおいては頂点ホモトピーよりも細かい分類を与える．辺ホモトピーについても，本節と同様の設定で α 不変量が定義される．詳細は [125] を参照せよ．

3.4　デルタ変形と頂点ホモトピー

空間グラフの図式において，図 3.13 のような点線の内側を取り換える操作を考える．ここで点線の円周の外側ではいずれも全く同じ図式となっているとする．これを**デルタ変形**といい，このとき図 3.13 のそれぞれの図式が表す空間グラフは，一方が他方からデルタ変形で得られる，ともいう．2 つの空間グラフ $f(G), g(G)$ が**ホモロガス**であるとは，$f(G)$ と $g(G)$ がデルタ変形とアンビエント・イソトピーで互いに移り合うときをいう．ここで空間グラフのホモロジーとは，もとは '緩い' コボルディズムとして 4 次元的に定義された同値関係だが ([124])，後に上の定義と等価であることが示された ([85])．この空間グラフのホモロジーと 3.3 節で導入した頂点ホモトピーとの間には，一般に次の強弱関係がある．

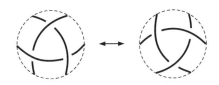

図 3.13　デルタ変形.

命題 3.4.1　頂点ホモトピックな 2 つの空間グラフはホモロガスである．

命題 3.4.1 を示すために 1 つ補題を準備しよう．これは標語 '留め金はハンドルを超える' でよく知られている ([86]).

補題 3.4.2　図 3.14 (1), (2) の変形はデルタ変形とアンビエント・イソトピーで実現できる．

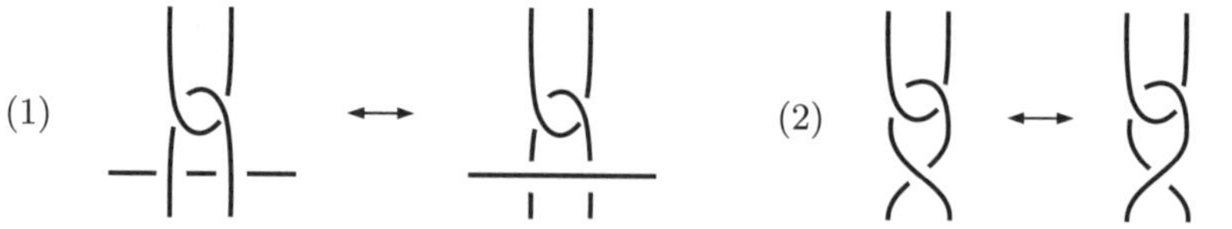

(1) 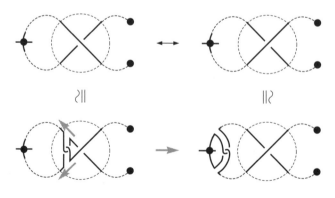 ↔ (2)

図 3.14 '留め金はハードルを超える'.

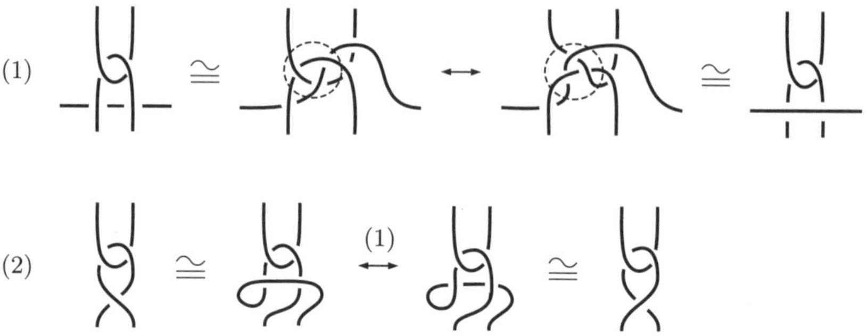

(1) ≅ ↔ ≅

(2) ≅ (1) ↔ ≅

図 3.15 補題 3.4.2 の証明.

証明. 図 3.15 の通りである. □

命題 3.4.1 の証明. 隣接 2 辺の間の交差交換がデルタ変形とアンビエント・イソトピーで実現できることを示せばよい. 図 3.16 上段の隣接辺の間の交差交換について, 左の空間グラフにおいて中央の交差点の十分近くに '留め金' を付けて交差点の上下を入れ替える. これはアンビエント・イソトピーで実現される. 次にこの留め金の両端を辺上で滑らせ, 左端の頂点の十分近くに移動させる. その際に立ちはだかるハードルは補題 3.4.2 (1) で飛び超え, また生じる留め金の捻れは補題 3.4.2 (2) で解消させる. 従ってこの過程はデルタ変形

図 3.16 頂点ホモトピーをホモロジーで実現する.

とアンビエント・イソトピーで実現される．そこでこの留め金は頂点の周りのアンビエント・イソトピーでほどける．以上により，隣接辺の間の交差交換がデルタ変形とアンビエント・イソトピーで実現できた．　　　　　　　　　　□

　一般に空間グラフの頂点ホモトピーはホモロジーより真に細かい分類である．例えば Borromean 環は自明な 3 成分絡み目とホモロガスであるが (演習問題 3.16)，リンク・ホモトピックでないことはよく知られている ([81])．一方，次の定理のように，グラフによっては両者が同じ分類を与えることがある．

定理 3.4.3　G を図 1.21 の $K_5, K_{3,3}$ または図 3.12 の D_4 のいずれかとする．このとき，G の 2 つの空間グラフが頂点ホモトピックであるための必要十分条件は，それらがホモロガスとなることである．

証明.　頂点ホモトピックならホモロガスであることは命題 3.4.1 でもう示したので，逆にホモロガスな 2 つの空間グラフは頂点ホモトピックであることを示そう．そのためには 1 回のデルタ変形が頂点ホモトピーで実現できればよい．まず $G = K_5, D_4$ の場合を示そう．K_5, D_4 は互いに交わらない 3 辺の組を含まないので，G の空間グラフ上のデルタ変形に現れる 3 本の弧のうちどれか 2 本が必ず同一辺に属するか，または隣接 2 辺に属する．このとき，このデルタ変形は図 3.17 のように頂点ホモトピーで実現できる．ここで灰色の部分が同一辺または隣接辺に属する弧である．

図 3.17　デルタ変形を頂点ホモトピーで実現する．

　次に $G = K_{3,3}$ の場合を示す．$f(G), g(G)$ を空間グラフとし，$g(G)$ は $f(G)$ からちょうど 1 回のデルタ変形で得られるとする．いま $K_{3,3}$ は互いに交わらない 3 辺の組を含むことに注意しよう．例えばそれらを b_1, b_2, b_3 として，その像 $f(b_1), f(b_2), f(b_3)$ の上でデルタ変形が行なわれているとする (図 3.18 の左

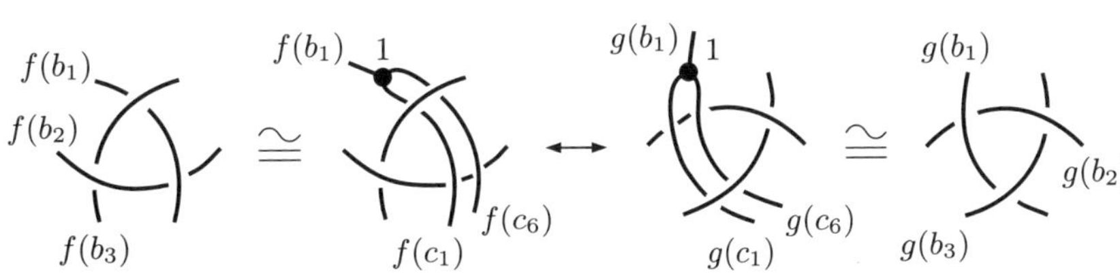

図 3.18　$K_{3,3}$ の空間グラフにおける互いに交わらない 3 辺上のデルタ変形．

端と右端）．このとき，このデルタ変形は図 3.18 の要領で $f(b_1)$ を頂点 1 ごと‘引っ張る’ことで，$f(c_1), f(b_2), f(b_3)$ の上のデルタ変形と $f(c_6), f(b_2), f(b_3)$ の上のデルタ変形で実現される．いずれの 3 辺の組も隣接辺を含んでおり，前半と同じ議論でこれらは頂点ホモトピーで実現できる．他の互いに交わらない 3 辺の組の場合も全く同様である． $\qquad\square$

定理 3.4.3 では 3 つのグラフについてのみ示したが，[85] において，頂点ホモトピー分類とホモロジー分類が一致するための十分条件がグラフの言葉で，即ちグラフの内在的性質として与えられている．

3.5 空間グラフのホモロジーと Wu 不変量

空間グラフのホモロジー分類は，計算可能な代数的不変量による理想的な分類定理が与えられ完了している．以下で代表的な分類定理を紹介しよう．

定理 3.5.1 (村上–中西 [86]) m 成分有向絡み目 $L = K_1 \cup K_2 \cup \cdots \cup K_m$, $M = J_1 \cup J_2 \cup \cdots \cup J_m$ がホモロガスであるための必要十分条件は，

$$\mathrm{lk}(K_i, K_j) = \mathrm{lk}(J_i, J_j) \quad (1 \le i < j \le m)$$

が成り立つことである．特に $m = 1$ のとき，任意の 2 つの有向結び目はホモロガスである．このことからデルタ変形は Δ 型結び目解消操作とも呼ばれる．

定理 3.5.2 (相馬–菅井–安原 [119]) G を平面的グラフとするとき，空間グラフ $f(G), g(G)$ がホモロガスであるための必要十分条件は，任意の $\lambda \in \Gamma^{(2)}(G)$ に対し $\mathrm{lk}(f(\lambda)) = \mathrm{lk}(g(\lambda))$ が成り立つことである．絡み数は λ に適当に向きを付けて考える．

定理 3.5.3 (谷山 [126]) （一般の）グラフ G に対し，空間グラフ $f(G), g(G)$ がホモロガスであるための必要十分条件は，それらの **Wu 不変量**が等しいことである．

ほかにも別の形での分類定理が [138], [116] で示されている．本節では定理 3.5.3 に登場する Wu 不変量について述べ，また幾つかのグラフについて，その空間グラフの全てのホモロジー類の集合を与えよう．これらは本書で今後示される幾つかの重要な定理の証明の際に本質的な役割を果たすものでもある．

グラフ G を有向グラフとし，必要ならばループを頂点で細分してループを持たないグラフとする．また $E(G) = \{e_1, e_2, \ldots, e_m\}$, $V(G) = \{v_1, v_2, \ldots, v_n\}$ とする．まず互いに交わらない 2 辺の組 (e_i, e_j) に対して不定元 $E^{e_i, e_j} = E^{e_j, e_i}$ を取り，これら全てを基底とする自由アーベル群を $Z(G)$ とおく．

E^{e_i, e_j} を単に E^{ij} と表すことにすれば

$$Z(G) = \left\{ \sum_{e_i \cap e_j = \emptyset} r_{ij} E^{ij} \ \middle|\ r_{ij} \in \mathbb{Z} \right\}$$

である．次に互いに交わらない辺 e_i と 頂点 v_s の組 (e_i, v_s) に対して不定元 V^{e_i, v_s} を取り，$Z(G)$ の元 $\delta(V^{e_i, v_s})$ を

$$\delta(V^{e_i, v_s}) = \sum_{\substack{I(e_j) = v_s \\ e_i \cap e_j = \emptyset}} E^{ij} - \sum_{\substack{T(e_k) = v_s \\ e_i \cap e_k = \emptyset}} E^{ik}$$

で定める．ここで $I(e) = v$ は頂点 v が有向辺 e の始点であることを表し，$T(e) = v$ は v が e の終点であることを表す．そこでこれら全ての $\delta(V^{e_i, v_s})$ が生成する $Z(G)$ の部分群を $B(G)$ とおく．V^{e_i, v_s} を単に V^{is} と表すことにすれば

$$B(G) = \left\{ \sum_{e_i \cap v_s = \emptyset} q_{is} \delta(V^{is}) \ \middle|\ q_{is} \in \mathbb{Z} \right\}$$

である．このとき，$Z(G)$ の $B(G)$ による商群 $L(G) = Z(G)/B(G)$ を G の **絡み加群**という．

例 3.5.4 図 1.21 の K_5 の絡み加群 $L(K_5)$ を計算しよう．$Z(K_5)$ の基底は

$$E^{e_1, e_3},\ E^{e_1, e_4},\ E^{e_1, d_2},\ E^{e_2, e_4},\ E^{e_2, e_5},\ E^{e_2, d_5},\ E^{e_3, e_5},\ E^{e_3, d_3},$$
$$E^{e_4, d_1},\ E^{e_5, d_4},\ E^{d_1, d_3},\ E^{d_1, d_4},\ E^{d_2, d_4},\ E^{d_2, d_5},\ E^{d_3, d_5}$$

の 15 個で，一方 $B(G)$ の生成元は

$$\delta(V^{e_1, 3}) = E^{e_1, e_3} + E^{e_1, d_2},\ \delta(V^{e_1, 4}) = E^{e_1, e_4} - E^{e_1, e_3},$$
$$\delta(V^{e_1, 5}) = -E^{e_1, e_4} - E^{e_1, d_2},\ \delta(V^{e_2, 4}) = E^{e_2, e_4} + E^{e_2, d_5},$$
$$\delta(V^{e_2, 5}) = E^{e_2, e_5} - E^{e_2, e_4},\ \delta(V^{e_2, 1}) = -E^{e_2, e_5} - E^{e_2, d_5},$$
$$\delta(V^{e_3, 5}) = E^{e_3, e_5} + E^{e_3, d_3},\ \delta(V^{e_3, 1}) = E^{e_3, e_1} - E^{e_3, e_5},$$
$$\delta(V^{e_3, 2}) = E^{e_3, e_1} - E^{e_3, d_3},\ \delta(V^{e_4, 1}) = E^{e_4, e_1} + E^{e_4, d_1},$$
$$\delta(V^{e_4, 2}) = E^{e_4, e_2} - E^{e_4, e_1},\ \delta(V^{e_4, 3}) = -E^{e_4, e_2} - E^{e_4, d_1},$$
$$\delta(V^{e_5, 2}) = E^{e_5, e_2} + E^{e_5, d_4},\ \delta(V^{e_5, 3}) = E^{e_5, e_3} - E^{e_5, e_2},$$
$$\delta(V^{e_5, 4}) = -E^{e_5, e_3} - E^{e_5, d_4},\ \delta(V^{d_1, 2}) = E^{d_1, d_4} - E^{d_1, d_3},$$
$$\delta(V^{d_1, 4}) = E^{d_1, e_4} - E^{d_1, d_4},\ \delta(V^{d_1, 5}) = E^{d_1, d_3} - E^{d_1, e_4},$$
$$\delta(V^{d_2, 4}) = E^{d_2, d_5} - E^{d_2, d_4},\ \delta(V^{d_2, 1}) = E^{d_2, e_1} - E^{d_2, d_5},$$
$$\delta(V^{d_2, 2}) = E^{d_2, d_4} - E^{d_2, e_1},\ \delta(V^{d_3, 1}) = E^{d_3, d_1} - E^{d_3, d_5},$$
$$\delta(V^{d_3, 3}) = E^{d_3, e_3} - E^{d_3, d_1},\ \delta(V^{d_3, 4}) = E^{d_3, d_5} - E^{d_3, e_3},$$
$$\delta(V^{d_4, 3}) = E^{d_4, d_2} - E^{d_4, d_1},\ \delta(V^{d_4, 5}) = E^{d_4, e_5} - E^{d_4, d_2},$$

$$\delta(V^{d_4,1}) = E^{d_4,d_1} - E^{d_4,e_5}, \ \delta(V^{d_5,5}) = E^{d_5,d_3} - E^{d_5,d_2},$$

$$\delta(V^{d_5,2}) = E^{d_5,e_2} - E^{d_5,d_3}, \ \delta(V^{d_5,3}) = E^{d_5,d_2} - E^{d_5,e_2}$$

の 30 個である．これらから各 $[E^{e_i,e_j}]$, $[E^{d_i,d_j}]$, $[E^{e_i,d_j}]$ のタイプの剰余類がそれぞれ全て等しくなり，更に $[E^{e_i,e_j}] = -[E^{d_k,d_l}]$, $[E^{e_i,e_j}] = -[E^{d_k,e_l}]$ となる．従って $Z(K_5)$ の基底から任意に 1 つ，例えば E^{e_1,e_3} を選んで

$$L(K_5) = \{r[E^{e_1,e_3}] \mid r \in \mathbb{Z}\} \cong \mathbb{Z} \tag{3.13}$$

となる．

例 3.5.5 図 1.21 の $K_{3,3}$ の絡み加群 $L(K_{3,3})$ は

$$L(K_{3,3}) = \{r[E^{c_1,c_3}] \mid r \in \mathbb{Z}\} \cong \mathbb{Z} \tag{3.14}$$

となる．また図 3.12 の D_4 の絡み加群 $L(D_4)$ は

$$L(D_4) = \{r[E^{26}] + r'[E^{48}] \mid r, r' \in \mathbb{Z}\} \cong \mathbb{Z} \oplus \mathbb{Z} \tag{3.15}$$

となる．詳細は演習問題 3.17 とする．

そこでいま，空間グラフ $f(G)$ に対して図式 $\tilde{f}(G)$ を取り，互いに交わらない 2 辺の組 (e_i, e_j) に対し，$\tilde{f}(e_i)$ と $\tilde{f}(e_j)$ が成す交差点の符号の総和を $a_{ij}(\tilde{f})$ とおく．このとき，$L(G)$ の元 $\mathcal{L}(\tilde{f})$ を

$$\mathcal{L}(\tilde{f}) = \left[\sum_{e_i \cap e_j = \emptyset} a_{ij}(\tilde{f}) E^{ij} \right] \tag{3.16}$$

で定義する．このとき，次が成り立つ．

補題 3.5.6 $\mathcal{L}(\tilde{f})$ は Reidemeister 移動 I, II, III, IV, V 及びデルタ変形で変化しない．

証明． 移動 I, II, III, V で変化しないことは Simon 不変量の場合 (補題 1.3.6) と全く同様で，$\mathcal{L}(\tilde{f})$ の代表元 $\sum a_{ij}(\tilde{f}) E^{ij}$ 自体が変化しない．また，デルタ変形で変化しないことは移動 III の場合と全く同じである．以下，$\mathcal{L}(\tilde{f})$ は移動 IV で変化しないことを示そう．$f(G), g(G)$ はちょうど 1 回の移動 IV で移り合うとし，その移動は辺 e_i の像及び頂点 v_s の接続辺の像の間で行なわれているとする (図 3.19)．e_i が v_s の接続辺の 1 つであれば，残りの全ての接続辺と隣接するので $\mathcal{L}(\tilde{f}) = \mathcal{L}(\tilde{g})$ である．e_i が v_s の接続辺でない場合，

$$\mathcal{L}(\tilde{f}) - \mathcal{L}(\tilde{g}) = \pm \left[\sum_{\substack{I(e_j) = v_s \\ e_i \cap e_j = \emptyset}} E^{ij} - \sum_{\substack{T(e_k) = v_s \\ e_i \cap e_k = \emptyset}} E^{ik} \right] = \pm[\delta(V^{e_i,v_s})] = 0$$

となり，従って $\mathcal{L}(\tilde{f}) = \mathcal{L}(\tilde{g})$ となる． $\square$

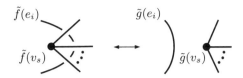

図 3.19 Reidemeister 移動 IV.

補題 3.5.6 により，直ちに次が結論される.

定理 3.5.7 ([126]) $\mathcal{L}(\tilde{f})$ は空間グラフ $f(G)$ のホモロジー不変量である. $\mathcal{L}(\tilde{f})$ を $\mathcal{L}(f)$ と表して，f の **Wu 不変量**という.

例 3.5.8 G を 2 つの有向サイクルの非交和からなる図 3.20 のグラフとする．このとき，G の絡み加群は $[E^{13}] = [E^{14}] = [E^{23}] = [E^{24}]$ から $L(G) = \{r[E^{13}] \mid r \in \mathbb{Z}\} \cong \mathbb{Z}$ となり，空間グラフ $L = f(G)$ に対し

$$\mathcal{L}(f) = \big(a_{13}(\tilde{f}) + a_{14}(\tilde{f}) + a_{23}(\tilde{f}) + a_{24}(\tilde{f})\big)[E^{13}] = 2\,\mathrm{lk}(L)[E^{13}]$$

となる．即ち，2 成分有向絡み目の絡み数は Wu 不変量の特別な場合である．定理 3.5.3 と合わせると，定理 3.5.1 で $m = 2$ の場合が得られる.

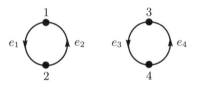

図 3.20 2 つのサイクルの非交和.

例 3.5.9 図 3.12 の D_4 について，$\Gamma^{(2)}(D_4)$ の 2 つの元 λ_1, λ_2 を

$$\lambda_1 = e_1 \cup e_2 \cup e_5 \cup e_6, \quad \lambda_2 = e_3 \cup e_4 \cup e_7 \cup e_8 \tag{3.17}$$

とする．また，(3.15) のように $L(D_4) \cong \mathbb{Z} \oplus \mathbb{Z}$ の生成元 $[E^{26}], [E^{48}]$ を選ぶ．このとき，空間グラフ $f(D_4)$ において

$$\mathcal{L}(f) = 2\,\mathrm{lk}(f(\lambda_1))[E^{26}] + 2\,\mathrm{lk}(f(\lambda_2))[E^{48}] \tag{3.18}$$

となり (演習問題 3.19)，よって $f(D_4)$ の Wu 不変量は絡み目成分の絡み数から決まる．定理 3.5.3 と合わせると，定理 3.5.2 で $G = D_4$ の場合が得られる.

例 3.5.10 G を図 1.21 の $K_5, K_{3,3}$ とする．$G = K_5$ のとき，(3.13) のように $L(K_5) \cong \mathbb{Z}$ の生成元 $[E^{e_1,e_3}]$ を選ぶ．このとき空間グラフ $f(K_5)$ において，$L(f)$ を f の Simon 不変量として $\mathcal{L}(f) = L(f)[E^{e_1,e_3}]$ が成り立つ.

即ち，Simon 不変量もまた Wu 不変量の特別な場合である（$G = K_{3,3}$ の場合は演習問題 3.18）．従って非平面的グラフの空間グラフのホモロジー類は絡み目成分の絡み数だけでは決まらない．定理 3.5.3 から，Simon 不変量は $G = K_5, K_{3,3}$ の空間グラフにおけるホモロジー完全不変量である．

ここまで Wu 不変量を組合せ的な側面から述べてきたが，トポロジー的な背景を説明しておこう．一般に位相空間 X の 2 点配置空間

$$C_2(X) = \{(x_1, x_2) \in X \times X \mid x_1 \neq x_2\}$$

とその上の対合 $\sigma(x_1, x_2) = (x_2, x_1)$ に対し，$\sigma_\sharp$ を σ が $C_2(X)$ の整係数チェイン複体の間に定めるチェイン写像として，$\sigma_\sharp(c) = -c$ をみたすチェイン全体がなす部分複体のコホモロジー群を対 $(C_2(X), \sigma)$ の**歪対称コホモロジー群**といい，$H^*(C_2(X), \sigma)$ で表す．特に $X = \mathbb{R}^3$ のとき $H^2(C_2(\mathbb{R}^3), \sigma) \cong \mathbb{Z}$ であることが知られており，その生成元を Σ として，グラフ G の空間埋め込み f に対し $\mathcal{L}(f) = (f \times f)^*(\Sigma) \in H^2(C_2(G), \sigma)$ を f の **Wu 不変量**という（[136], [126]）．$D_2(G)$ を G の互いに交わらない 2 辺の直積と，互いに交わらない辺と頂点の直積全体がなす $C_2(G)$ の部分空間とするとき，$C_2(G)$ は $D_2(G)$ に同変的に変形レトラクトし，$\mathcal{L}(f)$ は $H^2(D_2(G), \sigma)$ のコホモロジー類とみなせる．$(D_2(G), \sigma)$ の 2 次元歪対称チェインは $e_i \cap e_j = \emptyset$ なる e_i, e_j に対し $E_{ij} = e_i \times e_j + e_j \times e_i$ たちで表され，その双対 E^{ij} の全体が $Z^2(D_2(G), \sigma)$ の基底となる．これが先程の $Z(G)$ である．一方，$(D_2(G), \sigma)$ の 1 次元歪対称チェインは $e_i \cap v_s = \emptyset$ なる e_i, v_s に対し $V_{is} = e_i \times v_s - v_s \times e_i$ たちで表され，その双対 V^{is} による 2 次元歪対称コバウンダリー $\delta^1(V^{is})$ の全体が $B^2(D_2(G), \sigma)$ を生成する．これが先程の $B(G)$ である．このときの 2 次元歪対称コホモロジー群 $H^2(D_2(G), \sigma)$ が絡み加群 $L(G)$ であり，$\mathcal{L}(f)$ は (3.16) の剰余類によって計算できる．尚，Wu 不変量はもともと空間グラフに限定せず，より一般に位相空間の Euclid 空間への埋め込みに対して定義されたものである．詳細は [136] を参照せよ．

さて，Wu 不変量は一般には有限生成アーベル群に値を取る不変量であるが，具体的にどのような値を取るかについて，まず次の事実が基本的である．

定理 3.5.11 $L(G)$ はねじれ部分群を持たない．即ち自由アーベル群である．

証明は [126] または [116] を参照せよ．また簡単な考察によって次の命題もわかり，これも Wu 不変量の取りうる値の範囲を調べるのに有効である．

命題 3.5.12 $f(G)$ をグラフ G の空間グラフとする．このとき，G の任意の空間グラフ $g(G)$ に対し，ある $L(G)$ の元 z が存在して，$\mathcal{L}(f) - \mathcal{L}(g) = 2z$.

証明． 任意の空間グラフ $g(G)$ は，与えられた空間グラフ $f(G)$ に交差交換

とアンビエント・イソトピーで変形できる．このとき，命題 3.4.1 の証明で行なったように，図 3.16 の左の要領で，各交差交換を行なう交差点の十分近くに適当に '留め金' を付けて交差点の上下を入れ替える．これより，$g(G)$ は $f(G)$ に幾つかの留め金を付けて得られる空間グラフにアンビエント・イソトピックである．そこで $\mathcal{L}(f)$ と $\mathcal{L}(g)$ の差は，互いに交わらない 2 辺の間に付けた留め金の先の 2 つの交差点の符号の分だけ生じ，これはある $L(G)$ の元 z の 2 倍で表される．　　　　　　　　　　　　　　　　　　　　　　　　$\square$

命題 3.5.12 の 1 つの応用として，Simon 不変量は奇数値しか取らないことをここで示そう．

系 3.5.13 G を図 1.21 の $K_5, K_{3,3}$ のいずれかとし，$f(G)$ を G の空間グラフとする．このとき $f(G)$ の Simon 不変量 $L(f)$ は必ず奇数である．

証明． $G = K_5$ の場合を示そう．$L(K_5) \cong \mathbb{Z}$ の生成元として $[E^{e_1, e_3}]$ を選ぶと，例 3.5.10 で見たように $\mathcal{L}(f) = L(f)[E^{e_1, e_3}]$ が成り立つ．そこで図 1.23 の左の空間グラフ $g(K_5)$ に対し，命題 3.5.12 から，ある整数 m が存在して

$$\mathcal{L}(f) - \mathcal{L}(g) = 2m[E^{e_1, e_3}] \tag{3.19}$$

となる．一方，$L(g) = 1$ であったから $\mathcal{L}(g) = [E^{e_1, e_3}]$ で，

$$\mathcal{L}(f) - \mathcal{L}(g) = (L(f) - 1)[E^{e_1, e_3}] \tag{3.20}$$

となる．(3.19), (3.20) から $L(f) = 2m + 1$ となる．$K_{3,3}$ の場合は演習問題 3.20 とする．　　　　　　　　　　　　　　　　　　　　　　　　　　　$\square$

では，以下で幾つかのグラフについて，その空間グラフの全てのホモロジー類の集合を具体的に与えてみよう．

例 3.5.14 2 成分有向絡み目 L_m $(m \in \mathbb{Z})$ を図 3.21 の左上のものとする (いわゆる $(2, 2m)$ トーラス絡み目)．ここで整数 k に対し，ボックス $\boxed{k}$ は，$k \geq 0$ のとき k 回の半捻り $\mathrm{\times\!\!\times\cdots\times}$ を表し，$k < 0$ のとき $-k$ 回の半捻り $\mathrm{\times\!\!\times\cdots\times}$ を表す．このとき $\mathrm{lk}(L_m) = m$ で，任意の整数は 2 成分有向絡み目の絡み数として実現される．従って定理 3.5.3 から，$\{L_m \mid m \in \mathbb{Z}\}$ は G の 2 成分有向絡み目の全てのホモロジー類の集合に等しい．

例 3.5.15 $G = K_5, K_{3,3}$ に対し，空間グラフ $h_m(G)$ $(m \in \mathbb{Z})$ を図 3.21 の左下及び右下のものとする．このとき $L(h_m) = 2m + 1$ で，任意の奇数は G の空間グラフの Simon 不変量として実現される．従って定理 3.5.3 から，$\{h_m(G) \mid m \in \mathbb{Z}\}$ は G の空間グラフの全てのホモロジー類の集合に等しい．

例 3.5.16 $G = D_4$ に対し，空間グラフ $h_{m,n}(D_4)$ $(m, n \in \mathbb{Z})$ を図 3.21 の右上のものとする．例 3.5.9 で見たように D_4 の空間グラフの Wu 不変量は

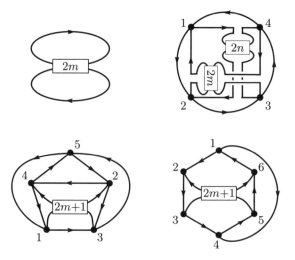

図 3.21　左上：L_m, 右上：$h_{m,n}(D_4)$, 左下：$h_m(K_5)$, 右下：$h_m(K_{3,3})$
$(m, n \in \mathbb{Z})$.

2 つの絡み目成分の絡み数で決まり, $\mathrm{lk}(h_{m,n}(\lambda_1)) = m$, $\mathrm{lk}(h_{m,n}(\lambda_2)) = n$ である. 従って定理 3.5.3 から, $\{h_{m,n}(D_4) \mid m, n \in \mathbb{Z}\}$ は D_4 の空間グラフの全てのホモロジー類の集合に等しい.

注意 3.5.17　定理 3.4.3 から, $G = K_5, K_{3,3}, D_4$ の空間グラフの頂点ホモトピー分類とホモロジー分類は一致する. 従って, 例 3.5.15, 例 3.5.16 は $G = K_5, K_{3,3}, D_4$ の空間グラフの全ての頂点ホモトピー類の集合を与えたことにもなる.

例 3.5.18　6 頂点完全グラフ K_6 において, 図 3.22 の左のように各頂点と辺のラベル及び辺の向きを付ける. このとき絡み加群 $L(K_6)$ は,

$$E^{17}, E^{2,10}, E^{38}, E^{46}, E^{59}, E^{69}, E^{97}, E^{7,10}, E^{10,8}, E^{86} \qquad (3.21)$$

を基底とする階数 10 の自由アーベル群となる (演習問題 3.21). 従って空間グラフ $f(K_6)$ の Wu 不変量は

$$\mathcal{L}(f) = a_1[E^{17}] + a_2[E^{2,10}] + a_3[E^{38}] + a_4[E^{46}] + a_5[E^{59}]$$
$$+ b_1[E^{69}] + b_2[E^{97}] + b_3[E^{7,10}] + b_4[E^{10,8}] + b_5[E^{86}] \qquad (3.22)$$

と表せる. 一方, 図 3.22 の左の K_6 をそのまま空間グラフ $g(K_6)$ だと考えたとき, 命題 3.5.12 から, ある $z \in L(K_6)$ が存在して $\mathcal{L}(f) - \mathcal{L}(g) = 2z$ となり, そこで $\mathcal{L}(g)$ を計算して

$$\mathcal{L}(f) = [E^{69}] + [E^{97}] + [E^{7,10}] + [E^{10,8}] + [E^{86}] + 2z \qquad (3.23)$$

となる. 従って (3.22), (3.23) から, 各 a_i は偶数で各 b_i は奇数である. こ

れら 10 個の整数は図 3.22 の右の空間グラフ $h(K_6)$ によって全て実現される。従って定理 3.5.3 から，$\{h(K_6) \mid m_i, n_i \in \mathbb{Z}\ (i = 1, 2, \ldots, 5)\}$ は K_6 の空間グラフの全てのホモロジー類の集合に等しい。

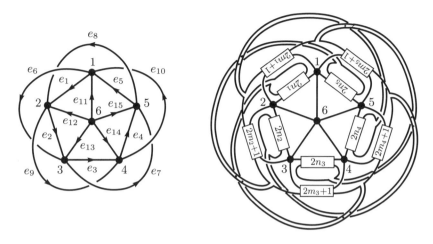

図 3.22　K_6 の空間グラフ $g(K_6)$ (左) と $h(K_6)$ (右) $(m_i, n_i \in \mathbb{Z}\ (i = 1, 2, \ldots, 5))$.

　更に頂点数の多い完全グラフ K_n $(n \geq 7)$ の空間グラフの全てのホモロジー類の集合は，例 3.5.18 と同様の方法により [91] で，また [138] で与えられた方法に基づき [120] で与えられている。絡み加群 $L(K_n)$ の階数は $n \geq 4$ のとき $(n-1)(n-4)(n^2 - 5n + 2)/8$ である ([89])。

3.6　空間グラフのホモロジーと α 不変量

　定理 3.4.3 で，$G = K_5, K_{3,3}, D_4$ の空間グラフの頂点ホモトピーとホモロジーは同じ分類を与えることを述べた。従って空間グラフ $f(G)$ の α 不変量 (例 3.3.5，例 3.3.6，例 3.3.7) はホモロジー不変量ともなるが，一方で例 3.5.8，例 3.5.10 で述べた通り，Simon 不変量及び絡み目成分の絡み数もホモロジー不変量である。本節では，これらの不変量の間に成り立つ関係を明らかにする定理を 2 つ述べる。これらは 4 章及び 6 章で重要な役割を果たすものである。

定理 3.6.1 (谷山–安原 [128])　図 3.12 の D_4 の空間グラフ $f(D_4)$ とその絡み目成分 $f(\lambda_1), f(\lambda_2)$ に対し，

$$\alpha_\omega(f) = \mathrm{lk}(f(\lambda_1))\,\mathrm{lk}(f(\lambda_2)). \tag{3.24}$$

証明.　例 3.5.16 と注意 3.5.17 で述べたことから，ある整数 m, n が存在して，$f(D_4)$ は図 3.21 の右上の空間グラフ $h_{m,n}(D_4)$ に頂点ホモトピックである。

いま D_4 の 4 サイクル $e_2 \cup e_4 \cup e_6 \cup e_8$ を γ_0 とおくと，$h_{m,n}(D_4)$ の結び目成分で非自明である可能性があるのは $h_{m,n}(\gamma_0)$ のみである．このことから

$$\alpha_\omega(f) = \alpha_\omega(h_{m,n}) = a_2(h_{m,n}(\gamma_0)) \tag{3.25}$$

となる．一方，直接の計算により

$$a_2(h_{m,n}(\gamma_0)) = mn \tag{3.26}$$

がわかる (演習問題 3.22)．$\mathrm{lk}(h_{m,n}(\lambda_1)) = m$, $\mathrm{lk}(h_{m,n}(\lambda_2)) = n$ なので，(3.25), (3.26) から

$$\alpha_\omega(f) = mn = \mathrm{lk}(h_{m,n}(\lambda_1))\,\mathrm{lk}(h_{m,n}(\lambda_2)) \tag{3.27}$$

となる．そこで命題 3.3.1 (1) から絡み数は頂点ホモトピー不変量なので，$\mathrm{lk}(h_{m,n}(\lambda_i)) = \mathrm{lk}(f(\lambda_i))$ である．これと (3.27) から結論が得られる． □

注意 3.6.2 定理 3.6.1 において，(3.24) の両辺の mod 2 を取ることで合同式

$$\sum_{\gamma \in \Gamma_4(D_4)} \mathrm{Arf}(f(\gamma)) \equiv \mathrm{lk}_2(f(\lambda_1))\,\mathrm{lk}_2(f(\lambda_2)) \pmod{2} \tag{3.28}$$

が得られるが，これは Foisy も [36] で独立に示した．

定理 3.6.3 (本橋–谷山 [85]，新國–谷山 [94]) $G = K_5, K_{3,3}$ の空間グラフ $f(G)$ において，

$$\alpha_\omega(f) = \frac{L(f)^2 - 1}{8}. \tag{3.29}$$

証明. 例 3.5.15 と注意 3.5.17 で述べたことから，ある整数 m が存在して，$f(G)$ は図 3.21 の空間グラフ $h_m(G)$ に頂点ホモトピックである．以下，$G = K_5$ の場合を示そう．いま K_5 の 4 サイクル $e_1 \cup d_4 \cup e_3 \cup d_1$ を γ_0 とおき，また 5 サイクル $e_1 \cup d_3 \cup e_4 \cup e_3 \cup d_1$, $e_1 \cup d_4 \cup e_3 \cup d_2 \cup e_5$ をそれぞれ γ_1, γ_2 とおくと，$h_m(K_5)$ の結び目成分で非自明である可能性があるのは $h_m(\gamma_i)$ $(i = 0, 1, 2)$ のみで，かつこれらは全て同型な結び目である (いわゆる $(2, 2m+1)$ トーラス結び目)．このことから

$$\begin{aligned}\alpha_\omega(f) &= \alpha_\omega(h_m) = -a_2(h_m(\gamma_0)) + a_2(h_m(\gamma_1)) + a_2(h_m(\gamma_2)) \\ &= a_2(h_m(\gamma_0))\end{aligned} \tag{3.30}$$

となる．一方，直接の計算により

$$a_2(h_m(\gamma_0)) = \frac{m(m+1)}{2} \tag{3.31}$$

がわかる (演習問題 3.23)．$L(h_m) = 2m+1$ なので，(3.30), (3.31) から

$$\alpha_\omega(f) = \frac{1}{2}\left(\frac{L(h_m) - 1}{2}\right)\left(\frac{L(h_m) + 1}{2}\right) = \frac{L(h_m)^2 - 1}{8} \tag{3.32}$$

となる．そこで命題 3.3.1 (2) から Simon 不変量は頂点ホモトピー不変量なので，$L(h_m) = L(f)$ である．これと (3.32) から結論が得られる．$G = K_{3,3}$ の場合は演習問題 3.24 とする．　　　　　　　　　　　　　　　　　　　　□

定理 3.6.1，定理 3.6.3 の意味を述べよう．(3.24) 及び (3.29) の左辺は結び目不変量 a_2 の線形和で，全て自明な結び目なら 0 となる．一方，右辺は絡み数あるいは Simon 不変量に関する 2 次式で，交差点の符号を足し合わせて簡単に計算できる．右辺が 0 でなければ左辺も 0 でなく，従ってどこかに $a_2 \neq 0$ なる非自明な結び目が存在する．具体的には以下の系が得られる．

系 3.6.4　(1) 空間グラフ $f(D_4)$ において，$\mathrm{lk}(f(\lambda_i)) \neq 0$ $(i = 1, 2)$ ならば $f(D_4)$ は非自明な結び目成分を持つ．

(2) $G = K_5$ または $K_{3,3}$ の空間グラフ $f(G)$ において，$L(f) \neq \pm 1$ ならば $f(G)$ は非自明な結び目成分を持つ．

上に述べたことから，定理 3.6.1，定理 3.6.3 は十分に複雑なグラフの空間グラフが含む非自明な結び目の探索に大変役立つ．次章以降で幾つかの応用を見ることができるだろう．

演習問題

3.1　図 3.2 の有向絡み目 L_+ と L_- は互いに同型であることを示せ．

3.2　図 1.17 の 8 の字結び目 J, Whitehead 絡み目 L, Borromean 環 M の Conway 多項式をそれぞれ求めよ．

3.3　命題 3.1.5 を証明せよ．

3.4　図 1.17 の 8 の字結び目 J, Whitehead 絡み目 L, Borromean 環 M について (3.3) が成り立っていることを確かめよ．

3.5　命題 3.1.10 を絡み数の定義から直接証明せよ．

3.6　図 1.27 の左の空間グラフ $h(K_6)$ の全 10 個の絡み目成分のうち，ただ 1 つだけ Hopf 絡み目で残りは全て自明な絡み目であることを確かめよ．

3.7　7 頂点完全グラフ K_7 において，$e = \overline{12}$, $e' = \overline{13}$ とし，また e'' を e, e' と異なる辺とする．このとき e, e', e'' を全て含む 7 サイクルは偶数個であることを示せ．

3.8　7 頂点完全グラフ K_7 において，$e = \overline{12}$, $e' = \overline{34}$ とし，また e_1, e_2 を e, e' と異なる辺とする．このとき，e, e', e_1, e_2 を全て含む 7 サイクル γ で，その上を適当に辿ると頂点 $1, 2, 3, 4$ が (他の頂点を除いて) この順番で現れ，更に 4 辺 e, e_2, e', e_1 が (他の辺を除いて) この順番で現れるものは偶数個であることを示せ．

3.9　$n \geq 3$ のとき，K_n の n サイクルの個数を求めよ．

3.10　図 1.27 の右の空間グラフ $h(K_7)$ と図 3.9 の空間グラフ $f(K_7)$ は，互いにアンビエント・イソトピックであることを示せ．

3.11　Whitehead 絡み目，及び図 1.4 の空間グラフ $f(G)$ は，いずれも頂点ホモトピーの下で自明であることを示せ．

3.12　命題 3.3.1 (2) を証明せよ．

3.13　図 1.21 の K_5 において，例 3.3.2 のウェイト $\omega = \omega_{K_5}$ は K_5 の任意の隣接

辺の組の上でバランスが取れていることを示せ.

3.14 図 1.21 の $K_{3,3}$ において,例 3.3.6 のウェイト $\omega = \omega_{K_{3,3}}$ は $K_{3,3}$ の任意の隣接辺の組の上でバランスが取れていることを示せ.

3.15 図 3.12 の左の D_4 において,例 3.3.7 のウェイト $\omega = \omega_{D_4}$ は D_4 の任意の隣接辺の組の上でバランスが取れていることを示せ.

3.16 Borromean 環は自明な 3 成分絡み目とホモロガスであることを示せ.

3.17 (3.14), (3.15) をそれぞれ示せ.

3.18 $K_{3,3}$ について,(3.14) のように $L(K_{3,3}) \cong \mathbb{Z}$ の生成元 $[E^{c_1,c_3}]$ を選ぶ. このとき,空間グラフ $f(K_{3,3})$ において,$L(f)$ を f の Simon 不変量として $\mathcal{L}(f) = L(f)[E^{c_1,c_3}]$ が成り立つことを示せ.

3.19 (3.18) を示せ.

3.20 $K_{3,3}$ の空間グラフ $f(K_{3,3})$ において,f の Simon 不変量 $L(f)$ は必ず奇数であることを示せ.

3.21 図 3.22 の左のように各頂点と辺のラベル及び辺の向きが付いた K_6 について,絡み加群 $L(K_6)$ は (3.21) のような基底を持つことを確かめよ.

3.22 (3.26) を示せ.

3.23 (3.31) を示せ.

3.24 定理 3.6.3 を $G = K_{3,3}$ の場合に証明せよ.

第 4 章
絡み目内在性と結び目内在性

Conway–Gordon の定理によって，$\mathbb{R}^3$ にどのように埋め込んでも，その像が必ず分離不能絡み目や非自明結び目を含むグラフの存在が明らかとなった．前者の性質を絡み目内在性，後者の性質を結び目内在性といい，これらの性質を持つグラフの特徴付けが次なる問題となる．特に絡み目内在性を持つグラフの特徴付けは 1995 年に Robertson–Seymour–Thomas がグラフ・マイナーの言葉で与えることに成功し，これは前世紀後半の空間グラフの理論における最も大きな成果であった．本章では，絡み目内在性及び結び目内在性の研究の現況について述べる．

4.1 結び目内在性/絡み目内在性とグラフ・マイナー

一般にグラフ G は，その任意の空間グラフ $f(G)$ が分離不能な 2 成分の絡み目成分を持つとき，**絡み目内在**であるという．また，その任意の空間グラフ $f(G)$ が非自明な結び目成分を持つとき，**結び目内在**であるという．Conway–Gordon の定理によって，これらの内在的性質を持つグラフが存在することがわかった．次にこれらの性質を持つグラフの分類・特徴付けが問題となるが，一般にグラフの性質が以下に述べるような '遺伝的' なものである場合は，グラフ・マイナー理論を用いた障害集合の形で定式化される．本節ではそのことについて簡単に述べよう．尚，グラフ・マイナー理論はグラフ理論の現代的な研究の主幹をなす非常に大きな理論であるが，本書では最低限の導入のみに留める．興味を持った読者は例えば [17, §12], [88, 第 7 章] を参照せよ．

グラフの**辺縮約**とは，ループでない辺 e を図 4.1 の要領で連続的に 1 頂点 v に縮める操作のことをいう．この逆操作を**頂点分離**という．グラフ H がグラフ G の**マイナー**であるとは，G のある部分グラフ G' が存在して，H は G' に有限回の辺縮約を施して得られるときをいい，特に $H \neq G$ のとき**プロパーマイナー**という．これはグラフ全体の集合における半順序を定める．

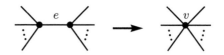

図 4.1 辺縮約.

　グラフの性質 $\mathcal{P}$ は，$\mathcal{P}$ を持たないグラフの任意のマイナーが $\mathcal{P}$ を持たないとき，**マイナーを取ることに関して閉じている**という．性質 $\mathcal{P}$ を持つグラフ G は，その任意のプロパーマイナーが $\mathcal{P}$ を持たないとき，$\mathcal{P}$ に関して**マイナーミニマルである**という．このとき，'グラフ・マイナー定理' ([107]) により，マイナーを取ることに関して閉じている性質 $\mathcal{P}$ に関してマイナーミニマルなグラフは高々有限個しかないことが知られており，性質 $\mathcal{P}$ を持つグラフは，$\mathcal{P}$ に関してマイナーミニマルな有限個のグラフのいずれかをマイナーに持つという形で特徴付けられる．$\mathcal{P}$ に関してマイナーミニマルなグラフを，$\mathcal{P}$ を持たないという性質に関する**禁止グラフ**ともいい，それら全体の集合を $\mathcal{P}$ を持たないという性質に関する**障害集合**と呼ぶこともある．

例 4.1.1　例えば性質 $\mathcal{P}$ として非平面性を取ると，グラフが性質 $\mathcal{P}$ を持たない，即ち平面的であるという性質はマイナーを取ることに関して閉じている (演習問題 4.1)．グラフ $K_5, K_{3,3}$ は，その任意のプロパーマイナーが平面的なので (演習問題 4.2)，非平面性に関してマイナーミニマルである．G を非平面性に関してマイナーミニマルなグラフとすると，Kuratowski の定理 (定理 1.1.1) から G は K_5 または $K_{3,3}$ と同相な部分グラフ H を持ち，G のマイナーミニマル性より，H は K_5 または $K_{3,3}$ でなければならない．従って非平面性に関してマイナーミニマルなグラフは，$K_5, K_{3,3}$ の 2 つである．

　H をグラフ G のマイナーとする．即ち，G の部分グラフ G' と G' の辺 e_1, $e_2, \ldots, e_k$ が存在して，H は G' からこれらの辺を縮約して得られる．いま，グラフ G のサイクル及びその非交和全て (G が含む全ての 1 次元閉多様体) の集合を $\bar{\Gamma}(G)$ で表すとき，これら頂点分離が誘導する $\bar{\Gamma}(H)$ から $\bar{\Gamma}(G')$ への単射と $\bar{\Gamma}(G')$ から $\bar{\Gamma}(G)$ への包含写像を合成することで，次の自然な単射

$$\bar{\Psi} = \bar{\Psi}_{H,G} \colon \bar{\Gamma}(H) \longrightarrow \bar{\Gamma}(G) \tag{4.1}$$

が得られる．自然数 m に対し，$\bar{\Psi}$ は次の単射

$$\Psi^{(m)} = \Psi^{(m)}_{H,G} \colon \Gamma^{(m)}(H) \longrightarrow \Gamma^{(m)}(G) \tag{4.2}$$

も合わせて誘導する．$\Psi^{(1)}$ は単に Ψ で表す．一方，一般にグラフ G の空間埋め込み全体の集合を $\mathrm{SE}(G)$ で表すとき，G の空間グラフ $f(G)$ に対し，$f(G')$ において辺 $f(e_1), f(e_2), \ldots, f(e_k)$ を縮約することで，H の空間埋め込み $\psi(f)$ が得られる．このとき f を $\psi(f)$ に対応させることで，自然な全射

$$\psi = \psi_{G,H} \colon \mathrm{SE}(G) \longrightarrow \mathrm{SE}(H) \tag{4.3}$$

が得られる．このとき次の命題が成り立つ．

命題 4.1.2 $f(G)$ を空間グラフとし，H を G のマイナーとする．このとき，$\bar{\Gamma}(H)$ の任意の元 λ に対し，$\psi(f)(\lambda)$ と $f(\bar{\Psi}(\lambda))$ は結び目/絡み目として同型である．

証明． $f(\bar{\Psi}(\lambda))$ は $\psi(f)(\lambda)$ と全く同じか，その各成分を適当に '引き伸ばした' ものである．従って結び目/絡み目として明らかに同型である． $\square$

命題 4.1.3 (1) 絡み目内在性はマイナーを取ることについて閉じている．
(2) 結び目内在性はマイナーを取ることについて閉じている．

証明． まず (1) を示す．G を絡み目内在でないグラフとし，H を G のマイナーとする．$f(G)$ を G の空間グラフで分離不能な 2 成分絡み目を含まないものとする．このとき，$\Gamma^{(2)}(H)$ の任意の元 λ に対し，命題 4.1.2 から $\psi(f)(\lambda) \cong f(\Psi^{(2)}(\lambda))$ となり，$\psi(f)(\lambda)$ は分離絡み目である．従って $\psi(f)(H)$ は分離不能な 2 成分絡み目を含まないので，H は絡み目内在でない．
(2) も全く同様である． $\square$

命題 4.1.3 によって，結び目/絡み目内在性に関してマイナーミニマルなグラフが有限個であることがわかった．そこで，まずは K_6, K_7 がそれぞれ絡み目内在性/結び目内在性に関してマイナーミニマルであるかどうかを確かめよう．そのために，絡み目内在/結び目内在でないための 1 つの十分条件を与えておく．いまグラフ G が n 頂上であるとは，G のある n 個の頂点が存在して，それら頂点とそれらに接続する全ての辺を除去して得られるグラフが平面的であるときをいう[*1]．このとき次が成り立つ．

命題 4.1.4 (1) ([**112**]) 1 頂上であるグラフは絡み目内在でない．
(2) ([**103**]) 2 頂上であるグラフは結び目内在でない．

証明． (1) G は 1 頂上であるとすると，ある頂点 v が存在して，v に接続する全ての辺を除去して得られる部分グラフ H は平面的である．このとき，G の空間グラフ $f(G)$ で，$f(G) \subset \mathbb{R}^2 \times [0, \infty)$ かつ $f(G) \cap \mathbb{R}^2 = f(H)$ をみたすものが存在する．いま，各 $\lambda \in \Gamma^{(2)}(G)$ に対し，λ のいずれか一方の連結成分は必ず H に含まれる．それを γ とおくと，$\mathbb{R}^2 \times (-\infty, 0]$ 内の円板 D_γ で $f(G) \cap D_\gamma = f(G) \cap \partial D_\gamma = f(\gamma)$ をみたすものが存在する．これより $f(\lambda)$ は 2 成分分離絡み目である．従って $f(G)$ は分離不能な 2 成分絡み目を含まず，G は絡み目内在でない．
(2) G は 2 頂上であるとすると，ある頂点 v, v' が存在して，v, v' に接続す

[*1] 「n 頂上である」という用語は，n-apex の直訳である．

る全ての辺を除去して得られる部分グラフ H は平面的である．このとき，G の空間グラフ $f(G)$ で，次の条件をみたすものが存在する：

- $f(H) \subset \mathbb{R}^2$, $f(v) \subset \mathbb{R}^2 \times \{1\}$, $f(v') \subset \mathbb{R}^2 \times \{-1\}$.
- v に接続する任意のループ l に対し，$f(l)$ は $\mathbb{R}^2 \times [1, \infty)$ 内の自明な結び目である．
- v' に接続する任意のループ l' に対し，$f(l')$ は $\mathbb{R}^2 \times (-\infty, -1]$ 内の自明な結び目である．
- もし辺 $\overline{vv'}$ が存在するならば，$f(\overline{vv'})$ は $\mathbb{R}^2 \times [-1, 1]$ 内の単純弧で，$\mathbb{R}^3$ の第 3 座標に関して端点以外に極大点も極小点も持たない．
- v に接続するループでない任意の辺 $e \neq \overline{vv'}$ に対し，$f(e)$ は $\mathbb{R}^2 \times [0, 1]$ 内の単純弧で，$\mathbb{R}^3$ の第 3 座標に関して端点以外に極大点も極小点も持たない．
- v' に接続するループでない任意の辺 $e' \neq \overline{vv'}$ に対し，$f(e')$ は $\mathbb{R}^2 \times [-1, 0]$ 内の単純弧で，$\mathbb{R}^3$ の第 3 座標に関して端点以外に極大点も極小点も持たない．

このとき $f(G)$ の全ての結び目成分は $\mathbb{R}^3$ の第 3 座標に関して極大点をただ 1 つだけ持つように変形できるので，自明な結び目である．従って $f(G)$ は非自明な結び目成分を持たないので，G は結び目内在でない．　□

注意 4.1.5 特に命題 4.1.4 (2) は，命題 3.2.2 の証明の中で，図 3.10 の空間グラフ $h(H)$ が非自明な結び目成分を持たないことを示す際に用いた議論を，一般的な命題として述べたものである．即ち，K_7 から 1 辺取り除いた部分グラフが 2 頂上であるのが本質的であった．

定理 4.1.6 (1) K_6 は絡み目内在性に関してマイナーミニマルである．
(2) K_7 は結び目内在性に関してマイナーミニマルである．

証明. (1) 命題 4.1.4 (1) 及び命題 4.1.3 (1) により，K_6 から 1 辺の削除で得られるグラフ，及び 1 辺の辺縮約で得られるグラフが 1 頂上であることが示されれば，K_6 の任意のプロパーマイナーは絡み目内在でない．K_6 の対称性から，どの辺を選んでも議論は同じである．詳細は演習問題 4.3 とする．

(2) 命題 4.1.4 (2) 及び命題 4.1.3 (2) により，K_7 から 1 辺の削除で得られるグラフ，及び 1 辺の辺縮約で得られるグラフが 2 頂上であることが示されれば，K_7 の任意のプロパーマイナーは結び目内在でない．これも K_7 の対称性から，どの辺を選んでも議論は同じである．注意 4.1.5 で触れた通り，辺の削除の場合はもう示した．辺縮約の場合の詳細は演習問題 4.4 とする．　□

絡み目内在性に関してマイナーミニマルなグラフの集合は，1995 年に Robertson–Seymour–Thomas が完全に決定した．4.2 節でそのあらすじを説明しよう．一方，結び目内在性に関してマイナーミニマルなグラフの集合は完全な決定には至っていない．4.3 節で最近までの研究の流れと現況を述べよう．

4.2 絡み目内在性に関してマイナーミニマルなグラフ

Sachs は，Conway–Gordon とは独立に，K_6 を含む図 4.2 の 7 個のグラフが絡み目内在であることを，2 成分絡み目のある幾何的な整数値不変量を導入して示した．この不変量は絡み数と偶奇が一致するもので，本質的には定理 3.2.1 (1) と同様に次が示されている．

定理 4.2.1 (Sachs [112])　G を図 4.2 の 7 個のグラフのいずれかとするとき，G の任意の空間グラフ $f(G)$ において，

$$\sum_{\lambda \in \Gamma^{(2)}(G)} \mathrm{lk}_2(f(\lambda)) \equiv 1 \pmod 2.$$

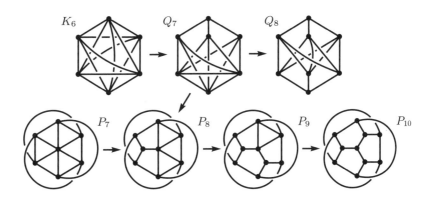

図 4.2　Petersen 族．P_{10} は Petersen グラフ．

証明は定理 3.2.1 (1) と全く同様にできる．即ち，まず

$$\sigma(f) \equiv \sum_{\lambda \in \Gamma^{(2)}(G)} \mathrm{lk}_2(f(\lambda)) \pmod 2$$

は埋め込み f に依らないことがわかる．図 4.2 の各グラフを空間グラフ $h(G)$ と考えると，これらはいずれも分離不能な 2 成分の絡み目成分としてただ 1 つの Hopf 絡み目を含むので (演習問題 4.5)，$\sigma(f) = \sigma(h) = 1$ となる．

一方，Sachs は同時に，絡み目/結び目内在なグラフの探索に，あるグラフの変形操作が有効であることを指摘した．いま，グラフ $G_\triangle$ の 3 サイクル $\triangle = [uvw]$ の 3 辺を除き，代わりに頂点 x 及び辺 $\overline{xu}, \overline{xv}, \overline{xw}$ を加えて新たなグラフ G_Y を得る操作を $\triangle Y$ **変換**という (図 4.3)．また，この逆操作を $Y\triangle$ **変換**という．G_Y において $\overline{xu} \cup \overline{xv} \cup \overline{xw}$ をしばしば Y とおく．グラフ G から有限回の $\triangle Y$ 変換及び $Y\triangle$ 変換で得られるグラフの同型類の集合を $\mathcal{F}(G)$ で表し，特に $\triangle Y$ 変換のみで得られるグラフの集合を $\mathcal{F}_\triangle(G)$ で表す．例えば図 4.2 の各矢印は $\triangle Y$ 変換を表し，これら 7 個のグラフの集合

$\mathcal{F}(K_6) = \mathcal{F}_\triangle(K_6) \cup \mathcal{F}_\triangle(P_7) = \mathcal{F}(P_{10})$ は，P_{10} が **Petersen** グラフという有名なグラフであることから **Petersen 族**と呼ばれる.

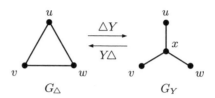

図 4.3　$\triangle Y$ 変換，$Y\triangle$ 変換.

命題 4.2.2　$G_\triangle$ から G_Y への $\triangle Y$ 変換において，次が成り立つ.
(1) $G_\triangle$ が絡み目内在ならば，G_Y は絡み目内在である.
(2) $G_\triangle$ が結び目内在ならば，G_Y は結び目内在である.

4.1 節では，グラフ G とそのマイナー H に対し，サイクル (の非交和) の集合の間に (4.1) の自然な単射 $\bar\Psi_{H,G}$ を考え，また G と H の空間埋め込みの集合の間に (4.3) の自然な全射 $\psi_{G,H}$ を考えた．命題 4.2.2 を証明するために，以下では $\triangle Y$ 変換に対し，$G_\triangle$ と G_Y のサイクル (の非交和) の集合の間の写像と，$G_\triangle$ と G_Y の空間埋め込みの集合の間の写像を考える．図 4.3 のグラフ $G_\triangle$ において，$\bar\Gamma(G_\triangle)$ の元で $\triangle$ を含むもの全体の集合を $\bar\Gamma_\triangle(G_\triangle)$ で表す．いま，$\bar\Gamma(G_\triangle)$ の元で $\triangle$ を含まないもの γ' に対し，$\bar\Gamma(G_Y)$ のある元 $\bar\Phi(\gamma')$ が存在して $\gamma' \setminus \triangle = \bar\Phi(\gamma') \setminus Y$ となり，この対応 $\gamma' \mapsto \bar\Phi(\gamma')$ は全射

$$\bar\Phi = \bar\Phi_{G_\triangle, G_Y} : \bar\Gamma(G_\triangle) \setminus \bar\Gamma_\triangle(G_\triangle) \longrightarrow \bar\Gamma(G_Y) \tag{4.4}$$

を定める．$\bar\Gamma(G_Y)$ の元 γ の $\bar\Phi$ による逆像 $\bar\Phi^{-1}(\gamma)$ は高々 2 個の元から成り，$\bar\Phi^{-1}(\gamma)$ がただ 1 つの元から成るのは，γ が頂点 u, v, w, x を全て含むか，または頂点 x を含まないときである．また，γ' の連結成分数と $\bar\Phi(\gamma')$ の連結成分数は等しく，$\bar\Phi$ は全射

$$\Phi^{(m)} = \Phi^{(m)}_{G_\triangle, G_Y} : \Gamma^{(m)}(G_\triangle) \setminus \bar\Gamma_\triangle(G_\triangle) \longrightarrow \Gamma^{(m)}(G_Y) \tag{4.5}$$

も合わせて誘導する．$\Phi^{(1)}$ は単に Φ で表す．例えば図 4.4 は Petersen 族のグラフ P_7, P_8 の場合で，P_8 のサイクル γ で $\Phi^{-1}(\gamma)$ がちょうど 2 個の元からなる例である.

一方，G_Y の空間グラフ $f(G_Y)$ に対し，D は $\mathbb{R}^3$ 内の 2 次元円板で $D \cap f(G_Y) = f(Y)$, $\partial D \cap f(G_Y) = \{f(u), f(v), f(w)\}$ をみたすものとする．このとき，$G_\triangle$ の空間埋め込み $\varphi(f)$ を，$G_\triangle \setminus \triangle = G_Y \setminus Y$ の元 x に対し $\varphi(f)(x) = f(x)$, 及び $\varphi(f)(G_\triangle) = (f(G_Y) \setminus f(Y)) \cup \partial D$ をみたすものとして定義する (図 4.5)．この対応 $f \mapsto \varphi(f)$ は写像

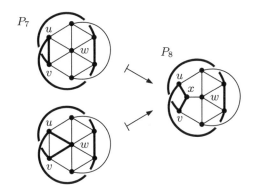

図 4.4 $\gamma \in \Gamma(P_8)$ で $\Phi^{-1}(\gamma)$ がちょうど 2 個の元からなる例.

$$\varphi \colon \mathrm{SE}(G_Y) \longrightarrow \mathrm{SE}(G_\triangle) \tag{4.6}$$

を定める.このとき,$\bar{\Phi}^{-1}(\gamma)$ の元 γ' に対し,$\varphi(f)(\gamma')$ において D に沿った
アンビエント・イソトピーを考えることで,次がわかる.

命題 4.2.3 f を G_Y の空間埋め込みとし,γ を $\bar{\Gamma}(G_Y)$ の元とする.このと
き,$\bar{\Phi}^{-1}(\gamma)$ の任意の元 γ' に対し,$f(\gamma)$ と $\varphi(f)(\gamma')$ は結び目/絡み目として
同型である.

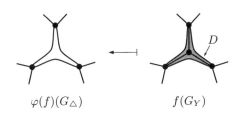

$$\varphi(f)(G_\triangle) \qquad\qquad f(G_Y)$$

図 4.5 対応 $f \mapsto \varphi(f)$.

命題 4.2.3 により,結び目/絡み目に関する内在的性質を調べる際に基本的な
次の補題が示される.

補題 4.2.4 $G_\triangle, G_Y$ を図 4.3 のグラフとする.このとき,空間グラフ $f(G_Y)$
が非自明な結び目成分/分離不能な絡み目成分を持たないことと,空間グラフ
$\varphi(f)(G_\triangle)$ が非自明な結び目成分/分離不能な絡み目成分を持たないことは互
いに必要十分条件である.

証明. まず十分性を示す.$\varphi(f)(G_\triangle)$ が非自明な結び目成分を持つとする.即
ち,$G_\triangle$ のサイクル γ' が存在して,$\varphi(f)(\gamma')$ は非自明結び目である.$\varphi(f)(\triangle)$
は自明な結び目なので $\gamma' \neq \triangle$ である.そこで $\Phi(\gamma') \in \Gamma(G_Y)$ を考えると,
命題 4.2.3 から $f(\Phi(\gamma'))$ は $\varphi(f)(\gamma')$ に同型で,従って $f(G_Y)$ 内の非自明結

び目である. 一方, $\varphi(f)(G_\triangle)$ が分離不能な m 成分の絡み目成分を持つとする. 即ち, ある $\lambda' \in \Gamma^{(m)}(G_\triangle)$ が存在して, $\varphi(f)(\lambda')$ は分離不能な m 成分絡み目である. $\varphi(f)(\triangle)$ を成分に持つ $\varphi(f)(G_\triangle)$ の絡み目成分は, $\varphi(f)(\triangle)$ に他の成分と交わらない円板を張っていることから, 全て分離絡み目である. よって $\lambda' \in \Gamma^{(m)}(G_\triangle) \setminus \bar{\Gamma}_\triangle(G_\triangle)$ である. そこで $\Phi^{(m)}(\lambda') \in \Gamma^{(m)}(G_Y)$ を考えると, 命題 4.2.3 から $f(\Phi^{(m)}(\lambda'))$ は $\varphi(f)(\lambda')$ に同型で, 従って $f(G_Y)$ 内の分離不能な m 成分絡み目である.

次に必要性を示す. $\varphi(f)(G_\triangle)$ は非自明な結び目成分/分離不能な絡み目成分を持たないとすると, $\bar{\Gamma}(G_Y)$ の任意の元 γ に対し, 命題 4.2.3 から $\bar{\Phi}^{-1}(\gamma)$ の任意の元 γ' について $f(\gamma)$ は $\varphi(f)(\gamma')$ に同型で, 仮定よりこれは自明な結び目/分離絡み目である. 従って $f(G_Y)$ は非自明な結び目成分/分離不能な絡み目成分を持たない. 以上で示された. $\qquad \square$

命題 4.2.2 の証明. (1), (2) を同時に示そう. $G_\triangle$ は結び目内在/絡み目内在であるとする. このとき, G_Y の任意の空間グラフ $f(G_Y)$ に対し, $\varphi(f)(G_\triangle)$ は非自明な結び目成分/分離不能な絡み目成分を持つので, 補題 4.2.4 より $f(G_Y)$ も非自明な結び目成分/分離不能な絡み目成分を持つ. $\qquad \square$

命題 4.2.2 (1) により, Petersen 族については K_6 と P_7 が絡み目内在であることさえわかれば, 他の 5 つのグラフも絡み目内在であることがわかる. 特に K_6 はマイナーミニマルであったが (定理 4.1.6 (1)), 他の 6 つのグラフについても, 次が成り立つ.

定理 4.2.5 Petersen 族の 7 個のグラフは, いずれも絡み目内在性に関してマイナーミニマルである.

証明. G を Petersen 族の K_6 以外の任意のグラフとするとき, G から 1 辺の削除で得られるグラフ, 及び 1 辺の辺縮約で得られるグラフは全て 1 頂上である (演習問題 4.6). これより G の任意のプロパーマイナーは絡み目内在でないので, G は絡み目内在性に関してマイナーミニマルである. $\qquad \square$

更に, 絡み目内在性に関してマイナーミニマルなグラフは, これら Petersen 族の 7 個のグラフで全てであろうというのが Sachs の予想であり, Robertson–Seymour–Thomas がこれを肯定的に解決した. 証明には 2 編の '準備の論文' ([108], [109]) を含む全 3 編の論文を要し, 費やされた頁数は 100 を超える.

定理 4.2.6 (Robertson–Seymour–Thomas [110]) グラフ G において, 次の 3 つの条件は同値である:

(1) G は絡み目内在でない.

(2) G は平坦である.

(3) G は Petersen 族のいずれのグラフもマイナーに持たない.

ここでグラフ G が**平坦**であるとは，G のある空間グラフ $f(G)$ が存在して，その任意の結び目成分 K に対し，$f(G) \cap D = f(G) \cap \partial D = K$ をみたす $\mathbb{R}^3$ 内の円板 D が存在するときをいう（[110] ではこのような $f(G)$ を panelled frame と呼んでいる．本書では**パネルフレーム**と呼ぶ）．絡み目内在でないことと平坦であることの等価性は，Böhme が [8] で提起した予想であった．

　以下，定理 4.2.6 の証明の大雑把な流れを述べておこう．パネルフレームは分離不能な絡み目を含まないので平坦グラフは絡み目内在でなく，また，絡み目内在でないグラフは Petersen 族のいずれのグラフもマイナーに持たない．従って (1)，(2)，(3) の等価性を示すには，平坦でないグラフが Petersen 族のいずれかのグラフをマイナーに持つことを示せばよい．彼らは [110] において，$G_\triangle, G_Y$ の一方が平坦でないという性質に関してマイナーミニマルならば他方もそうであること，平面的とは限らないグラフ G の空間グラフ $f(G)$ がパネルフレームであるための必要十分条件は，それが全自由であること（これは Scharlemann–Thompson の定理の一般化である）[*2]，'Kuratowski 連結'（[108]）と呼ばれる特殊な連結性を持つグラフのパネルフレームの空間グラフとしての同型類は鏡像を除いて一意的であること，などを準備かつ駆使し，平坦でないという性質に関してマイナーミニマルなグラフ G が Petersen 族のいずれのグラフもマイナーに持たないと仮定すると，G から $\triangle Y$ 変換または $Y\triangle$ 変換で得られるグラフでパネルフレームを持つものが存在してしまうことから矛盾を導いたのである．本書ではこれ以上細部には立ち入らないが，意欲のある読者は [110] を参照して欲しい．

　定理 4.2.6 から，絡み目内在性については，以下の通り命題 4.2.2 (1) の逆も成り立つことがわかる．即ち，絡み目内在性は $\triangle Y$ 変換と $Y\triangle$ 変換の両方で保存される．

系 4.2.7 G_Y から $G_\triangle$ への $Y\triangle$ 変換において，G_Y が絡み目内在ならば，$G_\triangle$ は絡み目内在である．

証明. $G_\triangle$ が絡み目内在でないとすると，定理 4.2.6 (2) から，$G_\triangle$ のあるパネルフレーム $g(G_\triangle)$ が存在する．即ち，$G_\triangle$ の任意のサイクル γ に対し，$g(G) \cap D_\gamma = g(G) \cap \partial D_\gamma = g(\gamma)$ をみたす $\mathbb{R}^3$ 内の円板 D_γ が存在する．このとき $D_\triangle$ の内部に頂点を置き，$D_\triangle$ 上で $g(u), g(v), g(w)$ と結んで Y の字を作ることで空間グラフ $f(G_Y)$ が得られ，この埋め込み $f \in \mathrm{SE}(G_Y)$ に対し $\varphi(f) = g$ となる．パネルフレームは分離不能な 2 成分絡み目を含まないので，補題 4.2.4 から $f(G_Y)$ も分離不能な絡み目を含まない．従って G_Y は絡み目内在でない． $\square$

[*2]　平面的グラフの空間グラフが自明であることとパネルフレームであることの同値性は，これより先に [134] で示されていた．

4.3 結び目内在性に関してマイナーミニマルなグラフ

結び目内在性に関してマイナーミニマルなグラフの集合は，2022年4月現在，266個の元が知られており，まだ完全には決定されていない．発見された順に時系列に並べると，次の通りである．以下，HG, $K_{3,3,1,1}$, FG, N_9, $G_{9,28}$, $G_{14,25}$, $G_{11,22}$, $G_{10,26}$, $G_{10,30}$ をそれぞれ図4.7に示したグラフとする．

(1) (小原–鈴木 [69]) $\mathcal{F}_\triangle(K_7)$ の全ての元14個．図4.6にこれら14個を示した．ここで各矢印は $\triangle Y$ 変換を表し，Y の部分に $*$ 印が付いている．各グラフは空間グラフとしても描かれているので，それぞれにおいて非自明結び目を探してみよ (演習問題4.7)．また，C_{14} は図4.7の HG とグラフとして同型で，これは **Heawood グラフ** と呼ばれる有名なグラフである．

(2) (**Foisy [36]**) $\mathcal{F}_\triangle(K_{3,3,1,1})$ の全ての元26個．

(3) (**Foisy [37]**) $G_{13,30}$. このグラフは3サイクル及び次数3の頂点を持たないので $\triangle Y$ 変換及び $Y\triangle$ 変換を適用できず，従って $\mathcal{F}(G_{13,30}) = \{G_{13,30}\}$ であることに注意せよ．

(4) (**Goldberg–Mattman–Naimi [40]**) $\mathcal{F}(K_{3,3,1,1}) \setminus \mathcal{F}_\triangle(K_{3,3,1,1})$ の全ての元32個 (従って (2) と合わせて $\mathcal{F}(K_{3,3,1,1})$ の元は全て結び目内在性に関してマイナーミニマルである)，$\mathcal{F}(G_{9,22})$ の $G_{9,22}$ を含む33個の元，$\mathcal{F}(G_{9,28})$ の $G_{9,28}$ を含む156個の元，$G_{14,25}$. ここで $G_{9,22}$ はグラフ N_9 において $*$ 印の2頂点を更に1本の辺で結んだグラフである．

(5) (**Schwartz [29]**) $G_{11,22}$.

(6) (**Mattman–Naimi–Pavelescu–Pavelescu [79]**) $G_{10,26}$, $G_{10,30}$.

上の (1) において，$\mathcal{F}(K_7) = \mathcal{F}(HG)$ は **Heawood 族** とも呼ばれ，これは全部で20個のグラフからなる．つまり $\mathcal{F}(K_7) \setminus \mathcal{F}_\triangle(K_7)$ に属するグラフ，即ち K_7 から $\triangle Y$ 変換だけでは得られないグラフが6個あるのだが，これらは実は結び目内在でない ([30], [42], [40])．従って結び目内在性については，命題 4.2.2 (2) の逆は一般には成り立たない．その一方で，これら6個のグラフは別の内在的性質を持ち，かつその性質に関してマイナーミニマルであることが知られている．Heawood 族に属するグラフの内在的性質とマイナーミニマル性については，改めて5.3節で詳しく説明する．

結び目内在性を持つグラフの探索にあたって，まずは定理 3.2.1 (2) のもとの証明で用いられた手法を定式化し，他のグラフに適用することが考えられる．いま空間グラフ $f(G)$ と適当な写像 $\omega\colon \Gamma(G) \to \mathbb{Z}_m$ に対し，$\alpha_\omega(f) \in \mathbb{Z}_m$ を

$$\alpha_\omega(f) \equiv \sum_{\gamma \in \Gamma(G)} \omega(\gamma) a_2(f(\gamma)) \pmod{m}$$

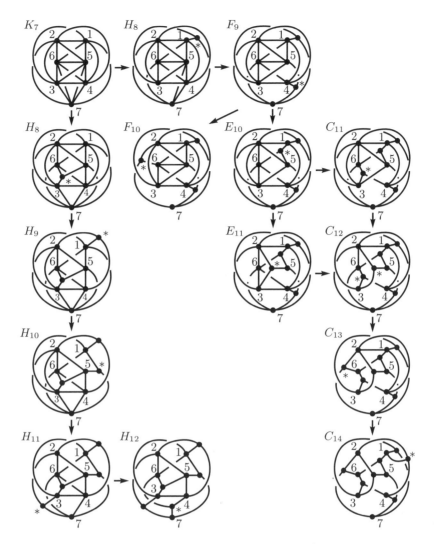

図 4.6 $\mathcal{F}_\triangle(K_7)$ (H_8 が 2 つあるので注意).

で定義する．これが埋め込み f に依らないグラフ G の特性量で，かつ 0 でないことがいえれば，G は結び目内在である．しかし，このような ω, m, G をうまく見つけることはそう簡単なことではない．例えば，K_7 が K_6 と 1 頂点のジョイン (K_6 の全頂点とある 1 頂点を辺で結ぶ) であることから，P_7 と 1 頂点のジョインである図 4.7 の $K_{3,3,1,1}$ も結び目内在であろうと早くから目されていたが，次の例 4.3.1 が知られており，$K_{3,3,1,1}$ の結び目内在性を K_7 の場合と全く同様の方法で示すことはできない．

例 4.3.1 ([122]) $G = K_{3,3,1,1}$ について，写像 $\omega\colon \Gamma(G) \to \mathbb{Z}_m \ (m \neq 1)$ を 8 サイクル γ について $\omega(\gamma) = 1$，その他は $\omega(\gamma) = 0$ で定義する．このとき，図 4.8 の空間グラフ $f(G), g(G)$ において $\alpha_\omega(f) \neq \alpha_\omega(g)$ となる．実際に 8 頂点を含む非自明な結び目成分として，$f(G)$ はただ 1 つの三葉結び目を持ち，

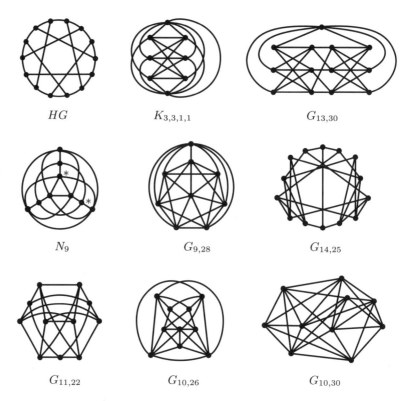

図 4.7　グラフ HG, $K_{3,3,1,1}$, $G_{13,30}$, N_9, $G_{9,28}$, $G_{14,25}$, $G_{11,22}$, $G_{10,26}$, $G_{10,30}$.

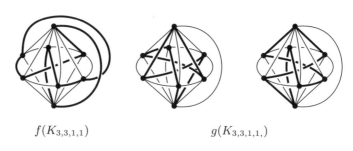

図 4.8　$G = K_{3,3,1,1}$ の 2 つの空間グラフ.

$g(G)$ はちょうど 2 個の三葉結び目を持つ (太線部分).

　そこで方針を変更し，定理 3.6.1，特に (3.28) の応用によってグラフの結び目内在性を抽出することを考えよう．まずは次の補題を準備する．

補題 4.3.2　G は D_4 をマイナーに持つグラフとし，$f(G)$ をその空間グラフとする．μ_1, μ_2 を $\Psi^{(2)}(\Gamma^{(2)}(D_4))$ の元とするとき，もし $\mathrm{lk}_2(f(\mu_1)) = \mathrm{lk}_2(f(\mu_2)) = 1$ ならば，$f(G)$ は Arf 不変量が 1 の非自明な結び目成分を持つ．

証明.　$\Psi^{(m)} = \Psi^{(m)}_{D_4, G} \colon \Gamma^{(m)}(D_4) \to \Gamma^{(m)}(G)$ を (4.2) の自然な単射とし $(m = 1, 2)$，$\alpha(f) \in \mathbb{Z}_2$ を

$$\alpha(f) \equiv \sum_{\gamma \in \Gamma_4(D_4)} \mathrm{Arf}(f(\Psi(\gamma))) \pmod 2$$

で定義する.以下で,$\mathrm{lk}_2(f(\mu_1)) = \mathrm{lk}_2(f(\mu_2)) = 1$ ならば,$\alpha(f) = 1$ となることを示そう.$\Gamma^{(2)}(D_4)$ の元 λ_1, λ_2 に対し,一般性を失うことなく $\Psi^{(2)}(\lambda_1) = \mu_1$,$\Psi^{(2)}(\lambda_2) = \mu_2$ としてよい.$\psi = \psi_{G,D_4} \colon \mathrm{SE}(G) \to \mathrm{SE}(D_4)$ を (4.3) の全射とすると,命題 4.1.2 から $\psi(f)(\lambda_i) \cong f(\Psi^{(2)}(\lambda_i))$ $(i = 1, 2)$ である.よって

$$\mathrm{lk}_2(\psi(f)(\lambda_i)) = \mathrm{lk}_2(f(\Psi^{(2)}(\lambda_i))) = \mathrm{lk}_2(f(\mu_i))$$

となり $(i = 1, 2)$,従って仮定より,$\mathrm{lk}_2(\psi(f)(\lambda_1)) = \mathrm{lk}_2(\psi(f)(\lambda_2)) = 1$ である.そこで (3.28) から,

$$\alpha(f) \equiv \sum_{\gamma \in \Gamma_4(D_4)} \mathrm{Arf}(f(\Psi(\gamma))) = \sum_{\gamma \in \Gamma_4(D_4)} \mathrm{Arf}(\psi(f)(\gamma)) \equiv 1 \pmod 2$$

となる.従って $f(G)$ は Arf 不変量が 1 の非自明な結び目を含む.　　　□

補題 4.3.2 の応用によって,以下のように,K_7 が結び目内在であること (定理 1.4.2 (2)) の別証明を与えることができる.

定理 1.4.2 (2) の別証明. $f(K_7)$ を K_7 の空間グラフとする.いま K_7 の頂点 7 及びそれに接続する全ての辺を除去した部分グラフ $K_6 = K_6^{(7)}$ において,その f による像 $f(K_6)$ に対し定理 3.2.1 (1) から,ある $\mu \in \Gamma_{3,3}(K_6)$ が存在して $\mathrm{lk}_2(f(\mu)) = 1$ となる.一方,この μ の 6 辺を除いて得られる K_7 の部分グラフは Petersen 族の P_7 に同型で,これをそのまま P_7 で表すと,定理 4.2.1 から,ある $\mu' \in \Gamma_{3,4}(P_7)$ が存在して $\mathrm{lk}_2(f(\mu')) = 1$ となる.このとき $M = \mu \cup \mu'$ は図 4.9 の左のグラフに同型となる.以下,$\mu = [145] \cup [236]$,$\mu' = [127] \cup [3564]$ と仮定して一般性を失わない.$H_1(M; \mathbb{Z}_2)$ において $[3564] = [346] + [356]$ であるから

$$1 = \mathrm{lk}_2(f(\mu')) = \mathrm{lk}_2(f([127]), f([346])) + \mathrm{lk}_2(f([127]), f([356]))$$

となる.これより,右辺の 2 つの mod 2 の絡み数のいずれかは 1 である.そこでまず,$\mathrm{lk}_2(f([127]), f([346])) = 1$ としよう.このとき,M から辺 $\overline{56}, \overline{53}$

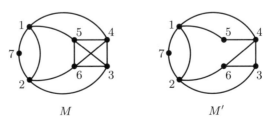

図 4.9　$M = \mu \cup \mu'$.

を除いたグラフ M' において (図 4.9 の右), 更に辺 $\overline{27}, \overline{36}, \overline{45}$ を縮約して M' のマイナー D_4 が得られる. (4.1) の自然な単射 $\Psi^{(2)} = \Psi^{(2)}_{D_4, M'} : \Gamma^{(2)}(D_4) \to \Gamma^{(m)}(M')$ について $\Psi^{(2)}(\lambda_1) = [127] \cup [346]$, $\Psi^{(2)}(\lambda_2) = [145] \cup [236]$ であるから, 補題 4.3.2 より, $f(M')$ は Arf 不変量が 1 の非自明結び目を含む. $\mathrm{lk}_2(f([127]), f([356])) = 1$ のときも同様に示される (演習問題 4.8). $\qquad\square$

上で述べた証明のアイディアは, G の Petersen 族 に属する 2 つのマイナーから $\mathrm{lk}(f(\mu)), \mathrm{lk}(f(\mu'))$ が奇数の $\mu, \mu' \in \Gamma^{(2)}(G)$ を見つけ, $f(\mu \cup \mu')$ の '空間グラフ・マイナー' として α 不変量が奇数である D_4 の空間グラフを見出すことである. この証明方法では, 非自明結び目を 7 サイクルの像として見出せることまでは示せないが, 結び目内在性を示すには十分で, $K_{3,3,1,1}$ の結び目内在性はこの手法で最初に示された ([36]). 更に先程述べた時系列において, [36] 以降の結び目内在性に関してマイナーミニマルなグラフの発見は全てこの手法に依る. Goldberg–Mattman–Naimi は [40] において, 上のような D_4 の検索アルゴリズム ([80]) 等に基づく計算機支援のもとで, 結び目内在性に関してマイナーミニマルなグラフを大量に発見した. しかし, 例えば $\mathcal{F}(G_{9,28})$ (1609 個), $\mathcal{F}(G_{14,25})$ (600,000 個以上らしい) の解析は完了しておらず, 結び目内在性に関してマイナーミニマルなグラフはまだまだ増える見込みで, 決定の目途は全く立っていない. 2 成分絡み目から結び目に変わっただけでこれほどの違いが出るのは, 何とも不思議なことである.

未解決問題 4.3.3 結び目内在性に関してマイナーミニマルなグラフの集合を決定せよ.

結び目内在性に関してマイナーミニマルなグラフの決定問題は, 現状で決め手を欠くものの, 少ない頂点数や辺数の下での分類など地道な研究は続けられている. 例えば [29, §2], [78], [64] を参照せよ. また, 'ランダムに' 選んだグラフの頂点数が十分大きいならば, そのグラフが結び目内在性を持つ確率は $1/2$ 以上で, 頂点数を無限大に近付けるとその確率は 1 に収束することも知られている. 詳細は [50] を参照せよ.

演習問題

4.1 平面的グラフの任意のマイナーは, また平面的であることを示せ.

4.2 グラフ $K_5, K_{3,3}$ の任意のプロパーマイナーは平面的であることを示せ.

4.3 K_6 から 1 辺の削除で得られるグラフ, 及び 1 辺の辺縮約で得られるグラフは 1 頂上であることを示せ.

4.4 K_7 から 1 辺の辺縮約で得られるグラフは 2 頂上であることを示せ.

4.5 図 4.2 の 7 つの空間グラフはいずれも, 分離不能な 2 成分の絡み目成分としてただ 1 つの Hopf 絡み目を含むことを確かめよ.

4.6 G を Petersen 族の K_6 以外の任意のグラフとするとき, G から 1 辺の削除で

得られるグラフ，及び1辺の辺縮約で得られるグラフは1頂上であることを示せ.

4.7 図4.6の各空間グラフについて，含まれる非自明結び目を見つけよ.

4.8 4.3節で述べた定理1.4.2 (2) の別証明において，$\mathrm{lk}_2(f([127]), f([356])) = 1$ の場合の議論を補完せよ.

第 5 章
結び目内在性・絡み目内在性の一般化

　　結び目内在性/絡み目内在性の一般化及び亜種はいろいろ考えられており，含まれる絡み目の多成分化，含まれる非自明結び目/分離不能絡み目の最小個数や不変量値の指定，一般の 3 次元多様体への埋め込み，対象の高次元化など多種多様である．本章では，含まれる非自明な空間グラフの位相型の制限を緩めて得られる種々の内在的性質について紹介する．これは通常の内在的性質の研究がいわば個々の内在性を仰視するものであるのに対し，グラフの非自明内在性全体を俯瞰的に把握しようとする 1 つの考え方である．

5.1　結び目または 3 成分絡み目内在性

　　結び目内在性/絡み目内在性の一般化として代表的なものは，含まれる分離不能な絡み目の成分数を 3 以上で考えることであろう．一般にグラフ G が **n 成分絡み目内在**であるとは，その任意の空間グラフ $f(G)$ が分離不能な n 成分絡み目を含むときをいう．2 成分絡み目内在性は通常の絡み目内在性にほかならない．命題 4.1.3 と全く同様にして，n 成分絡み目内在性もマイナーを取ることに関して閉じていることがわかり，n 成分絡み目内在性に関してマイナーミニマルなグラフの決定が問題となる．$n \geq 3$ に対し，n 成分絡み目内在性に関しマイナーミニマルな頂点数 $7n - 6$ のグラフの例が知られている ([32])．また $K_{\lfloor \frac{7n}{2} \rfloor}$ は n 成分絡み目内在であることも知られている ([18]．K_{10} の 3 成分絡み目内在性は [31] で初めて示された)．他にも一般の 3 次元多様体へのグラフの埋め込みで考える研究や ([26], [10])，一般次元の $\mathbb{R}^n$ への m 次元複体の埋め込みで考える研究 ([72], [127], [130])，グラフの $\mathbb{R}^2$ へのはめ込みや仮想空間グラフなど，類似の対象で考える研究 ([16], [113], [34]) などがあり，いずれも個性的で特徴あるものだが，ここでは細部には立ち入らない．

　　一方，上で紹介したものとは別の観点からの自然な一般化として，含まれる非自明な部分空間グラフの位相型を固定しないという立場からの研究がある．

その先駆は Foisy による '結び目または 3 成分絡み目内在性' の考察であったが，後に 1.4 節で述べた空間グラフの極小非自明性やラヴァルとの関係，また Heawood 族の全てのグラフが持つ新たな内在的性質が見出されたことで，空間グラフの世界には結び目/絡み目内在性以外にも様々な内在的性質が存在することが認識され，それらを俯瞰的に把握しようという考えが生まれた．本章では，この新しい流れの契機となった研究を紹介する．まずは前述の Foisy の考察について述べよう．

2 つのグラフ G, G' に対し，v_i $(i = 1, 2, \ldots, n)$ を G の異なる n 個の頂点とし，v_i' $(i = 1, 2, \ldots, n)$ を G' の異なる n 個の頂点とする．このとき，G と G' の非交和に新たな辺 $\overline{v_i v_i'}$ $(i = 1, 2, \ldots, n)$ を加えてできるグラフを考える．要するに G と G' を互いに交わらない n 本の辺で繋いでできるグラフである．このグラフは一般には頂点 v_i, v_i' の選び方に依存し一意的ではないが，この構成で得られるグラフは全て $G *_n G'$ で表すことにする．特に G, G' として Petersen 族のグラフを取るとき，次の事実が知られている．

定理 5.1.1 (Foisy [38]) P, P' を Petersen 族の 2 つのグラフとする．このとき，$G = P *_4 P'$ の任意の空間グラフ $f(G)$ は，非自明な結び目成分か，または分離不能な 3 成分の絡み目成分を持つ．

定理 5.1.1 を証明するために，分離不能な 3 成分絡み目が現れるための簡単な十分条件を与えておこう．

補題 5.1.2 (1) グラフ F を図 5.1 のものとし，F のサイクル γ_i $(i = 1, 2, 3, 4)$ を $\gamma_1 = e_1, \gamma_2 = e_2, \gamma_3 = e_3 \cup e_4, \gamma_4 = e_4 \cup e_5$ とする．F の空間グラフ $f(F)$ において，もし $\mathrm{lk}_2(f(\gamma_1), f(\gamma_3)) = 1$, $\mathrm{lk}_2(f(\gamma_2), f(\gamma_4)) = 1$ ならば，$f(F)$ は分離不能な 3 成分絡み目を含む．

(2) グラフ F' を図 5.2 のものとし，F' のサイクル γ_i' $(i = 1, 2, 3, 4)$ を $\gamma_1' = e_1$, $\gamma_2' = e_2$, $\gamma_3' = e_3 \cup e_4$, $\gamma_4' = e_7 \cup e_8$ とする．F' の空間グラフ $f(F')$ において，もし $\mathrm{lk}_2(f(\gamma_1'), f(\gamma_3')) = 1$, $\mathrm{lk}_2(f(\gamma_2'), f(\gamma_4')) = 1$ ならば，$f(F')$ は分離不能な 3 成分絡み目を含む．

証明. (1) まず，一般に 3 成分絡み目 $L = K_1 \cup K_2 \cup K_3$ において，部分絡み目 $K_1 \cup K_3$ と $K_2 \cup K_3$ がともに分離不能ならば，L は分離不能であることに注意しよう (演習問題 5.1)．特に $\mathrm{lk}_2(K_1, K_3) = 1$, $\mathrm{lk}_2(K_2, K_3) = 1$ ならば，L は分離不能である．F の各サイクルを $H_1(F; \mathbb{Z}_2)$ の 1 次元ホモロジー類と考え，特に $\gamma_3 = e_3 + e_4$, $\gamma_4 = e_4 + e_5$ と表す．また，$\gamma_5 = e_3 + e_5$ とおく．いま $\gamma_3 = \gamma_4 + \gamma_5$, $\gamma_4 = \gamma_3 + \gamma_5$ であるから，仮定より

$$1 = \mathrm{lk}_2(f(\gamma_1), f(\gamma_3)) = \mathrm{lk}_2(f(\gamma_1), f(\gamma_4)) + \mathrm{lk}_2(f(\gamma_1), f(\gamma_5)), \quad (5.1)$$

$$1 = \mathrm{lk}_2(f(\gamma_2), f(\gamma_4)) = \mathrm{lk}_2(f(\gamma_2), f(\gamma_3)) + \mathrm{lk}_2(f(\gamma_2), f(\gamma_5)) \quad (5.2)$$

となる．従って (5.1), (5.2) のいずれも，右辺の 2 つの絡み数のうち一方が 1 である．(5.1) において $\mathrm{lk}_2(f(\gamma_1), f(\gamma_4)) = 1$ なら，3 成分絡み目 $f(\gamma_1) \cup f(\gamma_2) \cup f(\gamma_4)$ は分離不能である．(5.2) において $\mathrm{lk}_2(f(\gamma_2), f(\gamma_3)) = 1$ なら，3 成分絡み目 $f(\gamma_1) \cup f(\gamma_2) \cup f(\gamma_3)$ は分離不能である．(5.1) において $\mathrm{lk}_2(f(\gamma_1), f(\gamma_5)) = 1$ で，かつ (5.2) において $\mathrm{lk}_2(f(\gamma_2), f(\gamma_5)) = 1$ なら，3 成分絡み目 $f(\gamma_1) \cup f(\gamma_2) \cup f(\gamma_5)$ は分離不能である．これで示された．

(2) F' の各サイクルを $H_1(F'; \mathbb{Z}_2)$ の 1 次元ホモロジー類と考え，特に $\gamma_3' = e_3 + e_4$, $\gamma_4' = e_7 + e_8$ と表す．また，$\gamma_5' = e_3 + e_6 + e_7 + e_5$, $\gamma_6' = e_4 + e_6 + e_7 + e_5$ とおく．いま $\gamma_3' = \gamma_5' + \gamma_6'$ であるから，仮定より

$$1 = \mathrm{lk}_2(f(\gamma_1'), f(\gamma_3')) = \mathrm{lk}_2(f(\gamma_1'), f(\gamma_5')) + \mathrm{lk}_2(f(\gamma_1'), f(\gamma_6')) \quad (5.3)$$

となる．(5.3) において $\mathrm{lk}_2(f(\gamma_1'), f(\gamma_5')) = 1$ なら，$f(\gamma_1')$, $f(\gamma_4' \cup \gamma_5')$, $f(\gamma_2')$ に (1) を適用し，$\mathrm{lk}_2(f(\gamma_1'), f(\gamma_6')) = 1$ なら，$f(\gamma_1')$, $f(\gamma_4' \cup \gamma_6')$, $f(\gamma_2')$ に (1) を適用して，それぞれ分離不能な 3 成分絡み目が含まれることがわかる． $\square$

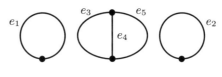

図 5.1　グラフ F.

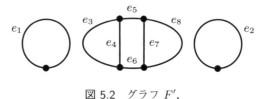

図 5.2　グラフ F'.

定理 5.1.1 の証明. $G = P *_4 P'$ の空間グラフ $f(G)$ に対し，定理 4.2.1 から，ある $\lambda = \gamma_1 \cup \gamma_2 \in \Gamma^{(2)}(P)$，及び $\lambda' = \gamma_1' \cup \gamma_2' \in \Gamma^{(2)}(P')$ が存在して

$$\mathrm{lk}_2(f(\gamma_1), f(\gamma_2)) = 1, \quad \mathrm{lk}_2(f(\gamma_1'), f(\gamma_2')) = 1 \quad (5.4)$$

となる．いま，P と P' を繋ぐ 4 辺を e_1, e_2, e_3, e_4 とおく．Petersen 族の任意のグラフについて，そのサイクルの非交和はグラフの全ての頂点を含むので，各辺 e_i はいずれかの γ_l と γ_k' の組を繋いでいる．もし，ある γ_l と γ_k' が異なる 2 辺 e_i, e_j で繋がれているなら，G の部分グラフ $\gamma_1 \cup \gamma_2 \cup \gamma_1' \cup \gamma_2' \cup e_i \cup e_j$ は図 5.2 のグラフ F' と同相で，その f による像は，(5.4) から補題 5.1.2 (2)

の条件をみたす. 従って $f(G)$ は分離不能な 3 成分絡み目を含む. もし異なる 2 辺 e_i, e_j で繋がれているような γ_l と γ'_k の組が存在しないなら, G の部分グラフ $H = \gamma_1 \cup \gamma_2 \cup \gamma'_1 \cup \gamma'_2 \cup e_1 \cup e_2 \cup e_3 \cup e_4$ は, 各 e_i を辺縮約することで図 3.12 の D_4 に同型なグラフをマイナーに持つ. このとき, (4.2) の自然な単射 $\Psi^{(2)} = \Psi^{(2)}_{D_4, H} : \Gamma^{(2)}(D_4) \to \Gamma^{(m)}(H)$ について $\Psi^{(2)}(\lambda_1) = \gamma_1 \cup \gamma_2$, $\Psi^{(2)}(\lambda_2) = \gamma'_1 \cup \gamma'_2$ とでき, (5.4) から補題 4.3.2 の条件をみたす. 従って $f(H)$ は非自明結び目を含む. これで結論が得られた. $\qquad\square$

例 5.1.3 定理 5.1.1 において $P = P' = K_6$ とし, $f(G), g(G)$ を図 5.3 に示した $G = K_6 *_4 K_6$ の 2 つの空間グラフとする. $f(G)$ は太線部分に非自明結び目 (三葉結び目) を含み, $g(G)$ は太線部分に分離不能な 3 成分絡み目を含む. 一方, $f(G)$ は分離不能な 3 成分絡み目を含まず, $g(G)$ は非自明結び目を含まない (詳細は [38] を参照せよ). 従ってこの G は結び目内在でも 3 成分絡み目内在でもなく, 定理 5.1.1 が示すグラフの内在性は, 結び目内在性とも 3 成分絡み目内在性とも真に異なる内在性である.

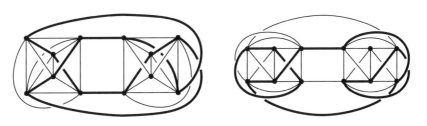

図 5.3 左: $f(K_6 *_4 K_6)$, 右: $g(K_6 *_4 K_6)$.

5.2 3 成分絡み目または既約な空間手錠グラフ内在性

5.1 節において, Petersen 族のグラフ P, P' に対し, $P *_4 P'$ が結び目内在性とも絡み目内在性とも異なる内在的性質を持つことを述べたが, P と P' を繋ぐ 4 辺のうち 1 辺だけ除くと, 面白いことに, また別の内在的性質が出現する. それが次の定理である.

定理 5.2.1 (新國 [92]) P, P' を Petersen 族の 2 つのグラフとする. このとき, $G = P *_3 P'$ の任意の空間グラフ $f(G)$ は, 分離不能な 3 成分絡み目か, または絡み目成分が分離している既約な空間手錠グラフを含む.

ここで一般に空間グラフ $f(G)$ が**既約**であるとは, $f(G)$ と横断的に 1 点で交わる $\mathbb{R}^3$ 内の 2 次元球面が存在しないときをいう. ここでの横断的に 1 点で交わることの意味は, 空間グラフのいずれかの道が 2 次元球面の内側から外側

へ向かう形で交わるということで，要するに接点でないということである．特に空間手錠グラフについて，自明ならばもちろん既約でないので，既約性は非自明性よりも強い性質である．例えば図 5.4 の $f(G)$ は非自明な結び目を含むので非自明だが，そこで示されている通り既約でない．

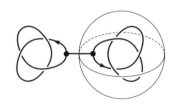

図 5.4　既約でない空間手錠グラフ．

例 5.2.2　$G = K_6 *_3 K_6$ とし，$f(G), g(G)$ をそれぞれ図 5.5 の左，右の空間グラフとする．$f(G)$ は太線部分にただ 1 つの分離不能な 3 成分絡み目を含む（太線部分）．そこでこの 3 成分絡み目が分離するように，印付けられた交差点で交差交換を行なって得られるのが $g(G)$ である．$g(G)$ において太線部分に現れる空間手錠グラフは，絡み目成分が分離しており，更に既約である．このことは例 5.2.5 で示す（図 5.9 の $f_{1,1}(G)$）．

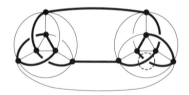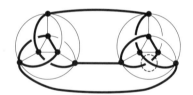

図 5.5　$f(G)$(左)：分離不能な 3 成分絡み目を含む．$g(G)$(右)：絡み目成分が分離した既約な空間手錠グラフを含む．

　定理 5.2.1 は，空間グラフの結び目／絡み目成分の観察だけではわからない内在的性質が存在することを示している．図 5.5 の $g(G)$ における太線部分の空間手錠グラフは，図 2.3 の右の空間手錠グラフと同型で，これは極小非自明な空間グラフであった．即ち，定理 5.2.1 が示す内在的性質は，1.4 節で述べた空間グラフ独特の 2 つの性質を融合したものといえる．

　定理 5.2.1 を証明するために，まず空間手錠グラフの新たな不変量を導入しよう．例 2.5.4 では，ループでない辺 e_3 とその両端点に 1 個ずつ接続するループ e_1, e_2 からなるグラフ G の空間グラフ $f(G)$ を空間手錠グラフと呼んだが，本節では，特に e_1, e_2 をそれぞれ γ_1, γ_2 で表し，e_3 を単に e で表すことにす

る. $f(G)$ の 2 成分の絡み目成分 $f(\gamma_1) \cup f(\gamma_2)$ を L_f で表す.

$L = J_1 \cup J_2$ を 2 成分有向絡み目とする. D を有向円板とし, x_1, x_2 を ∂D 内の互いに交わらない向き付けられた 2 本の弧とする. これらの向きは D の向きから誘導されるものを考える. いま D は $\mathbb{R}^3$ に埋め込まれているとし, $D \cap L = x_1 \cup x_2$ かつ $x_i \subset J_i$ で, 各 x_i と J_i の向きは逆調しているとする. このとき, 有向結び目 $K_D(L)$ を

$$K_D(L) = (L \cup \partial D) \setminus (\text{int}\, x_1 \cup \text{int}\, x_2)$$

で定義する (図 5.6). $K_D(L)$ を L のバンド和といい, またこの D を J_1 と J_2 を繋ぐバンドという. 特に L が分離絡み目で, J_1 と J_2 を分ける 2 次元球面とバンド D が 1 本の単純弧のみで交わっているとき, バンド和 $K_D(L)$ を有向結び目 J_1, J_2 の連結和といい, $J_1 \sharp J_2$ で表す. 有向結び目の連結和は同型の範囲で一意的に定まることは, 結び目理論ではよく知られた事実である (演習問題 5.2). 一方, この後の例 5.2.5 において見るように, 一般には $K_D(L)$ の同型類は D の取り方に依存し, 絡み目 L の互いに同型でないバンド和が無限個存在するのだが, このことを利用して, 以下のように空間手錠グラフの分類に応用しよう. いま, 空間手錠グラフ $f(G)$ に対し, 絡み目成分 L_f のバンド和 $K_D(L_f)$ で, $f(e) \subset D$, かつ x_i のある内点 p_i に対し $f(e) \cap \partial D = f(e) \cap L_f = \{p_1, p_2\}$ であるものを考える. これを L_f の f に関するバンド和と呼び, $K_D(f)$ で表す. これは要するに, $f(e)$ に沿って絡み目成分 L_f のバンド和を取ったものであり, p_i は $f(G)$ の頂点にほかならない. このとき, まずは次の定理が得られる.

定理 5.2.3 $a_2(K_D(f))\ (\text{mod } \text{lk}(L_f))$ は空間手錠グラフのアンビエント・イソトピー不変量である.

証明. $K_D(f), K_{D'}(f)$ を L_f の f に関する 2 つのバンド和とすると, これらの違いはそれぞれのバンドを $f(e)$ を中心線と考えたときの捻りの回数にのみ現れ, それらの差は偶数回である. そこで $K_{D'}(f)$ は $K_D(f)$ からバンドの 2 回捻りで得られるとすると, バンドの 2 回捻りはバンド和上の 1 回の交差交換で実現できる. その交差交換に付随する平滑化によって得られる 2 成分有向絡み目は L_f であり, $K_D(f), K_{D'}(f), L_f$ はスケイントリプルをなすとしてよい (図 5.7). そこで命題 3.1.11 から $a_2(K_D(f)) - a_2(K_{D'}(f)) = \pm \text{lk}(L_f)$ となる. 従って mod $\text{lk}(L_f)$ とすればこれはバンドの取り方に依らない. $\square$

定理 5.2.3 において, 例えば L_f が Hopf 絡み目のような絡み数が ± 1 の 2 成分絡み目の場合は, この不変量は全く役に立たないが, 絡み数が消えている場合には整数値として定まり, 特に L_f が分離している場合に効力を発揮する. しかし, 例えば図 5.4 の空間手錠グラフ $f(G)$ を考えてみよう. この f に

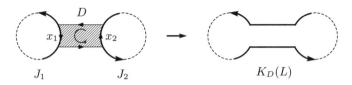

図 5.6　バンド和 $K_D(L)$.

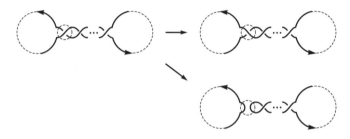

図 5.7　$K_D(f), K_{D'}(f), L_f$.

関するバンド和 $K_D(f)$ は 2 つの三葉結び目の連結和で (図 5.8 の右. たて結びともいう), 直接の計算により $a_2(K_D(f)) = 2$ となる. 一方, 一般に有向結び目の連結和 $J_1 \sharp J_2$ の Conway 多項式において $\nabla_{J_1 \sharp J_2}(z) = \nabla_{J_1}(z) \nabla_{J_1}(z)$ が成り立つことが知られており (例えば [123], [62] を参照), このことから特に

$$a_2(J_1 \sharp J_2) = a_2(J_1) + a_2(J_2) \tag{5.5}$$

が成り立つ (演習問題 5.3). 従ってこの場合, $a_2(K_D(f)) = 2$ は結び目成分の情報を拾っていることになる.

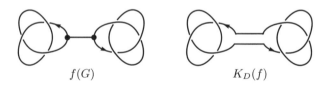

図 5.8　$K_D(f)$ は結び目成分の連結和.

このように, $a_2(K_D(f))$ の値だけからはもとの空間手錠グラフの情報が見えにくいので, ちょっとだけ工夫して, その不変量値から空間グラフの性質が引き出せる形に改良しよう. いま, 空間手錠グラフ $f(G)$ 及びその絡み目成分 L_f の f に関するバンド和 $K_D(f)$ に対し, 整数 $n(f, D)$ を

$$n(f, D) = a_2(K_D(f)) - a_2(f(\gamma_1)) - a_2(f(\gamma_2))$$

で定義し, それを $\mathrm{mod}\, \mathrm{lk}(L_f)$ したものを $\bar{n}(f)$ で表す. $a_2(f(\gamma_i))$ は $f(G)$ のアンビエント・イソトピー不変量であるから, 定理 5.2.3 と合わせて, この $\bar{n}(f)$

もまた $f(G)$ のアンビエント・イソトピー不変量である．特に $\mathrm{lk}(L_f) = 0$ の場合は単に $n(f)$ で表す．このように設定すると，$\bar{n}(f)$ は $f(G)$ の非自明性よりも更に強い既約性を次のように反映する．

補題 5.2.4 空間手錠グラフ $f(G)$ が既約でないならば，その絡み目成分 L_f の f に関する任意のバンド和 $K_D(f)$ に対し，$n(f, D) = 0$ である．

証明． $f(G)$ が既約でないとすると，絡み目成分 L_f は分離絡み目で，任意のバンド和 $K_D(f)$ は連結和 $f(\gamma_1) \sharp f(\gamma_2)$ である．従って (5.5) から

$$
\begin{aligned}
n(f, D) &= a_2(f(\gamma_1)\sharp f(\gamma_2)) - a_2(f(\gamma_1)) - a_2(f(\gamma_2)) \\
&= a_2(f(\gamma_1)) + a_2(f(\gamma_2)) - a_2(f(\gamma_1)) - a_2(f(\gamma_2)) = 0
\end{aligned}
$$

となり，結果が得られる． $\square$

補題 5.2.4 により，特に L_f が分離絡み目のとき，$n(f) \neq 0$ ならば $f(G)$ は既約である．以下で例を挙げよう．

例 5.2.5 整数 r, s に対し，図 5.9 の空間手錠グラフ $f_{r,s}(G)$ を考えよう．その絡み目成分 $L_{f_{r,s}}$ は r, s に依らず自明である．特に $f_{1,1}(G)$ は図 2.3 の右の空間グラフ $f(G)$ であり，例 2.5.4 でその非自明性を示したのであった．また，$rs = 0$ のときは $f_{r,s}(G)$ 自身が自明である (演習問題 5.4)．以下で，$n(f_{r,s})$ を求めよう．$rs = 0$ のときは補題 5.2.4 から $n(f_{r,s}) = 0$ である．以下，$rs \neq 0$ とする．$L_{f_{r,s}}$ の $f_{r,s}$ に関するバンド和 $K_D(f_{r,s})$ として図 5.10 の左上のものを取る．ここで ε はそこで印付けられた交差点の符号を表し，$r > 0$ なら $\varepsilon = -1$，$r < 0$ なら $\varepsilon = 1$ である．このとき，$K_D(f_{r,s})$ からこの交差点における交差交換で結び目 J が得られ，更に J において印付けられた交差点における交差交換で $K_D(f_{r+\varepsilon,s})$ が得られる．これら交差交換に付随する平滑化によって得られる 2 成分有向絡み目をそれぞれ M_1, M_2 とおく (図 5.10 の下段)．このとき

$$
a_2(K_D(f_{r,s})) = a_2(K_D(f_{r+\varepsilon,s})) + \varepsilon\,\mathrm{lk}(M_1) - \varepsilon\,\mathrm{lk}(M_2) \tag{5.6}
$$

となる．一方，直接の計算により

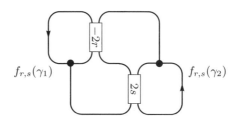

図 5.9　空間手錠グラフ $f_{r,s}(G)$.

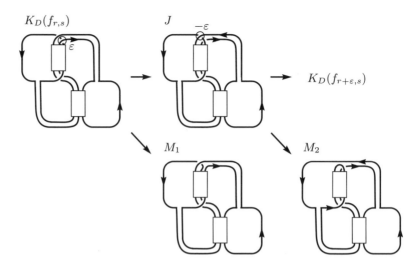

図 5.10 $K_D(f_{r,s})$ からのスケインツリー.

$$\mathrm{lk}(M_1) = -r - \varepsilon + s, \tag{5.7}$$

$$\mathrm{lk}(M_2) = -r - \varepsilon - s \tag{5.8}$$

がわかる (演習問題 5.5). (5.6), (5.7), (5.8) により,

$$a_2(K_D(f_{r,s})) - a_2(K_D(f_{r+\varepsilon,s})) = 2\varepsilon s$$

が得られ, これにより

$$
\begin{aligned}
a_2(K_D(f_{r,s})) &= a_2(K_D(f_{r+\varepsilon,s})) + 2\varepsilon s \\
&= a_2(K_D(f_{r+2\varepsilon,s})) + 2\varepsilon s + 2\varepsilon s \\
&\ \ \vdots \\
&= a_2(K_D(f_{r+|r|\varepsilon,s})) + 2\varepsilon|r|s \\
&= a_2(K_D(f_{0,s})) - 2rs \\
&= -2rs
\end{aligned}
$$

となる. $f_{r,s}(\gamma_1), f_{r,s}(\gamma_2)$ は自明な結び目なので,

$$n(f_{r,s}) = a_2(K_D(f_{r,s})) - a_2(f_{r,s}(\gamma_1)) - a_2(f_{r,s}(\gamma_2)) = -2rs \tag{5.9}$$

である. (5.9) により, $rs \neq 0$ のとき $n(f_{r,s}) \neq 0$ なので, 補題 5.2.4 から $f_{r,s}(G)$ は既約である. また $r = 1$ とすると, 異なる整数 s, s' に対し $n(f_{1,s}) = -2s \neq -2s' = n(f_{1,s'})$ なので, $f_{1,s}(G)$ と $f_{1,s'}(G)$ はアンビエント・イソトピックでない. 従ってこの空間手錠グラフの族は, 無限個の極小非自明な空間手錠グラフを含んでおり, これは空間手錠グラフの場合に定理 1.4.1 が成り立つことの具体例ともなっている.

さて，P_4 をループでない 4 辺 e_1, e_2, e_3, e_4 と 2 つのループ e_5, e_6 からなる，図 5.11 に示した有向グラフとする．P_4 のサイクル $e_5, e_1 \cup e_2, e_3 \cup e_4, e_6$ をそれぞれ c_1, c_2, c_3, c_4 で表すことにする．また，P_4 の部分グラフ $c_1 \cup e_i \cup e_j \cup c_4$ を H_{ij} で表す $(i = 1, 2, \; j = 3, 4)$．いま，$f(P_4)$ を P_4 の空間グラフで $\mathrm{lk}(f(c_1 \cup c_4)) = 0$ をみたすものとする．このとき各 $f(H_{ij})$ は空間手錠グラフで，$n(f|_{H_{ij}})$ は整数値として定まる．そこで整数 $\xi(f)$ を

$$\begin{aligned} \xi(f) &= \sum_{i,j} (-1)^{i+j} n(f|_{H_{ij}}) \\ &= n(f|_{H_{13}}) - n(f|_{H_{14}}) - n(f|_{H_{23}}) + n(f|_{H_{24}}) \end{aligned}$$

で定義する．このとき次の命題が成り立つ．

命題 5.2.6 $f(P_4)$ を P_4 の空間グラフで $\mathrm{lk}(f(c_1 \cup c_4)) = 0$ をみたすものとするとき，$\xi(f)$ は $f(P_4)$ のホモロジー不変量である．

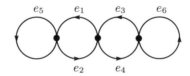

図 5.11 有向グラフ P_4.

命題 5.2.6 を示すために幾つか準備する．まずは結び目の Conway 多項式の 2 次の係数とデルタ変形の間に成り立つ有名な性質を述べよう．

定理 5.2.7 (岡田 [99]) K, J をちょうど 1 回のデルタ変形で移り合う 2 つの有向結び目とすると，$a_2(K) - a_2(J) = \pm 1$.

証明. 有向絡み目 (より一般に有向空間グラフ) 上のデルタ変形は，図 5.12 の (1), (2) のいずれかである．また，(2) のパターンは (1) のパターンのちょうど 1 回のデルタ変形とアンビエント・イソトピーで実現できる (図 5.13)．そこで K と J は (1) のパターンのちょうど 1 回のデルタ変形で移り合うと仮定して一般性を失わない．図 5.12 の (1) の左を K とし，右を J としよう．こ

(1)   (2)

図 5.12 向きの付いたデルタ変形.

のとき図 5.14 の上段に示したように，有向結び目の列 $K = K_0, K_1, K_2 = J$ が存在し，K_i は K_{i-1} から交差点 c_i での交差交換で得られる $(i = 1, 2)$．各 K_{i-1} から c_i で平滑化を行なって得られる 2 成分有向絡み目を L_i とすると，

$$a_2(K) = a_2(J) + \varepsilon(c_1)\,\mathrm{lk}(L_1) + \varepsilon(c_2)\,\mathrm{lk}(L_2)$$

$$= a_2(J) - \mathrm{lk}(L_1) + \mathrm{lk}(L_2) \tag{5.10}$$

となる．このとき，図式の外側での各弧の繋がり方 (2 パターンある) に応じて，L_1 と L_2 の絡み数の差は ± 1 である (演習問題 5.6)．従って (5.10) から $a_2(K) - a_2(J) = \pm 1$ が得られる． $\square$

図 5.13　(2) のパターンは (1) のパターンで実現できる.

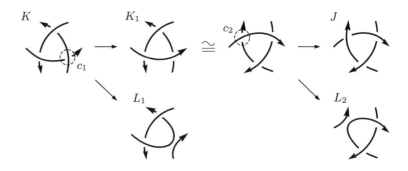

図 5.14　デルタ変形とスケインツリー.

　次に，空間手錠グラフの不変量 $n(f)$ のデルタ変形による変化量を調べよう．

補題 5.2.8　$g(G)$ を $\mathrm{lk}(L_g) = 0$ なる空間手錠グラフとし，$h(G)$ は $g(G)$ からちょうど 1 回のデルタ変形で得られる空間手錠グラフとする．このとき，以下が成り立つ．

(1) $g(\gamma_1)$ と $g(\gamma_2)$ のうち少なくとも一方がデルタ変形の弧として現れないならば，$n(g) = n(h)$．

(2) $g(\gamma_1)$ と $g(\gamma_2)$ がともにデルタ変形の弧として現れ，$g(e)$ が現れないならば，$n(g) - n(h) = \pm 1$．

(3) $g(\gamma_1), g(\gamma_2)$ 及び $g(e)$ が全てデルタ変形の弧として現れるならば，$n(g) - n(h) = \pm 2$ または 0．

証明. (1) まず，$g(G)$ に施すデルタ変形の 3 本の弧が全て $g(e)$ に属しているとする．このとき，定理 3.4.3 の証明中に用いた図 3.18 の変形を応用し，$g(\gamma_1)$ の端点を図 5.15 のように $g(\gamma_2)$ の端点の十分近くまで引き寄せ，$g(G)$ が $f(G)$ から $g(\gamma_1)$ 上の図 5.16 の左の変形で得られるとしてよい．このとき，L_g の g に関するバンド和 $K_D(g)$，及び L_h の h に関するバンド和 $K_{D'}(h)$ を，$K_{D'}(h)$ が $K_D(g)$ から $g(\gamma_1)$ 上の図 5.16 の左の変形で得られるものとして取れる．この変形は $g(\gamma_1)$ 上のちょうど 8 回のデルタ変形で実現される (演習問題 5.7)．ここで定理 5.2.7 から，1 回のデルタ変形で移り合う有向結び目 K, J について $a_2(K) - a_2(J) = \pm 1$ で，いつどちらの値になるかは，結び目の向きに沿って 1 周したときに現れるデルタ変形の各弧の順序と向きで決まる．このことから，$g(\gamma_1)$ 上の 1 回のデルタ変形による $a_2(g(\gamma_1))$ の変化量と $a_2(K_D(g))$ の変化量は等しく，これらが相殺されて $n(g) - n(h) = 0$ となる．$g(G)$ に施すデルタ変形の弧が片方の結び目成分及び $g(e)$ に属している場合も，全く同様に示される．

(2) $g(G)$ に施すデルタ変形の 3 本の弧が，2 つの結び目成分両方に属しているとする．このとき，L_g の g に関するバンド和 $K_D(g)$，及び L_h の h に関するバンド和 $K_{D'}(h)$ を，$K_{D'}(h)$ が $K_D(g)$ からこのデルタ変形で得られるものとして取れる．従って定理 5.2.7 から $a_2(K_D(g)) - a_2(K_{D'}(h)) = \pm 1$ である．一方，各結び目成分上にはデルタ変形の弧が高々 2 本しか影響しないので，$g(\gamma_i) \cong h(\gamma_i)$ $(i = 1, 2)$ である (これをデルタ変形の **Brun 性**ともいう)．これより $a_2(g(\gamma_i)) = a_2(h(\gamma_i))$ となり，従って $n(g) - n(h) = \pm 1$ となる．

(3) デルタ変形の 3 本の弧が，それぞれ $g(\gamma_1), g(\gamma_2)$ 及び $g(e)$ に属しているとする．このとき，L_g の g に関するバンド和 $K_D(g)$，及び L_h の h に関するバンド和 $K_{D'}(h)$ を，$K_{D'}(h)$ が $K_D(g)$ から図 5.16 の右の変形で得られるものとして取れる．この変形はちょうど 2 回のデルタ変形で実現され，従って定理 5.2.7 から $a_2(K_D(g)) - a_2(K_{D'}(h)) = \pm 2$ または 0 である．一方，この場合も $g(\gamma_i) \cong h(\gamma_i)$ $(i = 1, 2)$ で，これより $a_2(g(\gamma_i)) = a_2(h(\gamma_i))$ となり，従って $n(g) - n(h) = \pm 2$ または 0 となる．　　　□

図 5.15　一方の頂点を他方の頂点のそばまで引き寄せる．

図 5.16　これらの変形はデルタ変形で実現できる．

注意 5.2.9 補題 5.2.8 (3) において，実は必ず $n(g) - n(h) = \pm 2$ であることを証明できるが，ここでは省略する．

命題 5.2.6 の証明. $f(G), f'(G)$ は空間手錠グラフで，$f'(G)$ は $f(G)$ からちょうど 1 回のデルタ変形で得られるものとする．このとき $\xi(f) = \xi(f')$ を示そう．$f(e_5)$ と $f(e_6)$ のいずれかがデルタ変形の弧として現れないならば，補題 5.2.8 (1) 及びデルタ変形の Brun 性から，$n(f|_{H_{ij}}) = n(f'|_{H_{ij}})$ $(i = 1, 2,\ j = 3, 4)$ である．よって $\xi(f) = \xi(f')$ である．次に $f(e_1), f(e_2), f(e_3),$ $f(e_4)$ のいずれもデルタ変形の弧として現れないならば，補題 5.2.8 (2) から $n(f|_{H_{ij}}) - n(f'|_{H_{ij}}) = \pm 1$ である $(i = 1, 2,\ j = 3, 4)$．各 H_{ij} について，そのバンド和として得られる結び目の向きに沿って 1 周したときに現れるデルタ変形の各弧の順序と向きは同じなので，任意の i, j について $n(f|_{H_{ij}}) - n(f'|_{H_{ij}})$ の値は等しい．このことから

$$\xi(f) - \xi(f') = \sum_{i,j} (-1)^{i+j} (n(f|_{H_{ij}}) - n(f'|_{H_{ij}}))$$
$$= (\pm 1) \sum_{i,j} (-1)^{i+j} = 0$$

となり，よって $\xi(f) = \xi(f')$ である．最後に $f(e_5), f(e_6), f(e_k)$ $(k = 1, 2, 3, 4)$ の全てがデルタ変形の弧として現れる場合を考えよう．$k = 1$ の場合を示せば十分である．このとき補題 5.2.8 (3) から $n(f|_{H_{1j}}) - n(f'|_{H_{1j}}) = \pm 2$ または 0 で $(j = 3, 4)$，任意の j について $n(f|_{H_{1j}}) - n(f'|_{H_{1j}})$ の値は等しい．一方，デルタ変形の Brun 性から，各 $j = 3, 4$ に対し $f|_{H_{2j}}$ と $f'|_{H_{2j}}$ はアンビエント・イソトピックである．これらのことから

$$\xi(f) - \xi(f') = n(f|_{H_{13}}) - n(f'|_{H_{13}}) - (n(f|_{H_{14}}) - n(f'|_{H_{14}})) = 0$$

となり，よって $\xi(f) = \xi(f')$ である．以上により結果が得られた． $\square$

補題 5.2.10 $f(P_4)$ を P_4 の空間グラフで $\mathrm{lk}(f(c_1 \cup c_4)) = 0$ をみたすものとする．このとき，

$$\xi(f) = -2\,\mathrm{lk}(f(c_1 \cup c_3))\,\mathrm{lk}(f(c_2 \cup c_4)). \tag{5.11}$$

証明. P_4 は平面的グラフなので，定理 3.5.2 により，2 つの空間グラフ $f(P_4)$ と $g(P_4)$ がホモロガスであるための必要十分条件は，任意の $\lambda \in \Gamma^{(2)}(P_4)$ に対し $\mathrm{lk}(f(\lambda)) = \mathrm{lk}(g(\lambda))$ が成り立つことである．そこで $f(P_4)$ の $f(c_1 \cup c_4)$ 以外の絡み目成分の絡み数を，それぞれ $\mathrm{lk}(f(c_1 \cup c_3)) = s,\ \mathrm{lk}(f(c_2 \cup c_4)) = r$ とおこう．これらの整数 r, s に対し，$h_{r,s}(P_4)$ を図 5.17 の図式が表す P_4 の空間グラフとすると，$\mathrm{lk}(h_{r,s}(c_1 \cup c_4)) = 0,\ \mathrm{lk}(h_{r,s}(c_1 \cup c_3)) = s,\ \mathrm{lk}(h_{r,s}(c_2 \cup c_4)) = r$ であるから，$f(P_4)$ と $h_{r,s}(P_4)$ はホモロガスである．いま，$h_{r,s}(H_{13}),\ h_{r,s}(H_{14}),$ $h_{r,s}(H_{23})$ は自明な空間手錠グラフで，また $h_{r,s}(H_{24})$ は図 5.9 の空間手錠グ

ラフ $f_{r,s}(G)$ に同型である．このとき，命題 5.2.6 と例 5.2.5 から，

$$\xi(f) = \xi(h_{r,s}) = n(h_{r,s}|_{H_{24}}) = -2rs = -2\operatorname{lk}(f(c_1 \cup c_3))\operatorname{lk}(f(c_2 \cup c_4))$$

となる．これで求める結果が得られた． □

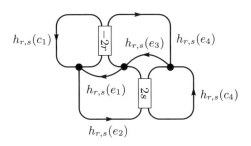

図 5.17　空間グラフ $h_{r,s}(P_4)$.

　補題 5.2.10 から，$\xi(f) \neq 0$ であるための必要十分条件は，$\operatorname{lk}(f(c_1 \cup c_3))\operatorname{lk}(f(c_2 \cup c_4)) \neq 0$ となることである．更に $\xi(f) \neq 0$ なら，いずれかの部分グラフ H_{ij} について $n(f|_{H_{ij}}) \neq 0$ となり，補題 5.2.4 から $f(H_{ij})$ は既約な空間手錠グラフである．

　さて，準備が整ったので，定理 5.2.1 を証明しよう．特に既約な空間手錠グラフを見出す場面のアイディアは 4.3 節で述べた定理 1.4.2 (2) の別証明と類似のものであり，そこで D_4 が担った役割を，ここでは P_4 が担うことになる．

定理 5.2.1 の証明． $f(G)$ を $G = P *_3 P'$ の空間グラフとするとき，定理 4.2.1 から，ある $\lambda = \gamma_1 \cup \gamma_2 \in \Gamma^{(2)}(P)$，及びある $\lambda' = \gamma_1' \cup \gamma_2' \in \Gamma^{(2)}(P')$ が存在して

$$\operatorname{lk}(f(\gamma_1), f(\gamma_2)) \neq 0, \quad \operatorname{lk}(f(\gamma_1'), f(\gamma_2')) \neq 0 \tag{5.12}$$

となる．いま，P と P' を繋ぐ 3 辺を e_1, e_2, e_3 とおくと，これらはそれぞれいずれかの γ_l と γ_k' の組を繋いでいる．もし，ある γ_l と γ_k' が異なる 2 辺 e_i, e_j で繋がれているなら，定理 5.1.1 の証明のときと全く同様に補題 5.1.2 (2) を適用して，$f(G)$ は分離不能な 3 成分絡み目を含む．もし異なる 2 辺 e_i, e_j で繋がれているような γ_l と γ_k' の組が存在しないなら，e_1 が γ_1 と γ_1' を繋ぎ，e_2 が γ_1 と γ_2' を繋ぎ，そして e_3 が γ_2 と γ_2' を繋いでいるとして一般性を失わない．もし $f(\gamma_2 \cup \gamma_1')$ が分離不能な 2 成分絡み目ならば，$f(\gamma_1) \cup f(\gamma_2) \cup f(\gamma_1')$ は分離不能な 3 成分絡み目である．もし $f(\gamma_2 \cup \gamma_1')$ が 2 成分分離絡み目ならば，G の部分グラフ $H = \gamma_1 \cup \gamma_2 \cup \gamma_1' \cup \gamma_2' \cup e_1 \cup e_2 \cup e_3$ を考えよう．このとき，H において辺 e_1, e_2, e_3 を辺縮約することで，H のマイナーとして図 5.11 のグラフ P_4 に同型なグラフが得られ，これをそのまま

P_4 で表す．(4.1) の自然な単射 $\bar{\Psi}$ の構成と全く同様にして，P_4 の部分グラフ H_{ij} $(i = 1, 2,\ j = 3, 4)$ 全体の集合から，G の部分グラフ全体の集合への単射 Ψ が得られる．また，$\psi = \psi_{H, P_4} \colon \mathrm{SE}(H) \to \mathrm{SE}(P_4)$ を (4.3) の自然な全射とすると，命題 4.1.2 と全く同様に，$f(\Psi(H_{ij}))$ と $\psi(f)(H_{ij})$ は同型である．そこでいま，整数 $\xi(f, H)$ を

$$\xi(f, H) = \sum_{i,j} (-1)^{i+j} n(f|_{\Psi(H_{ij})})$$

で定義すると，補題 5.2.10 と (5.12) から

$$\begin{aligned}
\xi(f, H) &= \sum_{i,j} (-1)^{i+j} n(f|_{\Psi(H_{ij})}) \\
&= \sum_{i,j} (-1)^{i+j} n(\varphi(f)|_{H_{ij}}) \\
&= -2\,\mathrm{lk}(\varphi(f)(c_1 \cup c_3))\,\mathrm{lk}(\varphi(f)(c_2 \cup c_4)) \\
&= -2\,\mathrm{lk}(f(\gamma_1), f(\gamma_2))\,\mathrm{lk}(f(\gamma_1'), f(\gamma_2')) \neq 0
\end{aligned}$$

となり，ある i, j に対し $n(f|_{\Psi(H_{ij})}) \neq 0$ である．この $f(\Psi(H_{ij}))$ の絡み目成分は $f(\gamma_2 \cup \gamma_1')$ で分離しているので，$f(\Psi(H_{ij}))$ は絡み目成分が分離している既約な空間手錠グラフである． $\square$

5.3 Heawood 族の内在的性質

4.3 節において，結び目内在性に関してマイナーミニマルなグラフをたくさん紹介した．特に Heawood 族 $\mathcal{F}(K_7)$ に属するグラフについて，K_7 から $\triangle Y$ 変換のみを用いて得られる $\mathcal{F}_\triangle(K_7)$ の 14 個のグラフは命題 4.2.2 (2) から結び目内在で，かつマイナーミニマルである一方，$\mathcal{F}(K_7) \setminus \mathcal{F}_\triangle(K_7)$ の元で結び目内在ですらないものが発見され ([30])，一見すると Petersen 族の全ての元が絡み目内在性に関してマイナーミニマルであるのとは対照的な結果である．しかしこれを空間グラフの内在的性質全体を俯瞰して見てみると，その枠組みを明快に理解できる．本節では，この Heawood 族の内在的性質とそのマイナーミニマル性について詳しく見ていこう．

まず Heawood 族の各グラフを確認する．$\mathcal{F}_\triangle(K_7)$ が図 4.6 の 14 個のグラフからなることは 4.3 節で述べた．一方，$\mathcal{F}(K_7) \setminus \mathcal{F}_\triangle(K_7)$，即ち K_7 から $\triangle Y$ 変換のみでは得られないグラフは，図 5.18 の 6 個である．ここでも各矢印は $\triangle Y$ 変換を表し，Y の部分に $*$ 印が付いている．これらが実際に Heawood 族に属することは，例えば N_9 は F_{10} において次数 3 の 4 頂点がなす Y から $Y\triangle$ 変換で得られることからわかる (演習問題 5.8)．図 4.6 と同様に，各グラフは空間グラフとしても描かれているが，これらが次の事実を直接示す．

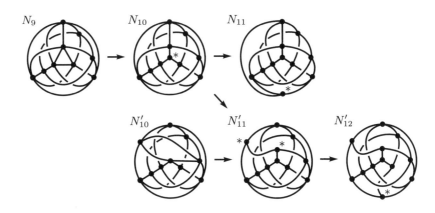

図 5.18 $\mathcal{F}(K_7) \setminus \mathcal{F}_\triangle(K_7) = \{N_9, N_{10}, N_{11}, N_{10}', N_{11}', N_{12}'\}.$

補題 5.3.1 $\mathcal{F}(K_7) \setminus \mathcal{F}_\triangle(K_7)$ のグラフ $N_9, N_{10}, N_{11}, N_{10}', N_{11}', N_{12}'$ は，いずれも結び目内在でない．

証明. 図 5.18 の各 $(G_\triangle, G_Y)$ の組について，これを空間グラフの組 $(g(G_\triangle), f(G_Y))$ と考えると，どれもこの $\triangle Y$ 変換に関して $g = \varphi_{G_Y, G_\triangle}(f)$ となっていることに注意しよう．このとき補題 4.2.4 から，図 5.18 の空間グラフのうちいずれか 1 個が非自明結び目を含まなければ，残り 5 個も全て非自明結び目を含まない．そこで図 5.18 の N_{10}' の空間グラフは，図 5.19 の右のように頂点のラベルを付けると，図 5.19 の左の空間グラフとアンビエント・イソトピックであり (演習問題 5.10)，図 5.19 の左の空間グラフは，Flapan–Naimi によって発見された N_{10}' の非自明結び目を含まない空間グラフである (詳細は [30] を参照せよ)．これにより結論が得られる． $\qquad\square$

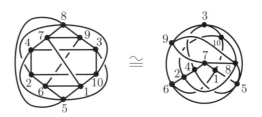

図 5.19 N_{10}' の非自明結び目を含まない空間グラフ．

実は N_{11} は H_{12} から，また N_{12}' は C_{13} から $Y\triangle$ 変換で得られ (演習問題 5.9)，従って $\mathcal{F}(K_7) \setminus \mathcal{F}_\triangle(K_7)$ の任意の元から，$\triangle Y$ 変換の有限列で結び目内在なグラフが得られることになる．そうすると $\mathcal{F}(K_7) \setminus \mathcal{F}_\triangle(K_7)$ の各グラフ $N_9, N_{10}, N_{11}, N_{10}', N_{11}', N_{12}'$ とは一体何者であろうか．以下でこの問いへの 1 つの解答を与えよう．いま，自然数 $m \geq 2$ に対し，m 成分絡み目

$L = K_1 \cup K_2 \cup \cdots \cup K_m$ が**完全分離不能**であるとは，任意の $1 \le i, j \le m$ について，2 成分の部分絡み目 $K_i \cup K_j$ が分離不能であるときをいう．このとき，次の事実が成り立つ．

定理 5.3.2 (花木–新國–谷山–山崎 [42]) $\mathcal{F}(K_7) \setminus \mathcal{F}_\triangle(K_7)$ に属するグラフの任意の空間グラフは，非自明な結び目成分か，または完全分離不能な 3 成分の絡み目成分を持つ．

定理 5.3.2 が示すグラフの内在性を，ちょっと長ったらしいが '**結び目または完全 3 成分絡み目内在性**' と呼ぶことにする．定理 5.1.1 におけるグラフ $G = K_6 *_4 K_6$ は '結び目または 3 成分絡み目内在' であったが，例 5.1.3 で見たように図 5.3 の空間グラフ $g(G)$ は非自明結び目を含まず，更に含まれる分離不能な 3 成分絡み目は，2 成分部分絡み目として分離絡み目を持つので完全分離不能ではない．従って定理 5.3.2 の内在性は，定理 5.1.1 の内在性よりも真に強い内在的性質である．定理 5.3.2 を示すために，まずはこのような内在的性質を持つグラフが $\mathcal{F}(K_7) \setminus \mathcal{F}_\triangle(K_7)$ の中に実際に存在することを示す．

補題 5.3.3 G を $\mathcal{F}(K_7) \setminus \mathcal{F}_\triangle(K_7)$ に属するグラフ N_9 または N'_{10} とする． G の任意の空間グラフ $f(G)$ は，Arf 不変量が 1 の非自明結び目か，またはどの 2 成分部分絡み目もその絡み数が奇数であるような 3 成分絡み目を含む．

証明. グラフ N_9, N'_{10} は，図 5.20 に示したものにそれぞれ同型である． G の各頂点に図 5.20 のようにラベルを付けて考える．

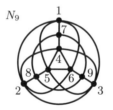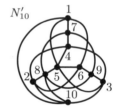

図 5.20 グラフ N_9, N'_{10}.

以下で $G = N_9$ の場合を示そう． $f(N_9)$ を N_9 の空間グラフとする． N_9 は辺 $\overline{78}, \overline{89}, \overline{97}$ を削除し，更に辺 $\overline{47}, \overline{58}, \overline{69}$ を縮約することで，K_6 をプロパーマイナーに持つ．そこで定理 3.2.1 (1) から，$\Gamma^{(2)}(K_6)$ の元 ν が存在して，$\mathrm{lk}_2(\psi_{N_9, K_6}(f)(\nu)) = 1$ である．よって命題 4.1.2 から，$\Psi^{(2)}_{K_6, N_9}(\Gamma^{(2)}(K_6))$ の元 μ が存在して，$\mathrm{lk}_2(f(\mu)) = 1$ である． $\Psi^{(2)}_{K_6, N_9}(\Gamma^{(2)}(K_6))$ はちょうど 10 個の元からなり，グラフ N_9 の対称性から，$\mu = [1743] \cup [2658]$ または $[123] \cup [456]$ と仮定して一般性を失わない．

まず，$\mu = [1743] \cup [2658]$ の場合を考える． N_9 は，頂点 6 及びそれに接続

する全ての辺を削除し，更に辺 $\overline{39}$ を縮約することで，Petersen 族の P_7 をプロパーマイナーに持つ．そこで定理 4.2.1 から，$\Gamma^{(2)}(P_7)$ の元 ν' が存在して，$\mathrm{lk}_2(\psi_{N_9,P_7}(f)(\nu')) = 1$ である．よって命題 4.1.2 から，$\Psi^{(2)}_{P_7,N_9}(\Gamma^{(2)}(P_7))$ の元 μ' が存在して，$\mathrm{lk}_2(f(\mu')) = 1$ である．ここで $\Psi^{(2)}_{P_7,N_9}(\Gamma^{(2)}(P_7))$ は次のちょうど 9 個の元からなり，μ' はこれらのいずれかである：

$$\mu'_1 = [345] \cup [1287], \ \mu'_2 = [1547] \cup [2398], \ \mu'_3 = [2854] \cup [3179],$$

$$\mu'_4 = [1247] \cup [3589], \ \mu'_5 = [123] \cup [4785], \ \mu'_6 = [1285] \cup [3479],$$

$$\mu'_7 = [234] \cup [1587], \ \mu'_8 = [789] \cup [1245], \ \mu'_9 = [153] \cup [2874].$$

そこで N_9 の部分グラフ J^i $(i=1,2,\ldots,9)$ を，$i \neq 3,6$ のときは $\mu \cup \mu'_i$ で，$i = 3,6$ のときは $\mu \cup \mu'_i \cup \overline{69}$ でそれぞれ定義する．$i \neq 8$ のとき，J^i は D_4 と同型なプロパーマイナー D^i で $\{\mu,\mu'_i\} = \Psi^{(2)}_{D^i,J^i}(\Gamma^{(2)}(D^i))$ をみたすものを持つことが確かめられる．もし $i \neq 8$ なるいずれかの i で $\mathrm{lk}_2(f(\mu'_i)) = 1$ であるならば，$\mathrm{lk}_2(f(\mu))$ も 1 であるから，補題 4.3.2 より $f(J^i)$ は Arf 不変量が 1 の非自明結び目を含む．次に $i = 1,2,\ldots,9$ において $\mathrm{lk}_2(f(\mu'_8))$ のみが 1 であると仮定しよう．$\Gamma^{(2)}(J^8)$ の元 $\mu'_{8,1}, \mu'_{8,2}$ を，それぞれ

$$\mu'_{8,1} = [789] \cup [1265], \quad \mu'_{8,2} = [789] \cup [4265]$$

とし，J^8 の部分グラフ $J^{8,j}$ を $\mu \cup \mu'_{8,j}$ で定義する $(j = 1,2)$．このとき，$J^{8,j}$ は D_4 と同型なプロパーマイナー $D^{8,j}$ で $\{\mu,\mu'_{8,j}\} = \Psi^{(2)}_{D^{8,j},J^{8,j}}(\Gamma^{(2)}(D^{8,j}))$ をみたすものを持つことが確かめられる $(j = 1,2)$．そこでいま $H_1(J^8;\mathbb{Z}_2)$ において $[1245] = [1265] + [4265]$ であるから，

$$1 = \mathrm{lk}_2(f(\mu'_8)) = \mathrm{lk}_2(f(\mu'_{8,1})) + \mathrm{lk}_2(f(\mu'_{8,2}))$$

が成り立ち，$\mathrm{lk}_2(f(\mu'_{8,1})) = 1$ または $\mathrm{lk}_2(f(\mu'_{8,2})) = 1$ である．従っていずれの場合も，補題 4.3.2 より $f(J^8)$ は Arf 不変量が 1 の非自明結び目を含む．

次に，$\mu = [123] \cup [456]$ の場合を考える．N_9 は，μ の 6 辺を削除することで，Petersen 族の P_9 をプロパーマイナーに持つ．そこで定理 4.2.1 から，$\Gamma^{(2)}(P_9)$ の元 ν' が存在して，$\mathrm{lk}_2(\psi_{N_9,P_9}(f)(\nu')) = 1$ である．よって命題 4.1.2 から，$\Psi^{(2)}_{P_9,N_9}(\Gamma^{(2)}(P_9))$ の元 μ' が存在して，$\mathrm{lk}_2(f(\mu')) = 1$ である．$\Psi^{(2)}_{P_9,N_9}(\Gamma^{(2)}(P_9))$ はちょうど 7 個の元からなり，グラフ N_9 の対称性から，$\mu' = [1587] \cup [26934]$ または $[789] \cup [153426]$ と仮定して一般性を失わない．そこで N_9 の部分グラフ J を $\mu \cup \mu'$ で定義する．まず $\mu' = [1587] \cup [26934]$ の場合を考えよう．$\Gamma^{(2)}(J)$ の元 μ'_1, μ'_2 を，それぞれ

$$\mu'_1 = [1587] \cup [432], \ \mu'_2 = [1587] \cup [6932]$$

とし，J の部分グラフ J^i を $\mu \cup \mu'_i$ で定義する $(i = 1,2)$．このとき，J^i は D_4 と同型なプロパーマイナー D^i で $\{\mu,\mu'_i\} = \Psi^{(2)}_{D^i,J^i}(\Gamma^{(2)}(D^i))$ をみたす

ものを持つことが確かめられる $(i = 1, 2)$. そこでいま $H_1(J; \mathbb{Z}_2)$ において $[26934] = [432] + [6932]$ であるから,

$$1 = \mathrm{lk}_2(f(\mu')) = \mathrm{lk}_2(f(\mu'_1)) + \mathrm{lk}_2(f(\mu'_2))$$

が成り立ち, $\mathrm{lk}_2(f(\mu'_1)) = 1$ または $\mathrm{lk}_2(f(\mu'_2)) = 1$ である. 従っていずれの場合も, 補題 4.3.2 より $f(J)$ は Arf 不変量が 1 の非自明結び目を含む. 次に $\mu' = [789] \cup [153426]$ の場合を考えよう. $\Gamma^{(2)}(J)$ の元 $\mu'_1, \mu'_2, \mu'_3, \mu'_4$ を, それぞれ

$$\mu'_1 = [789] \cup [345], \quad \mu'_2 = [789] \cup [456],$$
$$\mu'_3 = [789] \cup [156], \quad \mu'_4 = [789] \cup [246]$$

とする. $H_1(J; \mathbb{Z}_2)$ において $[153426] = [345] + [456] + [156] + [246]$ であるから,

$$1 = \mathrm{lk}_2(f(\mu')) = \mathrm{lk}_2(f(\mu'_1)) + \mathrm{lk}_2(f(\mu'_2)) + \mathrm{lk}_2(f(\mu'_3)) + \mathrm{lk}_2(f(\mu'_4))$$

が成り立ち, $\mathrm{lk}_2(f(\mu'_i))$ は $i = 1, 2, 3, 4$ のいずれかについて 1 である. グラフ J の対称性から, $\mathrm{lk}_2(f(\mu'_1)) = 1$ または $\mathrm{lk}_2(f(\mu'_2)) = 1$ と仮定して一般性を失わない. まず $\mathrm{lk}_2(f(\mu'_1)) = 1$ であるとき, N_9 の部分グラフ J^1 を $\mu \cup \mu'_1 \cup \overline{17} \cup \overline{69}$ で定義する. このとき, J^1 は D_4 と同型なプロパーマイナー D^1 で $\{\mu, \mu'_1\} = \Psi^{(2)}_{D^1, J^1}(\Gamma^{(2)}(D^1))$ をみたすものを持つことが確かめられる. $\mathrm{lk}_2(f(\mu)) = \mathrm{lk}_2(f(\mu'_1)) = 1$ であるから, 補題 4.3.2 より $f(J^1)$ は Arf 不変量が 1 の非自明結び目を含む. 次に $\mathrm{lk}_2(f(\mu'_2)) = 1$ であるとき, $\Gamma^{(2)}(J)$ の元 $\mu'_5, \mu'_6, \mu'_7, \mu'_8$ を, それぞれ

$$\mu'_5 = [789] \cup [126], \quad \mu'_6 = [789] \cup [123],$$
$$\mu'_7 = [789] \cup [234], \quad \mu'_8 = [789] \cup [135]$$

とする. $H_1(J; \mathbb{Z}_2)$ において $[153426] = [126] + [123] + [234] + [135]$ であるから,

$$1 = \mathrm{lk}_2(f(\mu')) = \mathrm{lk}_2(f(\mu'_5)) + \mathrm{lk}_2(f(\mu'_6)) + \mathrm{lk}_2(f(\mu'_7)) + \mathrm{lk}_2(f(\mu'_8))$$

が成り立ち, $\mathrm{lk}_2(f(\mu'_i))$ は $i = 5, 6, 7, 8$ のいずれかについて 1 である. グラフ J の対称性から, $\mathrm{lk}_2(f(\mu'_5)) = 1$ または $\mathrm{lk}_2(f(\mu'_6)) = 1$ と仮定して一般性を失わない. まず $\mathrm{lk}_2(f(\mu'_5)) = 1$ であるとき, N_9 の部分グラフ J^5 を $\mu \cup \mu'_5 \cup \overline{47} \cup \overline{39}$ で定義する. このとき, J^1 は D_4 と同型なプロパーマイナー D^5 で $\{\mu, \mu'_5\} = \Psi^{(2)}_{D^5, J^5}(\Gamma^{(2)}(D^5))$ をみたすものを持つことが確かめられる. $\mathrm{lk}_2(f(\mu)) = \mathrm{lk}_2(f(\mu'_5)) = 1$ であるから, 補題 4.3.2 より $f(J^5)$ は Arf 不変量が 1 の非自明結び目を含む. 次に $\mathrm{lk}_2(f(\mu'_6)) = 1$ であるとき, 3 成分絡み目 $L = f([123]) \cup f([456]) \cup f([789])$ を考えよう. このとき L の 3 つの 2 成

分部分絡み目は $f(\mu), f(\mu_2'), f(\mu_6')$ で，いずれの絡み数も奇数である．これで $G = N_9$ の場合に結論が得られた．

$G = N_{10}'$ の場合も概ね同様の方針で示されるが，N_{10}' は N_9 のような都合のよい対称性を持たないため，大変骨の折れる作業となるのでここでは省略する．詳細は [42] を参照せよ． $\square$

補題 4.2.4 は '分離不能な絡み目成分' を '完全分離不能な絡み目成分' に代えても成り立つ (演習問題 5.11)．このことから，命題 4.2.2 と全く同様に次の補題が得られる．

補題 5.3.4 $G_\triangle$ から G_Y への $\triangle Y$ 変換において，$G_\triangle$ が結び目または完全 3 成分絡み目内在ならば，G_Y も結び目または完全 3 成分絡み目内在である．

定理 5.3.2 の証明. 補題 5.3.3 から，N_9, N_{10}' は結び目または完全 3 成分絡み目内在である．$\mathcal{F}(K_7) \setminus \mathcal{F}_\triangle(K_7)$ に属する任意のグラフは，図 5.18 で見た通り，N_9 または N_{10}' から有限回の $\triangle Y$ 変換で得られる．従って補題 5.3.4 から，残り 4 個のグラフも全て結び目または完全 3 成分絡み目内在である． $\square$

例 5.3.5 図 5.18 に示した，$\mathcal{F}(K_7) \setminus \mathcal{F}_\triangle(K_7)$ に属するグラフの空間グラフを思い出そう．これらは非自明な結び目成分を持たず，従って $\mathcal{F}(K_7) \setminus \mathcal{F}_\triangle(K_7)$ に属する任意のグラフは結び目内在でないのであった (補題 5.3.1)．一方，定理 5.3.2 から，これら空間グラフは完全分離不能な 3 成分の絡み目成分を持つはずである．それぞれどこにあるか探してみよ (演習問題 5.12)．

例 5.3.6 $\mathcal{F}(K_7) \setminus \mathcal{F}_\triangle(K_7)$ に属するグラフの空間グラフとして，図 5.21 に示したものを考えよう．ここでも各矢印は $\triangle Y$ 変換を表し，Y の部分に $*$ 印が付いている．また各組 $(g(G_\triangle), f(G_Y))$ はどれもこの $\triangle Y$ 変換に関して

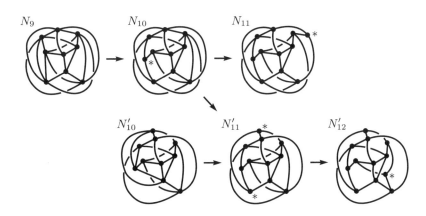

図 5.21　$\mathcal{F}(K_7) \setminus \mathcal{F}_\triangle(K_7)$ に属するグラフ G の分離不能な 3 成分絡み目を含まない空間グラフ．

$g = \varphi_{G_Y, G_\triangle}(f)$ となっている．そこで左上の空間グラフ $g(N_9)$ は分離不能な 3 成分絡み目を含まない (演習問題 5.13)．従って補題 4.2.4 から，図 5.21 の空間グラフはどれも分離不能な 3 成分絡み目を含まないので，$\mathcal{F}(K_7) \setminus \mathcal{F}_\triangle(K_7)$ に属する任意のグラフは 3 成分絡み目内在でない．一方，定理 5.3.2 から，これら空間グラフは非自明な結び目成分を持つはずである．それぞれどこにあるか探してみよ (演習問題 5.14)．

命題 4.1.3 と全く同様にして，結び目または完全 3 成分絡み目内在性もマイナーを取ることに関して閉じていることがわかる．また，結び目内在なグラフは，定義から明らかに結び目または完全 3 成分絡み目内在であり，従って Heawood 族 $\mathcal{F}(K_7)$ に属する任意のグラフが，結び目または完全 3 成分絡み目内在であることになる．そこで Heawood 族全体について，次が成り立つ．

定理 5.3.7 ([42])　Heawood 族 $\mathcal{F}(K_7)$ に属する任意のグラフは，結び目または完全 3 成分絡み目内在性に関してマイナーミニマルである．

これを証明するために，命題 4.1.4 (2) を結び目または完全 3 成分絡み目内在性の場合に拡張しておく．

命題 5.3.8　2 頂上であるグラフは結び目または完全 3 成分絡み目内在でない．

証明．　G は 2 頂上であるとする．このとき，命題 4.1.4 (2) の証明において，非自明結び目を含まない空間グラフ $f(G)$ を構成した．この空間グラフが更に完全分離不能な 3 成分絡み目を含まないことをいえばよい．これを背理法で示そう．いま $\Gamma^{(3)}(G)$ のある元 λ に対し，$L = f(\lambda)$ は完全分離不能な 3 成分絡み目であるとする．もし L が $f(v), f(v')$ のいずれかを含まないならば，2 個以上の結び目成分が $\mathbb{R}^2$ に含まれ，これらは分離絡み目をなすので矛盾する．よって L は $f(v), f(v')$ の両方を含まねばならない．もし $f(v), f(v')$ が L の 2 つの結び目成分 K, K' にそれぞれ含まれるならば，$K \cup K'$ は分離絡み目となり矛盾する (図 5.22 の左)．従って $f(v), f(v')$ は L のある 1 つの結び目成分 J に含まれなければならないが，このとき J 以外の 2 つの結び目成分は

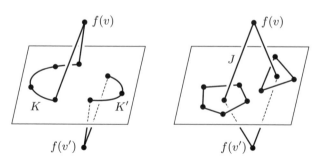

図 5.22　左：$K \cup K'$ は分離絡み目，右：分離不能だが完全分離不能ではない．

$\mathbb{R}^2$ に含まれ，分離絡み目をなすので矛盾する (図 5.22 の右．ただの分離不能性でなく，完全分離不能性がここで効いている)．よって完全分離不能な 3 成分絡み目は $f(G)$ には含まれない． $\square$

定理 5.3.7 の証明． 結び目または完全 3 成分絡み目内在性がマイナーを取ることに関して閉じていることと命題 5.3.8 から，$\mathcal{F}(K_7)$ に属する任意のグラフ G について，G から 1 辺の削除で得られるグラフ，及び 1 辺の辺縮約で得られるグラフが 2 頂上であることが示されれば，G の任意のプロパーマイナーは結び目または完全 3 成分絡み目内在でない．K_7 の場合は定理 4.1.6 (2) の証明 (及び演習問題 4.4) において示したが，他の 19 個のグラフについても示すことができる (演習問題 5.15)． $\square$

注意 5.3.9 一般に，辺を高々 20 本しか持たない任意のグラフは 2 頂上であることが知られている ([77]，[56])．$\triangle Y$ 変換及び $Y\triangle$ 変換はグラフの辺数を変えない変形なので，Heawood 族の任意のグラフの辺数は K_7 と同じ 21 本である．従ってその任意のプロパーマイナーの辺数は高々 20 本で，故に全て 2 頂上である．

(4.5) の写像 $\Phi^{(m)}$ の全射性から，もし $\Gamma^{(m)}(G_\triangle) = \emptyset$ ならば $\Gamma^{(m)}(G_Y) = \emptyset$ である．そこで Heawood 族において，$\Gamma^{(3)}(K_7) = \emptyset$ であるから，$\mathcal{F}_\triangle(K_7)$ に属する任意のグラフ G について $\Gamma^{(3)}(G) = \emptyset$ である．従って，4.3 節で述べた，$\mathcal{F}_\triangle(K_7)$ に属する任意のグラフが結び目内在性に関してマイナーミニマルであるという事実は，定理 5.3.7 の特別な場合である．4.3 節で結び目内在性に関してマイナーミニマルなグラフをたくさん紹介したが，結び目または完全 3 成分絡み目内在性に関してマイナーミニマルなグラフで結び目内在性を持たないものは，$\mathcal{F}(K_7) \setminus \mathcal{F}_\triangle(K_7)$ の 6 個のほかにはまだ発見されていない．

未解決問題 5.3.10 結び目内在でないが結び目または完全 3 成分絡み目内在であるグラフでマイナーミニマルなものは，$\mathcal{F}(K_7) \setminus \mathcal{F}_\triangle(K_7)$ の元以外に存在するだろうか？

5.4 非自明内在性と絡み目内在性

本章においてここまで見てきたように，含まれる非自明な空間グラフの位相型の制限を緩めると，空間グラフの内在的性質は実は多種多様で，また一種の階層構造を成していることが見て取れる．そこで本節では，位相型の制限を撤廃すると何が起きるかを調べよう．いま，グラフ G が**非自明内在**であるとは，その任意の空間グラフ $f(G)$ に対し，G のある平面的な部分グラフ H が存在して，$f(H)$ は非自明であるときをいう．ここで H の位相型は問わない．即

ち，G が非自明内在であるとは，その任意の空間グラフが何でもいいからとにかく非自明な空間グラフをどこかに含むときをいうのである．この非自明内在性は，本書においてここまで扱ってきた各種の内在的性質を包括した概念である．即ち，絡み目内在性/結び目内在性のほか，本章で述べてきたこれらの亜種は全て非自明内在性の一種となるが，特に絡み目内在性については，その逆も成り立つ．

定理 5.4.1 (新國 [92])　非自明内在であるグラフは絡み目内在である．

定理 5.4.1 を証明するために，グラフの (技術的な) 内在性をもう 1 つ導入しよう．いま，グラフ G が**非自由内在**であるとは，G の任意の空間グラフ $f(G)$ に対し，G のある部分グラフ F が存在して，$f(F)$ は自由でないときをいう．このとき，定理 5.4.1 は次の定理の直接の帰結である．

定理 5.4.2　グラフ G において，次の 3 つの条件は同値である：
(1) G は非自由内在である．
(2) G は非自明内在である．
(3) G は絡み目内在である．

証明.　(3) ならば (2) なのは明らかである．次に (2) ならば (1) であることを示す．G が非自明内在であるとすると，G のある平面的な部分グラフ H が存在して，$f(H)$ は非自明である．このとき Scharlemann–Thompson の定理 (定理 2.2.7) から，H のある部分グラフ H' が存在して，$f(H')$ は自由でない．H' は G の部分グラフでもあるので，従って G は非自由内在である．最後に (1) ならば (3) を示す．G は絡み目内在でないとしよう．このとき定理 4.2.6 から，G のパネルフレーム $f(G)$ が存在する．即ち，$f(G)$ は G の空間グラフで，G の任意のサイクル γ に対し，$f(G) \cap D_\gamma = f(G) \cap \partial D_\gamma = f(\gamma)$ をみたす $\mathbb{R}^3$ 内の円板 D_γ が存在する．そこで 4.2 節において定理 4.2.6 の証明のあらすじの中で述べたように，平面的とは限らないグラフ G の空間グラフがパネルフレームであるための必要十分条件は，それが全自由であることが知られている ([110])．従って G は非自由内在ではない．これで全て示された．　□

定理 5.4.1 から，任意の空間グラフがある非自明な空間グラフを含む，というタイプの内在性を持つグラフ G について，その空間グラフは必ず分離不能な 2 成分絡み目を含む．例えば，結び目内在であるグラフや，n 成分絡み目内在であるグラフ ($n \geq 3$) が絡み目内在であることが，これより直ちに導かれる．定理 5.4.1 によって，絡み目内在性があらゆる非自明内在性に対して普遍性を持つことがわかったが，これはグラフの非自明内在性全体がなす階層構造において最も基本的な事実といってよいであろう．

演習問題

5.1 3 成分絡み目 $L = K_1 \cup K_2 \cup K_3$ において，部分絡み目 $K_1 \cup K_3$ と $K_2 \cup K_3$ がともに分離不能ならば，L は分離不能であることを示せ．

5.2 有向結び目 J_1, J_2 の連結和は同型の範囲で一意的に定まることを示せ．

5.3 (5.5) を示せ．

5.4 図 5.9 の空間手錠グラフ $f_{r,s}(G)$ は，$rs = 0$ のとき自明であることを示せ．

5.5 (5.7), (5.8) を示せ．

5.6 図 5.14 の 2 成分有向絡み目 L_1, L_2 の絡み数の差は ± 1 であることを示せ．

5.7 結び目に施す図 5.16 の左の変形は，ちょうど 8 回のデルタ変形で実現されることを示せ．

5.8 Heawood 族において，N_9 は F_{10} の次数 3 の 4 頂点がなす Y から $Y\triangle$ 変換で得られることを示せ．

5.9 Heawood 族において，N_{11} は H_{12} から，また N'_{12} は C_{13} から $Y\triangle$ 変換で得られることを示せ．

5.10 図 5.19 の右の空間グラフは，図 5.19 の左の空間グラフとアンビエント・イソトピックであることを確かめよ．

5.11 補題 4.2.4 は '分離不能な絡み目成分' を '完全分離不能な絡み目成分' に代えても成り立つことを示せ．

5.12 図 5.18 の各空間グラフについて，含まれる完全分離不能な 3 成分絡み目を見つけよ．

5.13 図 5.21 の左上の空間グラフ $g(N_9)$ は，分離不能な 3 成分絡み目を含まないことを確かめよ．

5.14 図 5.21 の各空間グラフについて，含まれる非自明結び目を見つけよ．

5.15 Heawood 族のグラフ N_9 から 1 辺の削除で得られるグラフ，及び 1 辺の辺縮約で得られるグラフは 2 頂上であることを示せ．

第 6 章

Conway–Gordon の定理の精密化と一般化

　本章では，Conway–Gordon の定理を，空間グラフ内の結び目・絡み目を代数的不変量で縛るという立場から頂点数 $n \geq 6$ の K_n に一般化し，一般頂点数の完全グラフの空間グラフについて，その Hamilton 結び目/絡み目の振る舞いを調べる．また，$\triangle Y$ 変換が絡み目内在性/結び目内在性を保存したことに対応して，Conway–Gordon の定理に代表される結び目/絡み目成分の不変量がなす関係式を $\triangle Y$ 変換で伝播させることにより，完全グラフとは限らない様々なグラフについて 'Conway–Gordon 型公式' が成り立つことを述べる．

6.1　Conway–Gordon の定理の精密化

　Conway–Gordon の定理は，K_6, K_7 の空間グラフの結び目/絡み目成分の振る舞いは独立でなく，不変量のレベルで互いに干渉し合うことを主張するものでもあった．そこで，この立場から Conway–Gordon の定理の各合同式を精密化し，更に頂点数 $n \geq 6$ の K_n に一般化して結び目/絡み目成分の振る舞いを調べよう．まず定理 3.2.1 (1)，即ち K_6 に関する Conway–Gordon の定理は，次のように精密化される．

定理 6.1.1 (新國 [93])　K_6 の空間グラフ $f(K_6)$ において

$$2 \sum_{\gamma \in \Gamma_6(K_6)} a_2(f(\gamma)) - 2 \sum_{\gamma \in \Gamma_5(K_6)} a_2(f(\gamma)) = \sum_{\lambda \in \Gamma_{3,3}(K_6)} \mathrm{lk}(f(\lambda))^2 - 1. \quad (6.1)$$

　定理 6.1.1 において，(6.1) の両辺の mod 2 を取ることで定理 3.2.1 (1) が得られる．即ち，定理 6.1.1 は定理 3.2.1 (1) の整数持ち上げを与えている．

　以下で定理 6.1.1 を証明しよう．いま，K_6 から 1 頂点及びそれに接続する辺を全て除去して得られる部分グラフは K_5 に同型で，全部で 6 個ある．また，$\Gamma_{3,3}(K_6)$ の元 λ に対し，K_6 から λ の辺を全て除去して得られる部分グラフは $K_{3,3}$ に同型で，全部で 10 個ある．このとき，これら部分グラフに対応

する空間部分グラフの Simon 不変量と絡み目成分の絡み数において，次の関係式が成り立つ.

補題 6.1.2 K_6 の K_5 に同型な部分グラフを G_i $(i = 1, 2, \ldots, 6)$ とし，$K_{3,3}$ に同型な部分グラフを H_i $(i = 1, 2, \ldots, 10)$ とする．また，$\Gamma_{3,3}(K_6)$ の元を λ_i $(i = 1, 2, \ldots, 10)$ とする．このとき，空間グラフ $f(K_6)$ において

$$\sum_{i=1}^{10} L(f|_{H_j})^2 - \sum_{i=1}^{6} L(f|_{G_i})^2 = 4 \sum_{i=1}^{10} \mathrm{lk}(f(\lambda_i))^2.$$

証明. 例 3.5.18 で見たように，ある整数 m_i, n_i $(i = 1, 2, \ldots, 5)$ が存在して，$f(K_6)$ は図 3.22 の右の空間グラフ $h(K_6)$ にホモロガスである．Simon 不変量と絡み数はホモロジー不変量なので，

$$L(f|_{H_i}) = L(h|_{H_i}) \quad (i = 1, 2, \ldots, 10),$$
$$L(f|_{G_i}) = L(h|_{G_i}) \quad (i = 1, 2, \ldots, 6),$$
$$\mathrm{lk}(f(\lambda_i)) = \mathrm{lk}(h(\lambda_i)) \quad (i = 1, 2, \ldots, 10)$$

である．従ってこの $h(K_6)$ に対して

$$\sum_{i=1}^{10} L(h|_{H_i})^2 - \sum_{i=1}^{6} L(h|_{G_i})^2 = 4 \sum_{i=1}^{10} \mathrm{lk}(h(\lambda_i))^2 \tag{6.2}$$

が成り立つことを示せばよい．絡み数は 2 乗すると向きに依らない不変量であった．また，$G = K_5, K_{3,3}$ の任意の自己同相写像 $\tau \colon G \to G$ に対し $L(f \circ \tau)^2 = L(f)^2$ であることが，τ が $L(G) \cong \mathbb{Z}$ の間の同型写像を誘導することからわかる（[94, Lemma 3.2]）．従って，各 $h(H_i), h(G_i)$ は図 6.1 の (1)，(2) 及び (3)，(4) のものとして，そこで与えられた辺のラベルと向きのもとで Simon 不変量を計算してよく，また各 $h(\lambda_i)$ は図 6.2 (1)，(2) のものとして，そこで与えられた向きのもとで絡み数を計算してよい．これらを求めると

$$L(h|_{H_i})^2 = \{-2(m_i + m_{i+1} + m_{i+2} - n_i - n_{i+2}) - 3\}^2$$
$$(i = 1, 2, \ldots, 5),$$
$$L(h|_{H_{i+5}})^2 = \{2(m_i - n_{i+3} - n_{i+2}) + 1\}^2 \quad (i = 1, 2, \ldots, 5),$$
$$L(h|_{G_i})^2 = (2n_i - 2m_i - 1)^2 \quad (i = 1, 2, \ldots, 5),$$
$$L(h|_{G_6})^2 = \left(2 \sum_{i=1}^{5} m_i - 2 \sum_{i=1}^{5} n_i + 5\right)^2,$$
$$\mathrm{lk}(h(\lambda_i))^2 = (-m_i - m_{i+1} + n_{i+3} - 1)^2 \quad (i = 1, 2, \ldots, 5),$$
$$\mathrm{lk}(h(\lambda_{i+5}))^2 = n_i^2 \quad (i = 1, 2, \ldots, 5)$$

が得られる．ここで $j = 1, 2, \ldots, 5$ に対し，m_{j+5} は m_j とみなし，n_{j+5} は n_j とみなすことに注意せよ．そこで (6.2) の両辺を直接計算することで，等式が得られる． $\square$

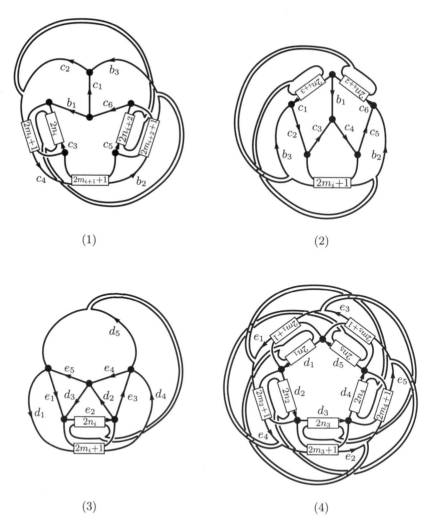

図 6.1　(1) $h(H_i)$ $(i = 1, 2, \ldots, 5)$, (2) $h(H_{i+5})$ $(i = 1, 2, \ldots, 5)$, (3) $h(G_i)$ $(i = 1, 2, \ldots, 5)$, (4) $h(G_6)$.

定理 6.1.1 の証明.　各 $f(G_i), f(H_i)$ において, 定理 3.6.3 から

$$L(f|_{G_i})^2 = 8\alpha_\omega(f|_{G_i}) + 1 \quad (i = 1, 2, \ldots, 6), \tag{6.3}$$

$$L(f|_{H_i})^2 = 8\alpha_\omega(f|_{H_i}) + 1 \quad (i = 1, 2, \ldots, 10) \tag{6.4}$$

が成り立つ. よって (6.3), (6.4) と補題 6.1.2 から,

$$\sum_{i=1}^{10} \mathrm{lk}(f(\lambda_i))^2 = \frac{1}{4} \sum_{i=1}^{10} \{8\alpha_\omega(f|_{H_i}) + 1\} - \frac{1}{4} \sum_{i=1}^{6} \{8\alpha_\omega(f|_{G_i}) + 1\}$$

$$= 2 \sum_{i=1}^{10} \alpha_\omega(f|_{H_i}) - 2 \sum_{i=1}^{6} \alpha_\omega(f|_{G_i}) + 1$$

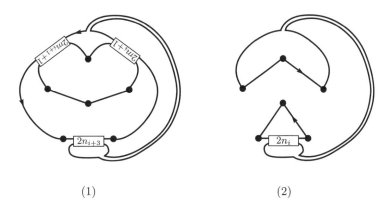

$$(1) \qquad\qquad\qquad\qquad (2)$$

図 6.2　(1) $h(\lambda_i)$ $(i = 1, 2, \ldots, 5)$,　(2) $h(\lambda_{i+5})$ $(i = 1, 2, \ldots, 5)$.

$$= 2 \sum_{i=1}^{10} \left(\sum_{\gamma \in \Gamma_6(H_i)} a_2(f(\gamma)) - \sum_{\gamma \in \Gamma_4(H_i)} a_2(f(\gamma)) \right)$$
$$- 2 \sum_{i=1}^{6} \left(\sum_{\gamma \in \Gamma_5(G_i)} a_2(f(\gamma)) - \sum_{\gamma \in \Gamma_4(G_i)} a_2(f(\gamma)) \right) + 1.$$
$$(6.5)$$

そこでいま，K_6 の任意の 6 サイクル γ に対し，ただ 1 つの H_i が存在して $\gamma \in \Gamma_6(H_i)$ であり，また任意の 5 サイクル γ に対し，ただ 1 つの G_i が存在して $\gamma \in \Gamma_5(G_i)$ である．一方，K_6 の任意の 4 サイクル γ はちょうど 2 つの H_i に共通して含まれ，またちょうど 2 つの G_i にも共通して含まれる．これらのことから以下が成り立つ：

$$\sum_{i=1}^{10} \left(\sum_{\gamma \in \Gamma_6(H_i)} a_2(f(\gamma)) \right) = \sum_{\gamma \in \Gamma_6(K_6)} a_2(f(\gamma)), \qquad (6.6)$$

$$\sum_{i=1}^{6} \left(\sum_{\gamma \in \Gamma_5(G_i)} a_2(f(\gamma)) \right) = \sum_{\gamma \in \Gamma_5(K_6)} a_2(f(\gamma)), \qquad (6.7)$$

$$\sum_{i=1}^{10} \left(\sum_{\gamma \in \Gamma_4(H_i)} a_2(f(\gamma)) \right) = \sum_{i=1}^{6} \left(\sum_{\gamma \in \Gamma_4(G_i)} a_2(f(\gamma)) \right)$$
$$= 2 \sum_{\gamma \in \Gamma_4(K_6)} a_2(f(\gamma)). \qquad (6.8)$$

そこで (6.5)，(6.6)，(6.7)，(6.8) から求める結果が得られる．　　□

6.2 Conway–Gordon の定理の一般化 1：Hamilton 結び目

定理 6.1.1 において，(3.7) を整数上に持ち上げて定理 3.2.1 (1) の精密化を得た．そこで次は定理 3.2.1 (2) の精密化へと進みたくなる．実際，定理 6.1.1 が最初に証明された [93] において (3.8) の整数持ち上げが得られているが，ここでは $n = 7$ に限定せず，頂点数 $n \geq 7$ の K_n まで一気に一般化してしまおう．以下，空間グラフ $f(G)$ の結び目/絡み目成分で k サイクルの像であるものを k **サイクル結び目**，また k サイクルと l サイクルの非交和の像であるものを (k, l) **絡み目**と呼ぶことにする．特に G の全ての頂点を含む結び目成分及び絡み目成分を，グラフ理論の用語に倣ってそれぞれ **Hamilton 結び目**，**Hamilton 絡み目**とも呼ぶ．K_6 に関する Conway–Gordon の定理ではもともと結び目成分が見えなかったが，精密化することでその姿が現れた．頂点数 $n \geq 7$ の場合は，定理 6.1.1 は次のように一般化される．

定理 6.2.1 (森下–新國 [83]) $n \geq 6$ のとき，K_n の任意の空間グラフ $f(K_n)$ において

$$
\sum_{\gamma \in \Gamma_n(K_n)} a_2(f(\gamma)) - (n-5)! \sum_{\gamma \in \Gamma_5(K_n)} a_2(f(\gamma))
$$
$$
= \frac{(n-5)!}{2} \left(\sum_{\lambda \in \Gamma_{3,3}(K_n)} \mathrm{lk}(f(\lambda))^2 - \binom{n-1}{5} \right).
$$

例 6.2.2 $n = 7$ のとき，K_7 の任意の空間グラフ $f(K_7)$ において

$$
\sum_{\gamma \in \Gamma_7(K_7)} a_2(f(\gamma)) - 2 \sum_{\gamma \in \Gamma_5(K_7)} a_2(f(\gamma)) = \sum_{\lambda \in \Gamma_{3,3}(K_7)} \mathrm{lk}(f(\lambda))^2 - 6 \quad (6.9)
$$

である．ここで K_7 が含む K_6 に同型な 7 つの部分グラフを $K_6^{(i)}$ ($i = 1, 2, \ldots, 7$) とするとき，$f(K_6^{(i)})$ の $(3, 3)$ 絡み目の絡み数の総和は定理 3.2.1 (1) から奇数であるので，(6.9) から

$$
\sum_{\gamma \in \Gamma_7(K_7)} a_2(f(\gamma)) \equiv \sum_{\lambda \in \Gamma_{3,3}(K_7)} \mathrm{lk}(f(\lambda))
$$
$$
= \sum_{i=1}^{7} \left(\sum_{\lambda \in \Gamma_{3,3}(K_6^{(i)})} \mathrm{lk}(f(\lambda)) \right)
$$
$$
\equiv 1 \quad (\mathrm{mod}\ 2) \quad (6.10)
$$

となる．これは合同式 (3.8) である．即ち，(6.9) は定理 3.2.1 (2) の整数持ち上げを与えている．

定理 6.2.1 を証明するために，幾つか準備を行なわねばならない．まず，空間グラフ $f(K_7)$ の $(3, 4)$ 絡み目と $(3, 3)$ 絡み目の絡み数に関する公式を示そう．これも次の 6.3 節で，頂点数 $n \geq 7$ の K_n に一般化される (定理 6.3.1)．

定理 6.2.3 K_7 の空間グラフ $f(K_7)$ において,

$$\sum_{\lambda \in \Gamma_{3,4}(K_7)} \mathrm{lk}(f(\lambda))^2 = 2 \sum_{\lambda \in \Gamma_{3,3}(K_7)} \mathrm{lk}(f(\lambda))^2. \tag{6.11}$$

定理 6.2.3 を証明するために，次の補題を用いる．これも次の 6.3 節で一般化されるものである (補題 6.3.2).

補題 6.2.4 ループ e と K_4 の非交和からなるグラフを G とする．このとき，空間グラフ $f(G)$ において

$$\sum_{\delta \in \Gamma_4(K_4)} \mathrm{lk}(f(e), f(\delta))^2 = \sum_{\gamma \in \Gamma_3(K_4)} \mathrm{lk}(f(e), f(\gamma))^2.$$

証明. G において K_4 の各辺のラベルと向きを図 6.3 のように与え，$\Gamma_3(K_4)$ の元 γ_i $(i = 1, 2, 3, 4)$ と $\Gamma_4(K_4)$ の元 δ_i $(i = 1, 2, 3)$ を

$$\gamma_1 = e_1 + e_5 - e_4, \quad \gamma_2 = e_2 + e_6 - e_5, \quad \gamma_3 = e_3 + e_4 - e_6,$$

$$\gamma_4 = e_1 + e_2 + e_3, \quad \delta_1 = e_2 + e_3 + e_4 - e_5,$$

$$\delta_2 = e_3 + e_1 + e_5 - e_6, \quad \delta_3 = e_1 + e_2 + e_6 - e_4$$

として $H_1(K_4; \mathbb{Z})$ の元と同一視する．$H_1(K_4; \mathbb{Z})$ において $\delta_1 = \gamma_2 + \gamma_3$, $\delta_2 = \gamma_3 + \gamma_1$, $\delta_3 = \gamma_1 + \gamma_2$ であることから，

$$\mathrm{lk}(f(e), f(\delta_1)) = \mathrm{lk}(f(e), f(\gamma_2)) + \mathrm{lk}(f(e), f(\gamma_3)),$$

$$\mathrm{lk}(f(e), f(\delta_2)) = \mathrm{lk}(f(e), f(\gamma_3)) + \mathrm{lk}(f(e), f(\gamma_1)),$$

$$\mathrm{lk}(f(e), f(\delta_3)) = \mathrm{lk}(f(e), f(\gamma_1)) + \mathrm{lk}(f(e), f(\gamma_2))$$

である．これより

$$\sum_{i=1}^{3} \mathrm{lk}(f(e), f(\delta_i))^2 = 2 \sum_{i=1}^{3} \mathrm{lk}(f(e), f(\gamma_i))^2$$
$$+ 2 \sum_{1 \le i < j \le 3} \mathrm{lk}(f(e), f(\gamma_i)) \mathrm{lk}(f(e), f(\gamma_j)) \tag{6.12}$$

となる．一方，$H_1(K_4; \mathbb{Z})$ において $\gamma_4 = \gamma_1 + \gamma_2 + \gamma_3$ であることから，

$$\mathrm{lk}(f(e), f(\gamma_4)) = \sum_{i=1}^{3} \mathrm{lk}(f(e), f(\gamma_i)) \tag{6.13}$$

である．(6.12), (6.13) から

$$\sum_{i=1}^{4} \mathrm{lk}(f(e), f(\gamma_i))^2$$
$$= \sum_{i=1}^{3} \mathrm{lk}(f(e), f(\gamma_i))^2 + \mathrm{lk}(f(e), f(\gamma_4))^2$$

$$= 2\sum_{i=1}^{3} \mathrm{lk}(f(e), f(\gamma_i))^2 + 2\sum_{1 \le i < j \le 3} \mathrm{lk}(f(e), f(\gamma_i))\,\mathrm{lk}(f(e), f(\gamma_j))$$

$$= \sum_{i=1}^{3} \mathrm{lk}(f(e), f(\delta_i))^2$$

となり，結果が得られる． □

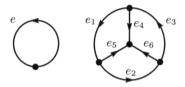

図 6.3　ループと K_4 を連結成分とするグラフ G.

定理 6.2.3 の証明. K_7 の 3 サイクル γ に対し，γ の 3 頂点及びそれに接続する辺を全て除去して得られる K_7 の部分グラフを G_γ とおく．これは K_4 に同型である．$\Gamma_{3,3}(\gamma \cup G_\gamma)$ の元 $\gamma \cup \gamma'$ は $\Gamma_{3,3}(\gamma' \cup G_{\gamma'})$ の元でもあることと補題 6.2.4 から

$$2\sum_{\lambda \in \Gamma_{3,3}(K_7)} \mathrm{lk}(f(\lambda))^2 = \sum_{\gamma \in \Gamma_3(K_7)} \left(\sum_{\gamma' \in \Gamma_3(G_\gamma)} \mathrm{lk}(f(\gamma), f(\gamma'))^2 \right)$$

$$= \sum_{\gamma \in \Gamma_3(K_7)} \left(\sum_{\delta \in \Gamma_4(G_\gamma)} \mathrm{lk}(f(\gamma), f(\delta))^2 \right)$$

$$= \sum_{\lambda \in \Gamma_{3,4}(K_7)} \mathrm{lk}(f(\lambda))^2$$

となり，結果が得られる． □

続けて，定理 6.2.1 の証明のために必要な技術的な補題を 2 つ準備する．

補題 6.2.5 (1) $n \ge 6$ のとき，空間グラフ $f(K_n)$ において

$$2\sum_{\gamma \in \Gamma_6(K_n)} a_2(f(\gamma)) - 2(n-5)\sum_{\gamma \in \Gamma_5(K_n)} a_2(f(\gamma))$$

$$= \sum_{\lambda \in \Gamma_{3,3}(K_n)} \mathrm{lk}(f(\lambda))^2 - \binom{n}{6}.$$

(2) $n \ge 7$ のとき，空間グラフ $f(K_n)$ において

$$\sum_{\lambda \in \Gamma_{3,4}(K_n)} \mathrm{lk}(f(\lambda))^2 = 2(n-6)\sum_{\lambda \in \Gamma_{3,3}(K_n)} \mathrm{lk}(f(\lambda))^2.$$

証明. (1) $n \geq 6$ のとき, $\Gamma_5(K_n)$ の元はちょうど $(n-5)$ 個の K_6 に同型な部分グラフに共通する. $\Gamma_6(K_n)$ 及び $\Gamma_{3,3}(K_n)$ の元について, それを含む K_6 に同型な部分グラフはただ 1 つである. そこでそれら部分グラフ全ての f による像に定理 6.1.1 を適用し, (6.1) の両辺を足し合わせて結果が得られる.

(2) $n \geq 7$ のとき, $\Gamma_{3,3}(K_n)$ の元はちょうど $(n-6)$ 個の K_7 に同型な部分グラフに共通する. $\Gamma_{3,4}(K_n)$ の元について, それを含む K_7 に同型な部分グラフはただ 1 つである. そこでそれら部分グラフ全ての f による像に定理 6.2.3 を適用し, (6.11) の両辺を足し合わせて結果が得られる. □

補題 6.2.6 $n \geq 7$ のとき, ある定数 b, c, d が存在して, K_{n-1} の任意の空間グラフ $g(K_{n-1})$ において

$$\sum_{\gamma \in \Gamma_{n-1}(K_{n-1})} a_2(g(\gamma)) + b \sum_{\gamma \in \Gamma_5(K_{n-1})} a_2(g(\gamma))$$
$$= c \sum_{\lambda \in \Gamma_{3,3}(K_{n-1})} \mathrm{lk}(g(\lambda))^2 + d$$

が成り立つとする. このとき, K_n の任意の空間グラフ $f(K_n)$ において

$$\sum_{\gamma \in \Gamma_n(K_n)} a_2(f(\gamma)) + b(n-5) \sum_{\gamma \in \Gamma_5(K_n)} a_2(f(\gamma))$$
$$= \frac{c(n-6)(n+1) - 3b}{n} \sum_{\lambda \in \Gamma_{3,3}(K_n)} \mathrm{lk}(f(\lambda))^2 + d(n-1) + \frac{b}{2}\binom{n-1}{5}$$

が成り立つ.

証明. 以下では, 2 辺 $\overline{ij}, \overline{jk}$ からなる長さ 2 の道を $\overline{ijk}$ で表す. K_n から頂点 m とそれに接続する全ての辺を除去して得られる部分グラフを $K_{n-1}^{(m)}$ とおく ($m = 1, 2, \ldots, n$). 各 $K_{n-1}^{(m)}$ は K_{n-1} に同型である. また, $1 \leq i < j \leq n$, $i, j \neq m$ なる i, j, m に対し, 辺 $\overline{ij}$ 及び $n-3$ 本の辺 $\overline{mk}$ ($1 \leq k \leq n$, $k \neq i, j$) を除去して得られる部分グラフを $F_{ij}^{(m)}$ とおく. これは K_{n-1} に同型ではないが同相な部分グラフである. 実際に $F_{ij}^{(m)}$ は $K_{n-1}^{(m)}$ から辺 $\overline{ij}$ を長さ 2 の道 $\overline{imj}$ で置き換えることで得られる (図 6.4).

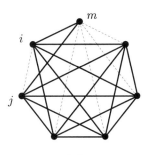

図 6.4 $F_{ij}^{(m)}$ ($n = 7$).

$f(K_n)$ を K_n の空間グラフとする．このとき，各 $F_{ij}^{(m)}$ の f による像 $f(F_{ij}^{(m)})$ において，仮定から

$$\sum_{\gamma \in \Gamma_n(F_{ij}^{(m)})} a_2(f(\gamma)) + \sum_{\substack{\gamma \in \Gamma_{n-1}(K_{n-1}^{(m)}) \\ \overline{ij} \not\subset \gamma}} a_2(f(\gamma))$$

$$+ b \left\{ \sum_{\substack{\gamma \in \Gamma_6(F_{ij}^{(m)}) \\ \overline{imj} \subset \gamma}} a_2(f(\gamma)) + \sum_{\substack{\gamma \in \Gamma_5(K_{n-1}^{(m)}) \\ \overline{ij} \not\subset \gamma}} a_2(f(\gamma)) \right\}$$

$$= c \left\{ \sum_{\substack{\lambda = \gamma \cup \gamma' \in \Gamma_{3,4}(F_{ij}^{(m)}) \\ \gamma \in \Gamma_4(F_{ij}^{(m)}),\ \gamma' \in \Gamma_3(F_{ij}^{(m)}) \\ \overline{imj} \subset \gamma}} \mathrm{lk}(f(\lambda))^2 + \sum_{\substack{\lambda \in \Gamma_{3,3}(K_{n-1}^{(m)}) \\ \overline{ij} \not\subset \lambda}} \mathrm{lk}(f(\lambda))^2 \right\} + d$$

$$(6.14)$$

が成り立つ．そこで始めに頂点 m を固定し，$1 \le i < j \le n$, $i, j \ne m$ なる全ての i, j において (6.14) の両辺を足し合わせよう．まず K_n の n サイクル γ において，頂点 i, j を γ 上での頂点 m の隣接頂点とする．このとき γ は $F_{ij}^{(m)}$ の n サイクルであり，

$$\sum_{\substack{1 \le i < j \le n \\ i, j \ne m}} \left(\sum_{\gamma \in \Gamma_n(F_{ij}^{(m)})} a_2(f(\gamma)) \right) = \sum_{\gamma \in \Gamma_n(K_n)} a_2(f(\gamma)) \qquad (6.15)$$

となる．次に $K_{n-1}^{(m)}$ の $(n-1)$ サイクル γ において，$\overline{ij}$ を $K_{n-1}^{(m)}$ の辺で γ に含まれないものとする．このような i, j の選び方は $\binom{n-1}{2} - (n-1) = (n^2 - 5n + 4)/2$ 通りあり，従って

$$\sum_{\substack{1 \le i < j \le n \\ i, j \ne m}} \left(\sum_{\substack{\gamma \in \Gamma_{n-1}(K_{n-1}^{(m)}) \\ \overline{ij} \not\subset \gamma}} a_2(f(\gamma)) \right)$$

$$= \frac{n^2 - 5n + 4}{2} \sum_{\gamma \in \Gamma_{n-1}(K_{n-1}^{(m)})} a_2(f(\gamma)) \qquad (6.16)$$

となる．次に K_n の 6 サイクル γ で頂点 m を含むものにおいて，頂点 i, j を γ 上での頂点 m の隣接頂点とする．このとき γ は $F_{ij}^{(m)}$ の 6 サイクルで道 $\overline{imj}$ を含むものであり，

$$\sum_{\substack{1 \le i < j \le n \\ i, j \ne m}} \left(\sum_{\substack{\gamma \in \Gamma_6(F_{ij}^{(m)}) \\ \overline{imj} \subset \gamma}} a_2(f(\gamma)) \right) = \sum_{\substack{\gamma \in \Gamma_6(K_n) \\ m \subset \gamma}} a_2(f(\gamma)) \qquad (6.17)$$

となる．次に $K_{n-1}^{(m)}$ の 5 サイクル γ において，$\overline{ij}$ を $K_{n-1}^{(m)}$ の辺で γ に含まれないものとする．このような i, j の選び方は $\binom{n-1}{2} - 5 = (n^2 - 3n - 8)/2$ 通りあり，従って

$$\sum_{\substack{1 \le i < j \le n \\ i,j \ne m}} \left(\sum_{\substack{\gamma \in \Gamma_5(K_{n-1}^{(m)}) \\ \overline{ij} \not\subset \gamma}} a_2(f(\gamma)) \right)$$

$$= \frac{n^2 - 3n - 8}{2} \sum_{\gamma \in \Gamma_5(K_{n-1}^{(m)})} a_2(f(\gamma)) \tag{6.18}$$

となる．次に K_n の頂点 m を含む 4 サイクル γ と 3 サイクル γ' の非交和 $\lambda = \gamma \cup \gamma'$ において，頂点 i,j を γ 上での頂点 m の隣接頂点とする．このとき γ は $F_{ij}^{(m)}$ の 4 サイクルで道 $\overline{imj}$ を含むものであり，

$$\sum_{\substack{1 \le i < j \le n \\ i,j \ne m}} \left(\sum_{\substack{\lambda = \gamma \cup \gamma' \in \Gamma_{3,4}(F_{ij}^{(m)}) \\ \gamma \in \Gamma_4(F_{ij}^{(m)}),\ \gamma' \in \Gamma_3(F_{ij}^{(m)}) \\ \overline{imj} \subset \gamma}} \mathrm{lk}(f(\lambda))^2 \right)$$

$$= \sum_{\substack{\lambda = \gamma \cup \gamma' \in \Gamma_{3,4}(K_n) \\ \gamma \in \Gamma_4(K_n),\ \gamma' \in \Gamma_3(K_n) \\ m \subset \gamma}} \mathrm{lk}(f(\lambda))^2 \tag{6.19}$$

となる．最後に $K_{n-1}^{(m)}$ の 2 つの 3 サイクルの非交和 λ において，$\overline{ij}$ を $K_{n-1}^{(m)}$ の辺で λ に含まれないものとする．このような i,j の選び方は $\binom{n-1}{2} - 6 = (n^2 - 3n - 10)/2$ 通りあり，従って

$$\sum_{\substack{1 \le i < j \le n \\ i,j \ne m}} \left(\sum_{\substack{\lambda \in \Gamma_{3,3}(K_{n-1}^{(m)}) \\ \overline{ij} \not\subset \lambda}} \mathrm{lk}(f(\lambda))^2 \right)$$

$$= \frac{n^2 - 3n - 10}{2} \sum_{\lambda \in \Gamma_{3,3}(K_{n-1}^{(m)})} \mathrm{lk}(f(\lambda))^2 \tag{6.20}$$

となる．そこで (6.15), (6.16), (6.17), (6.18), (6.19), (6.20) を (6.14) に代入して，

$$\sum_{\gamma \in \Gamma_n(K_n)} a_2(f(\gamma)) + \frac{n^2 - 5n + 4}{2} \sum_{\gamma \in \Gamma_{n-1}(K_{n-1}^{(m)})} a_2(f(\gamma))$$

$$+ b \left\{ \sum_{\substack{\gamma \in \Gamma_6(K_n) \\ m \subset \gamma}} a_2(f(\gamma)) + \frac{n^2 - 3n - 8}{2} \sum_{\gamma \in \Gamma_5(K_{n-1}^{(m)})} a_2(f(\gamma)) \right\}$$

$$= c \left\{ \sum_{\substack{\lambda = \gamma \cup \gamma' \in \Gamma_{3,4}(K_n) \\ \gamma \in \Gamma_4(K_n),\ \gamma' \in \Gamma_3(K_n) \\ m \subset \gamma}} \mathrm{lk}(f(\lambda))^2 + \frac{n^2 - 3n - 10}{2} \sum_{\lambda \in \Gamma_{3,3}(K_{n-1}^{(m)})} \mathrm{lk}(f(\lambda))^2 \right\}$$

$$+ \frac{d(n^2 - 3n + 2)}{2} \tag{6.21}$$

となる．そこで $K_{n-1}^{(m)}$ の f による像 $f(K_{n-1}^{(m)})$ についても，仮定から

$$\sum_{\gamma \in \Gamma_{n-1}(K_{n-1}^{(m)})} a_2(f(\gamma))$$

$$= -b \sum_{\gamma \in \Gamma_5(K_{n-1}^{(m)})} a_2(f(\gamma)) + c \sum_{\lambda \in \Gamma_{3,3}(K_{n-1}^{(m)})} \mathrm{lk}(f(\lambda))^2 + d \qquad (6.22)$$

が成り立っていることに注意して, (6.21), (6.22) から

$$\sum_{\gamma \in \Gamma_n(K_n)} a_2(f(\gamma)) + b \sum_{\substack{\gamma \in \Gamma_6(K_n) \\ m \subset \gamma}} a_2(f(\gamma))$$

$$+ b(n-6) \sum_{\gamma \in \Gamma_5(K_{n-1}^{(m)})} a_2(f(\gamma))$$

$$= c \sum_{\substack{\lambda = \gamma \cup \gamma' \in \Gamma_{3,4}(K_n) \\ \gamma \in \Gamma_4(K_n), \, \gamma' \in \Gamma_3(K_n) \\ m \subset \gamma}} \mathrm{lk}(f(\lambda))^2$$

$$+ c(n-7) \sum_{\lambda \in \Gamma_{3,3}(K_{n-1}^{(m)})} \mathrm{lk}(f(\lambda))^2 + d(n-1) \qquad (6.23)$$

が得られる. そこで今度は (6.23) の両辺を全ての $m = 1, 2, \ldots, n$ において足し合わせよう. まず K_n の 6 サイクル γ において, γ に含まれる頂点 m の選び方は 6 通りある. これより

$$\sum_{m=1}^{n} \left(\sum_{\substack{\gamma \in \Gamma_6(K_n) \\ m \subset \gamma}} a_2(f(\gamma)) \right) = 6 \sum_{\gamma \in \Gamma_6(K_n)} a_2(f(\gamma)) \qquad (6.24)$$

となる. 次に K_n の 5 サイクル γ において, γ に含まれない頂点 m に対し, γ は $K_{n-1}^{(m)}$ の m サイクルである. このような m の選び方は $(n-5)$ 通りあるので,

$$\sum_{m=1}^{n} \left(\sum_{\gamma \in \Gamma_5(K_{n-1}^{(m)})} a_2(f(\gamma)) \right) = (n-5) \sum_{\gamma \in \Gamma_5(K_n)} a_2(f(\gamma)) \qquad (6.25)$$

となる. 次に K_n の 4 サイクル γ と 3 サイクル γ' の非交和 $\lambda = \gamma \cup \gamma'$ において, γ に含まれる頂点 m の選び方は 4 通りある. これより

$$\sum_{m=1}^{n} \left(\sum_{\substack{\lambda = \gamma \cup \gamma' \in \Gamma_{3,4}(K_n) \\ \gamma \in \Gamma_4(K_n), \, \gamma' \in \Gamma_3(K_n) \\ m \subset \gamma}} \mathrm{lk}(f(\lambda))^2 \right) = 4 \sum_{\lambda \in \Gamma_{3,4}(K_n)} \mathrm{lk}(f(\lambda))^2 \quad (6.26)$$

となる. 最後に K_n の 2 つの 3 サイクルの非交和 λ において, λ に含まれない頂点 m に対し, λ は $K_{n-1}^{(m)}$ の 3 サイクルの非交和である. このような m の選び方は $(n-6)$ 通りあるので,

$$\sum_{m=1}^{n} \left(\sum_{\lambda \in \Gamma_{3,3}(K_{n-1}^{(m)})} \mathrm{lk}(f(\lambda))^2 \right) = (n-6) \sum_{\gamma \in \Gamma_{3,3}(K_n)} \mathrm{lk}(f(\lambda))^2 \quad (6.27)$$

となる. そこで (6.24), (6.25), (6.26), (6.27) を (6.23) に代入して,

$$
\begin{aligned}
&n \sum_{\gamma \in \Gamma_n(K_n)} a_2(f(\gamma)) + 6b \sum_{\gamma \in \Gamma_6(K_n)} a_2(f(\gamma)) \\
&\quad + b(n-5)(n-6) \sum_{\gamma \in \Gamma_5(K_n)} a_2(f(\gamma)) \\
&= 4c \sum_{\lambda \in \Gamma_{3,4}(K_n)} \mathrm{lk}(f(\lambda))^2 + c(n-6)(n-7) \sum_{\lambda \in \Gamma_{3,3}(K_n)} \mathrm{lk}(f(\lambda))^2 \\
&\quad + dn(n-1)
\end{aligned}
\tag{6.28}
$$

となる. そこで補題 6.2.5 (1), (2) から, (6.28) において 6 サイクルの a_2 の総和の項, 及び 3 サイクルと 4 サイクルの lk^2 の総和の項を消去して, 結論が得られる. □

さて, ようやく準備が終わったので, 定理 6.2.1 を証明しよう.

定理 6.2.1 の証明. n に関する帰納法で示す. $n=6$ の場合は定理 6.1.1 である. $n \geq 7$ とし, K_{n-1} の任意の空間グラフ $g(K_{n-1})$ において

$$
\begin{aligned}
&\sum_{\gamma \in \Gamma_n(K_{n-1})} a_2(g(\gamma)) - (n-6)! \sum_{\gamma \in \Gamma_5(K_{n-1})} a_2(g(\gamma)) \\
&= \frac{(n-6)!}{2} \sum_{\lambda \in \Gamma_{3,3}(K_{n-1})} \mathrm{lk}(g(\lambda))^2 - \frac{(n-6)!}{2} \binom{n-2}{5}
\end{aligned}
\tag{6.29}
$$

が成り立っていると仮定しよう. このとき K_n の任意の空間グラフ $f(K_n)$ において, (6.29) と補題 6.2.6 から

$$
\begin{aligned}
&\sum_{\gamma \in \Gamma_n(K_n)} a_2(f(\gamma)) - (n-5)! \sum_{\gamma \in \Gamma_5(K_n)} a_2(f(\gamma)) \\
&= \frac{1}{n}\Big(\frac{(n-6)!}{2}(n-6)(n+1) + 3(n-6)!\Big) \sum_{\lambda \in \Gamma_{3,3}(K_n)} \mathrm{lk}(f(\lambda))^2 \\
&\quad - \frac{(n-6)!}{2} \binom{n-2}{5}(n-1) - \frac{(n-6)!}{2} \binom{n-1}{5} \\
&= \frac{(n-5)!}{2} \sum_{\lambda \in \Gamma_{3,3}(K_n)} \mathrm{lk}(f(\lambda))^2 - \frac{(n-5)!}{2} \binom{n-1}{5}
\end{aligned}
$$

となる. 従って一般の n についても成り立つ. □

定理 6.2.1 から, $n \geq 6$ のとき K_n の空間グラフの Hamilton 結び目の a_2 の総和は, 5 サイクル結び目の a_2 と $(3,3)$ 絡み目の lk^2 のみから具体的に決まる. 更にこの定理から, 以下で述べるように, mod 2 では見えなかった $f(K_n)$ の Hamilton 結び目の振る舞いがいろいろと見えてくる.

系 6.2.7 $n \geq 6$ のとき, K_n の任意の空間グラフ $f(K_n)$ において

$$\sum_{\gamma \in \Gamma_n(K_n)} a_2(f(\gamma)) - (n-5)! \sum_{\gamma \in \Gamma_5(K_n)} a_2(f(\gamma))$$

$$\geq \frac{(n-5)(n-6)(n-1)!}{2 \cdot 6!}. \tag{6.30}$$

証明. K_n の2つの3サイクルの非交和 λ を含む K_6 に同型な部分グラフは ただ1つである. 従って定理 3.2.1 (1) から, $(3,3)$ 絡み目の lk^2 の総和は K_6 に同型な部分グラフの個数以上, 即ち $\binom{n}{6}$ 以上である. そこで

$$\frac{(n-5)!}{2}\left(\binom{n}{6} - \binom{n-1}{5}\right) = \frac{(n-5)(n-6)(n-1)!}{2 \cdot 6!} \tag{6.31}$$

となるので, 結果が得られる. □

例 6.2.8 $n = 7$ のとき, 任意の空間グラフ $f(K_7)$ において, (6.30) から

$$\sum_{\gamma \in \Gamma_7(K_7)} a_2(f(\gamma)) - 2 \sum_{\gamma \in \Gamma_5(K_7)} a_2(f(\gamma)) \geq 1 \tag{6.32}$$

となる. もし全ての結び目成分が自明なら左辺は 0 なので, K_7 の結び目内在 性はこの不等式 (6.32) からも導かれる. 即ち, (6.32) は不等式型の Conway– Gordon の定理とも呼ぶべきものである. このような従来の合同式型に留まら ない 'Conway–Gordon 型定理' については 6.4 節で改めて取り上げる.

さて, K_n $(n \geq 4)$ のある特殊な空間グラフの図式を次のように構成しよう. まず n サイクル $[12 \cdots n]$ を凸 n 角形の外周上に頂点の円順列が反時計回りと なるように配置する. 次に頂点 1 から始めて順番に, その頂点を始点とする 対角線を引いていく. その際, 生じる交差は必要ならば対角線を (自己交差が 生じない範囲で) 局所的に少し撓らせて 2 重点としてよく, それは全て上交差 点で通過させる. このようにして全ての対角線を引き終わると 1 つの空間グ ラフの図式が得られ, それが表す空間グラフを $f_\mathrm{r}(K_n)$ で表すことにする (こ の記号の意味は 7.2 節で明らかになるであろう). 図 6.5 は $n = 5,6,7$ の場合 の図式 $\tilde{f}_\mathrm{r}(K_n)$ である. $f_\mathrm{r}(K_6)$ は図 1.27 の左の空間グラフ $h(K_6)$ にアンビ エント・イソトピックであり, これは分離不能な絡み目成分としてただ1つの Hopf 絡み目を含むのであった. また $f_\mathrm{r}(K_7)$ は図 3.9 の空間グラフ $f(K_7)$ の 鏡像で, この $f(K_7)$ は図 1.27 の右の空間グラフ $h(K_7)$ にアンビエント・イ ソトピックであった (演習問題 3.10). いま $n \geq 6$ のとき, K_n の 6 頂点は単 調増加列 $i_1, i_2, \ldots, i_6$ で表され, これが誘導する K_6 に同型な部分グラフの f_r による像は, $\tilde{f}_\mathrm{r}(K_n)$ の構成法から, $f_\mathrm{r}(K_6)$ に同型である. 従って $f_\mathrm{r}(K_n)$ の全ての分離不能な $(3,3)$ 絡み目は, ちょうど $\binom{n}{6}$ 個の Hopf 絡み目である. これより, (6.30) の下界は最良である. 一方, K_n の 5 頂点が誘導する K_5 に 同型な部分グラフの f_r による像も同じ理由で $f_\mathrm{r}(K_5)$ に同型で, この空間グ

ラフは非自明な結び目成分を持たない．従って $f_\mathrm{r}(K_n)$ の全ての 5 サイクル結び目は全て自明であり，これより定理 6.2.1 と (6.31) から

$$\sum_{\gamma\in\Gamma_n(K_n)} a_2(f_\mathrm{r}(\gamma)) = \frac{(n-5)!}{2}\left(\binom{n}{6}-\binom{n-1}{5}\right) \tag{6.33}$$

$$= \frac{(n-5)(n-6)(n-1)!}{2\cdot 6!}$$

が得られる．注目すべきは，Hamilton 結び目たちの同型類の内訳を知らずとも，a_2 の総和がわかったことである．(6.33) はこの後の系 6.2.11 の証明において大切な役割を果たす．

注意 6.2.9 [19] において，K_n の**正準本表現**と呼ばれる，$\mathbb{R}^3$ の本型部分空間 (1 本の直線 (バインダー) と，それを共通の境界とする互いに交わらない幾つかの半平面 (シート) からなる部分空間) への埋め込み f_b が定義されている．これは標準性を持つ空間グラフの研究 ([67]) の流れの下で導入されたもので，実は上の $f_\mathrm{r}(K_n)$ はこの $f_\mathrm{b}(K_n)$ に同型である．$n\geq 6$ のとき，$f_\mathrm{b}(K_n)$ の全ての分離不能な $(3,3)$ 絡み目がちょうど $\binom{n}{6}$ 個の Hopf 絡み目であることも [101] で示されている．

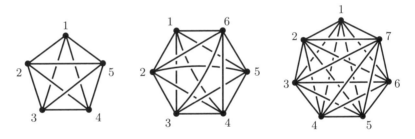

図 6.5 空間グラフの図式 $\tilde{f}_\mathrm{r}(K_n)$ $(n=5,6,7)$.

例 6.2.10 $n=8$ のとき，任意の空間グラフ $f(K_8)$ において，(6.30) から

$$\sum_{\gamma\in\Gamma_8(K_8)} a_2(f(\gamma)) - 6\sum_{\gamma\in\Gamma_5(K_8)} a_2(f(\gamma)) \geq 21 \tag{6.34}$$

となり，もし全ての 5 サイクル結び目が自明であれば，$\sum_{\gamma\in\Gamma_8(K_8)} a_2(f(\gamma)) \geq 21$ が成り立つ (このような状況は 7.2 節でも扱う)．従って更に非自明な Hamilton 結び目が三葉結び目に限るならば，それらは 21 個以上でなければならない．そこで K_8 の空間グラフ $h(K_8),f_\mathrm{r}(K_8)$ を，それぞれ図 6.6 の左，右のものとする．$h(K_8)$ は [7] で与えられたもので，また $f_\mathrm{r}(K_8)$ は先程述べた (6.34) の下界を実現するものである．このとき，これらの空間グラフの 5 サイクル結び目は全て自明であり，また非自明な Hamilton 結び目は三葉結び目の

みで，いずれもちょうど 21 個である ([7], [105])．ちなみに $h(K_8), f_\mathrm{r}(K_8)$ は
いずれも図 1.17 の中央の 2 成分絡み目に同型な絡み目成分をただ 1 つ含んで
おり，$h(K_8)$ では $(3,5)$ 絡み目で，$f_\mathrm{r}(K_8)$ では $(4,4)$ 絡み目である (演習問
題 6.1)．従って $h(K_8)$ と $f_\mathrm{r}(K_8)$ は同型でない．これらのことを直接確かめ
るのはなかなか大変だが，例えば空間グラフ内の非自明結び目及び分離不能絡
み目の探索の支援プログラムである *Gordian* [2] が役に立つだろう．

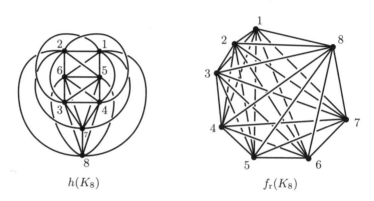

$$h(K_8) \qquad\qquad f_\mathrm{r}(K_8)$$

図 6.6 K_8 の空間グラフ $h(K_8), f_\mathrm{r}(K_8)$．

次に，一般の頂点数 $n \geq 7$ において，Hamilton 結び目の a_2 に関するより
精密な合同式を与えよう．

系 6.2.11 $n \geq 7$ のとき，K_n の任意の空間グラフ $f(K_n)$ において，次の
$\mathrm{mod}\ (n-5)!$ の合同式が成り立つ：

$$\sum_{\gamma \in \Gamma_n(K_n)} a_2(f(\gamma)) \equiv \begin{cases} 0 & (n \not\equiv 0,7 \pmod 8) \\ \dfrac{(n-5)!}{2} & (n \equiv 0,7 \pmod 8). \end{cases}$$

証明． K_n の空間グラフ $f(K_n), g(K_n)$ に対し，定理 6.2.1 から合同式

$$\sum_{\gamma \in \Gamma_n(K_n)} a_2(f(\gamma)) - \sum_{\gamma \in \Gamma_n(K_n)} a_2(g(\gamma))$$
$$\equiv \frac{(n-5)!}{2} \left(\sum_{\lambda \in \Gamma_{3,3}(K_n)} \mathrm{lk}(f(\lambda))^2 - \sum_{\lambda \in \Gamma_{3,3}(K_n)} \mathrm{lk}(g(\lambda))^2 \right)$$
$$(\mathrm{mod}\ (n-5)!)$$

が得られる．ここで $f(K_n), g(K_n)$ の $(3,3)$ 絡み目の lk^2 の総和は，定理 3.2.1
(1) からいずれも $\mathrm{mod}\ 2$ で $\binom{n}{6}$ に合同であり，従ってその差は偶数なので

$$\sum_{\gamma \in \Gamma_n(K_n)} a_2(f(\gamma)) \equiv \sum_{\gamma \in \Gamma_n(K_n)} a_2(g(\gamma)) \quad (\mathrm{mod}\ (n-5)!) \tag{6.35}$$

となる．即ち，Hamilton 結び目の a_2 の総和は，$\mathrm{mod}\ (n-5)!$ で埋め込みに

依らない K_n の特性量である．そこで $g(K_n)$ として先程の空間グラフ $f_\mathrm{r}(K_n)$ を選べば，(6.33) と (6.35) から

$$\sum_{\gamma \in \Gamma_n(K_n)} a_2(f(\gamma)) \equiv \frac{(n-5)!}{2} \left(\binom{n}{6} - \binom{n-1}{5} \right) \quad (\mathrm{mod}\ (n-5)!)$$

(6.36)

が任意の空間グラフ $f(K_n)$ について成り立つ．ここで，$n \geq 6$ のとき，$\binom{n}{6}$ が奇数であることと $n \equiv 6, 7 \ (\mathrm{mod}\ 8)$ であること，また $\binom{n-1}{5}$ が奇数であることと $n \equiv 0, 6 \ (\mathrm{mod}\ 8)$ であることはそれぞれ必要十分条件であることに注意しよう．これらはいわゆる **Lucas の定理**[*1] から示すことができる (演習問題 6.2)．そこでまず $n \not\equiv 0, 7 \ (\mathrm{mod}\ 8)$ のとき，$\binom{n}{6} - \binom{n-1}{5}$ は偶数で $2q$ と表せて，(6.36) から

$$\sum_{\gamma \in \Gamma_n(K_n)} a_2(f(\gamma)) \equiv \frac{(n-5)!}{2} \cdot 2q \equiv 0 \quad (\mathrm{mod}\ (n-5)!)$$

となる．次に $n \equiv 0 \ (\mathrm{mod}\ 8)$ または $n \equiv 7 \ (\mathrm{mod}\ 8)$ のとき，$\binom{n}{6}$ と $\binom{n-1}{5}$ の偶奇は異なるので $\binom{n}{6} - \binom{n-1}{5} = 2q + 1 \ (q \in \mathbb{Z})$ と表せて，(6.36) から

$$\sum_{\gamma \in \Gamma_n(K_n)} a_2(f(\gamma)) \equiv \frac{(n-5)!}{2}(2q+1) \equiv \frac{(n-5)!}{2} \quad (\mathrm{mod}\ (n-5)!)$$

となる．これで求める結果が得られた． □

　系 6.2.11 の証明の方針が，K_7 に関する Conway–Gordon の定理 (定理 3.2.1 (2)) のそれと全く同じであることに気が付いた読者も多いと思う．にも関わらず，今度は特に煩雑な場合分けを行なうこともなく更に精密化された合同式が一般頂点数の場合で得られるところに，定理 6.2.1 の強力さが表れている．

例 6.2.12 系 6.2.11 は，$n = 7$ のときは

$$\sum_{\gamma \in \Gamma_7(K_7)} a_2(f(\gamma)) \equiv 2!/2 = 1 \quad (\mathrm{mod}\ 2)$$

となり，これは定理 3.2.1 (2) そのものである．また $n = 8$ のときは，

$$\sum_{\gamma \in \Gamma_8(K_8)} a_2(f(\gamma)) \equiv 3!/2 \equiv 3 \quad (\mathrm{mod}\ 6)$$

(6.37)

となるが，歴史的にはこの左辺が 3 で割り切れることを Foisy が，奇数であることを平野が先に示しており ([39], [45])，**Foisy–平野の合同式** と呼ぶべきであろう．平野は $n \geq 9$ のとき，$\sum_{\gamma \in \Gamma_n(K_n)} a_2(f(\gamma))$ が常に偶数であることも示しているが ([45])，これもまた系 6.2.11 に含まれている．

[*1]　非負整数 m, n を素数 p で $m = \sum_{i=0}^{k} m_i p^i$, $n = \sum_{i=0}^{k} n_i p^i$ と p 進数表示したとき，$\binom{m}{n} \equiv \prod_{i=0}^{k} \binom{m_i}{n_i} \ (\mathrm{mod}\ p)$ が成り立つ．但し一般に $m < n$ のときは $\binom{m}{n} = 0$ と決める．これを **Lucas の定理** という．

ところで，頂点数 n が増えると，空間グラフ $f(K_n)$ が持つ非自明な Hamilton 結び目の個数も増えていくことが系 6.2.7 及び系 6.2.11 から予想されるが，その最小個数の決定となると難しく，以下の評価しか知られていない．

定理 6.2.13 (平野 [46]) (1) K_8 の任意の空間グラフは，少なくとも 3 個の非自明な Hamilton 結び目を持つ．

(2) $n \geq 9$ のとき，K_n の任意の空間グラフは，少なくとも $3 \cdot (n-1)!/7! = 3(n-1)(n-2)\cdots 9\cdot 8$ 個の非自明な Hamilton 結び目を持つ．

例えば $n = 8$ のとき，K_8 の現在知られている空間グラフで非自明な Hamilton 結び目の個数が最も少ないものは，例 6.2.10 の $h(K_8), f_{\mathrm{r}}(K_8)$ で 21 個である．これが最小かどうかすらまだわかっていない．

未解決問題 6.2.14 $n \geq 8$ のとき，K_n の空間グラフが持つ非自明な Hamilton 結び目の最小個数を求めよ．特に $n = 8$ のとき，その最小個数は 21 だろうか？

6.3 Conway–Gordon の定理の一般化 2：Hamilton 絡み目

6.2 節で K_n の空間グラフの Hamilton 結び目の a_2 の振る舞いを調べたが，一方，絡み目成分，特に 2 成分 Hamilton 絡み目はどのような振る舞いを見せるだろうか？これについて，既に定理 6.2.3 において，K_7 の空間グラフの 2 成分 Hamilton 絡み目の lk^2 の総和は $(3,3)$ 絡み目の lk^2 の総和の 2 倍と等しいことを見た．これが次のように一般化される．

定理 6.3.1 (森下–新國 [84]) $n = p + q$ なる整数 $p, q \geq 3$ に対し，K_n の任意の空間グラフ $f(K_n)$ において

$$\sum_{\lambda \in \Gamma_{p,q}(K_n)} \mathrm{lk}(f(\lambda))^2 = (2 - \delta_{pq})(n-6)! \sum_{\lambda \in \Gamma_{3,3}(K_n)} \mathrm{lk}(f(\lambda))^2. \quad (6.38)$$

ここで δ_{pq} は Kronecker のデルタである．これより特に

$$\sum_{p+q=n} \left(\sum_{\lambda \in \Gamma_{p,q}(K_n)} \mathrm{lk}(f(\lambda))^2 \right) = (n-5)! \sum_{\lambda \in \Gamma_{3,3}(K_n)} \mathrm{lk}(f(\lambda))^2. \quad (6.39)$$

即ち，K_n の空間グラフの (p,q) Hamilton 絡み目の lk^2 の総和も，$(3,3)$ 絡み目の絡み数のみから具体的に決まる．定理 6.3.1 を示すために，まずは補題 6.2.4 を一般化しよう．

補題 6.3.2 $n \geq 4$ とし，ループ e と K_n の非交和からなるグラフを G とする．このとき，空間グラフ $f(G)$ において

$$\sum_{\gamma \in \Gamma_n(K_n)} \mathrm{lk}(f(e), f(\gamma))^2 = \sum_{\gamma \in \Gamma_{n-1}(K_n)} \mathrm{lk}(f(e), f(\gamma))^2.$$

証明. 証明は補題 6.2.6 と全く同様の方法による. n についての帰納法で示す. $n = 4$ のときは補題 6.2.4 である. $n > 4$ とし, K_{n-1} の任意の空間グラフにおいて結果が成り立つとする. $F_{ij}^{(m)}$ を定理 6.2.1 の証明で用いた K_n の部分グラフとするとこれは K_{n-1} と同相で, その f による像において仮定から

$$\sum_{\gamma \in \Gamma_n(F_{ij}^{(m)})} \mathrm{lk}(f(e), f(\gamma))^2 + \sum_{\substack{\gamma \in \Gamma_{n-1}(K_{n-1}^{(m)}) \\ \overline{ij} \not\subset \gamma}} \mathrm{lk}(f(e), f(\gamma))^2$$

$$= \sum_{\substack{\gamma \in \Gamma_{n-1}(F_{ij}^{(m)}) \\ \overline{imj} \subset \gamma}} \mathrm{lk}(f(e), f(\gamma))^2 + \sum_{\substack{\gamma \in \Gamma_{n-2}(K_{n-1}^{(m)}) \\ \overline{ij} \not\subset \gamma}} \mathrm{lk}(f(e), f(\gamma))^2 \quad (6.40)$$

が成り立つ. 頂点 m を固定し, $1 \le i < j \le n$, $i, j \ne m$ なる全ての i, j において (6.40) の両辺を足し合わせる. いま (6.15), (6.16), (6.17), (6.18) と全く同様にして

$$\sum_{\substack{1 \le i < j \le n \\ i, j \ne m}} \left(\sum_{\gamma \in \Gamma_n(F_{ij}^{(m)})} \mathrm{lk}(f(e), f(\gamma))^2 \right) = \sum_{\gamma \in \Gamma_n(K_n)} \mathrm{lk}(f(e), f(\gamma))^2,$$

$$(6.41)$$

$$\sum_{\substack{1 \le i < j \le n \\ i, j \ne m}} \left(\sum_{\substack{\gamma \in \Gamma_{n-1}(K_{n-1}^{(m)}) \\ \overline{ij} \not\subset \gamma}} \mathrm{lk}(f(e), f(\gamma))^2 \right)$$

$$= \frac{n^2 - 5n + 4}{2} \sum_{\gamma \in \Gamma_{n-1}(K_{n-1}^{(m)})} \mathrm{lk}(f(e), f(\gamma))^2, \quad (6.42)$$

$$\sum_{\substack{1 \le i < j \le n \\ i, j \ne m}} \left(\sum_{\substack{\gamma \in \Gamma_{n-1}(F_{ij}^{(m)}) \\ \overline{imj} \subset \gamma}} \mathrm{lk}(f(e), f(\gamma))^2 \right) = \sum_{\substack{\gamma \in \Gamma_{n-1}(K_n) \\ m \subset \gamma}} \mathrm{lk}(f(e), f(\gamma))^2,$$

$$(6.43)$$

$$\sum_{\substack{1 \le i < j \le n \\ i, j \ne m}} \left(\sum_{\substack{\gamma \in \Gamma_{n-2}(K_{n-1}^{(m)}) \\ \overline{ij} \not\subset \gamma}} \mathrm{lk}(f(e), f(\gamma))^2 \right)$$

$$= \frac{n^2 - 5n + 6}{2} \sum_{\gamma \in \Gamma_{n-2}(K_{n-1}^{(m)})} \mathrm{lk}(f(e), f(\gamma))^2 \quad (6.44)$$

を得る (演習問題 6.3). また各 $f(K_{n-1}^{(m)})$ についても, 仮定から

$$\sum_{\gamma \in \Gamma_{n-1}(K_{n-1}^{(m)})} \mathrm{lk}(f(e), f(\gamma))^2 = \sum_{\gamma \in \Gamma_{n-2}(K_{n-1}^{(m)})} \mathrm{lk}(f(e), f(\gamma))^2 \quad (6.45)$$

が成り立つ. (6.40) と (6.41), (6.42), (6.43), (6.44), (6.45) から

$$\sum_{\gamma \in \Gamma_n(K_n)} \mathrm{lk}(f(e), f(\gamma))^2$$

$$= \sum_{\substack{\gamma \in \Gamma_{n-1}(K_n) \\ m \subset \gamma}} \mathrm{lk}(f(e), f(\gamma))^2 + \sum_{\gamma \in \Gamma_{n-1}(K_{n-1}^{(m)})} \mathrm{lk}(f(e), f(\gamma))^2 \quad (6.46)$$

が得られ, そこで今度は (6.46) の両辺を全ての $m = 1, 2, \ldots, n$ において足し合わせる. (6.24), (6.25) と同様にして

$$\sum_{m=1}^{n} \left(\sum_{\substack{\gamma \in \Gamma_{n-1}(K_n) \\ m \subset \gamma}} \mathrm{lk}(f(e), f(\gamma))^2 \right) = (n-1) \sum_{\gamma \in \Gamma_{n-1}(K_n)} \mathrm{lk}(f(e), f(\gamma))^2,$$

$$(6.47)$$

$$\sum_{m=1}^{n} \left(\sum_{\gamma \in \Gamma_{n-1}(K_{n-1}^{(m)})} \mathrm{lk}(f(e), f(\gamma))^2 \right) = \sum_{\gamma \in \Gamma_{n-1}(K_n)} \mathrm{lk}(f(e), f(\gamma))^2$$

$$(6.48)$$

を得る (演習問題 6.4). (6.47), (6.48) を (6.46) に代入して

$$n \sum_{\gamma \in \Gamma_n(K_n)} \mathrm{lk}(f(e), f(\gamma))^2 = n \sum_{\gamma \in \Gamma_{n-1}(K_n)} \mathrm{lk}(f(e), f(\gamma))^2$$

となり, 両辺を n で割って結果が得られる. $\qquad \square$

系 6.3.3 $n \geq 4$ のとき, 補題 6.3.2 の空間グラフ $f(G)$ において,

$$\sum_{\gamma \in \Gamma_n(K_n)} \mathrm{lk}(f(e), f(\gamma))^2 = (n-3)! \sum_{\gamma \in \Gamma_3(K_n)} \mathrm{lk}(f(e), f(\gamma))^2.$$

証明. 一般に, K_n から k 個の頂点 $m_1, m_2, \ldots, m_k$ $(1 \leq k \leq n-1)$ とそれらに接続する辺を全て除去して得られる部分グラフを $K_{n-k}^{(m_1 m_2 \cdots m_k)}$ で表す. これは K_{n-k} と同型である. このとき

$$\sum_{\gamma \in \Gamma_n(K_n)} \mathrm{lk}(f(e), f(\gamma))^2$$

$$= \sum_{\gamma \in \Gamma_{n-1}(K_n)} \mathrm{lk}(f(e), f(\gamma))^2 = \sum_{m=1}^{n} \left(\sum_{\gamma \in \Gamma_{n-1}(K_{n-1}^{(m)})} \mathrm{lk}(f(e), f(\gamma))^2 \right)$$

$$= \sum_{m=1}^{n} \left(\sum_{\gamma \in \Gamma_{n-2}(K_{n-1}^{(m)})} \mathrm{lk}(f(e), f(\gamma))^2 \right) = 2 \sum_{\gamma \in \Gamma_{n-2}(K_n)} \mathrm{lk}(f(e), f(\gamma))^2$$

$$= 2 \sum_{1 \leq m < m' \leq n} \left(\sum_{\gamma \in \Gamma_{n-2}(K_{n-2}^{(mm')})} \mathrm{lk}(f(e), f(\gamma))^2 \right)$$

$$= 2 \sum_{1 \leq m < m' \leq n} \left(\sum_{\gamma \in \Gamma_{n-3}(K_{n-2}^{(mm')})} \mathrm{lk}(f(e), f(\gamma))^2 \right)$$

$$= 2 \cdot 3 \sum_{\gamma \in \Gamma_{n-3}(K_n)} \mathrm{lk}(f(e), f(\gamma))^2$$

$$= \cdots = k! \sum_{\gamma \in \Gamma_{n-k}(K_n)} \mathrm{lk}(f(e), f(\gamma))^2$$

となり, $k = n - 3$ として結果が得られる. $\qquad\square$

定理 6.3.1 の証明. まず前半の (6.38) を示そう. 一般に K_n の k サイクル γ に対し, γ の k 頂点及びそれに接続する辺を全て除去して得られる K_n の部分グラフを G_γ とおく. これは K_{n-k} に同型である. このとき

$$(1 + \delta_{pq}) \sum_{\lambda \in \Gamma_{p,q}(K_n)} \mathrm{lk}(f(\lambda))^2 = \sum_{\gamma \in \Gamma_p(K_n)} \left(\sum_{\gamma' \in \Gamma_q(G_\gamma)} \mathrm{lk}(f(\gamma), f(\gamma'))^2 \right)$$
(6.49)

が成り立つ ($n = 7$ の場合を定理 6.2.3 の証明で用いた). そこで (6.49) の右辺は, 系 6.3.3 を用いて

$$\sum_{\gamma \in \Gamma_p(K_n)} \left(\sum_{\gamma' \in \Gamma_q(G_\gamma)} \mathrm{lk}(f(\gamma), f(\gamma'))^2 \right)$$

$$= \sum_{\gamma \in \Gamma_p(K_n)} \left((q-3)! \sum_{\gamma' \in \Gamma_3(G_\gamma)} \mathrm{lk}(f(\gamma), f(\gamma'))^2 \right)$$

$$= (q-3)! \sum_{\gamma' \in \Gamma_3(K_n)} \left(\sum_{\gamma \in \Gamma_p(G_{\gamma'})} \mathrm{lk}(f(\gamma), f(\gamma'))^2 \right)$$
(6.50)

とできる. ここで $H_{\gamma'}^i$ $(i = 1, 2, \ldots, l,\ l = \binom{n-3}{p})$ を $G_{\gamma'}$ の部分グラフで K_p に同型なものの全体とすると, それらの p サイクルの集合 $\Gamma_p(H_{\gamma'}^i)$ は互いに共通部分を持たず, その直和は $\Gamma_p(G_{\gamma'})$ に等しい. このことと系 6.3.3 から

$$\sum_{\gamma' \in \Gamma_3(K_n)} \left(\sum_{\gamma \in \Gamma_p(G_{\gamma'})} \mathrm{lk}(f(\gamma), f(\gamma'))^2 \right)$$

$$= \sum_{\gamma' \in \Gamma_3(K_n)} \left(\sum_{i=1}^l \left(\sum_{\gamma \in \Gamma_p(H_{\gamma'}^i)} \mathrm{lk}(f(\gamma), f(\gamma'))^2 \right) \right)$$

$$= \sum_{\gamma' \in \Gamma_3(K_n)} \left(\sum_{i=1}^l \left((p-3)! \sum_{\gamma \in \Gamma_3(H_{\gamma'}^i)} \mathrm{lk}(f(\gamma), f(\gamma'))^2 \right) \right)$$

$$= (p-3)! \sum_{\gamma' \in \Gamma_3(K_n)} \left(\sum_{i=1}^l \left(\sum_{\gamma \in \Gamma_3(H_{\gamma'}^i)} \mathrm{lk}(f(\gamma), f(\gamma'))^2 \right) \right)$$
(6.51)

となるが, ここで $G_{\gamma'}$ の 3 サイクル γ はちょうど $\binom{n-6}{p-3}$ 個の $H_{\gamma'}^i$ に重複して含まれるので,

$$\sum_{i=1}^{l} \left(\sum_{\gamma \in \Gamma_3(H^i_{\gamma'})} \mathrm{lk}(f(\gamma), f(\gamma'))^2 \right) = \binom{n-6}{p-3} \sum_{\gamma \in \Gamma_3(G_{\gamma'})} \mathrm{lk}(f(\gamma), f(\gamma'))^2$$

$$(6.52)$$

となる. 従って (6.50), (6.51), (6.52) から

$$\sum_{\gamma \in \Gamma_p(K_n)} \left(\sum_{\gamma' \in \Gamma_q(G_\gamma)} \mathrm{lk}(f(\gamma), f(\gamma'))^2 \right)$$

$$= (p-3)!(q-3)! \binom{n-6}{p-3} \sum_{\gamma' \in \Gamma_3(K_n)} \left(\sum_{\gamma \in \Gamma_3(G_{\gamma'})} \mathrm{lk}(f(\gamma), f(\gamma'))^2 \right)$$

$$= 2(n-6)! \sum_{\lambda \in \Gamma_{3,3}(K_n)} \mathrm{lk}(f(\lambda))^2 \qquad (6.53)$$

となる. (6.49), (6.53) と $2/(1+\delta_{pq}) = 2 - \delta_{pq}$ から (6.38) が得られる.

次に後半の (6.39) を示そう. $n = p+q$ なる $p, q \geq 3$ の組は, n が奇数のとき, $p \neq q$ であるもののみ $(n-5)/2$ 個あり, $2(n-6)! \cdot (n-5)/2 = (n-5)!$ である. n が偶数のとき, $p \neq q$ であるものが $(n-6)/2$ 個, $p = q = n/2$ であるものが 1 個あり, $2(n-6)! \cdot (n-6)/2 + (n-6)! = (n-5)!$ である. 従って (6.38) から結論が得られる. $\qquad \square$

定理 6.2.1 から系 6.2.7, 系 6.2.11 が導かれたのと全く同様に, 定理 6.3.1 から次の 2 つの系が導かれる. 証明は演習問題 6.5 として読者に委ねよう.

系 6.3.4 $n = p+q$ なる整数 $p, q \geq 3$ に対し, K_n の任意の空間グラフ $f(K_n)$ において

$$\sum_{\lambda \in \Gamma_{p,q}(K_n)} \mathrm{lk}(f(\lambda))^2 \geq (2 - \delta_{pq}) \cdot \frac{n!}{6!}. \qquad (6.54)$$

系 6.3.5 $n = p+q$ なる整数 $p, q \geq 3$ に対し, K_n の任意の空間グラフ $f(K_n)$ において, 次の $\mathrm{mod}\ 2 \cdot (2 - \delta_{pq}) \cdot (n-6)!$ の合同式が成り立つ:

$$\sum_{\lambda \in \Gamma_{p,q}(K_n)} \mathrm{lk}(f(\lambda))^2 \equiv \begin{cases} (2 - \delta_{pq})(n-6)! & (n \equiv 6, 7 \pmod 8) \\ 0 & (n \not\equiv 6, 7 \pmod 8). \end{cases}$$

$$(6.55)$$

注意 6.3.6 特に 2 成分 Hamilton 絡み目全体を考えたとき, 不等式

$$\sum_{p+q=n} \sum_{\lambda \in \Gamma_{p,q}(K_n)} \mathrm{lk}(f(\lambda))^2 \geq (n-5) \cdot \frac{n!}{6!}, \qquad (6.56)$$

及び $\mathrm{mod}\ 2 \cdot (n-5)!$ の合同式:

$$\sum_{p+q=n} \sum_{\lambda \in \Gamma_{p,q}(K_n)} \mathrm{lk}(f(\lambda))^2 \equiv \begin{cases} (n-5)! & (n \equiv 6, 7 \pmod 8) \\ 0 & (n \not\equiv 6, 7 \pmod 8) \end{cases} \qquad (6.57)$$

も成り立つ (演習問題 6.6). (6.57) より特に $n \geq 7$ のとき，mod 2 の合同式

$$\sum_{p+q=n} \sum_{\lambda \in \Gamma_{p,q}(K_n)} \mathrm{lk}_2(f(\lambda)) \equiv 0 \pmod{2}$$

が得られるが，これは歴史的には Kazakov–Korablev が最初に示した ([63]).

系 6.3.4，系 6.3.5 は K_n の空間グラフ内の分離不能な Hamilton 絡み目の個数の代数的な評価を与えているものといえる．次の例で，K_7 の場合にその最小個数を決定しよう．空間グラフの分離不能な絡み目成分の最小個数の研究については [35], [1] も参照せよ．

例 6.3.7 K_7 の空間グラフ $f(K_7)$ において，(6.54), (6.55) から

$$\sum_{\lambda \in \Gamma_{3,4}(K_7)} \mathrm{lk}(f(\lambda))^2 \geq 14, \tag{6.58}$$

$$\sum_{\lambda \in \Gamma_{3,4}(K_7)} \mathrm{lk}(f(\lambda))^2 \equiv 2 \pmod{4} \tag{6.59}$$

が成り立つ．そこで K_7 は Petersen 族の P_7 に同型な部分グラフを 70 個含んでおり，それらを H_i $(i = 1, 2, \ldots, 70)$ とおくと，定理 4.2.1 から $f(H_i)$ は絡み数が奇数の $(3, 4)$ 絡み目を含む．$\Gamma_{3,4}(K_7)$ の任意の元 λ はちょうど 6 個の H_i に重複するので，少なくとも $\lceil 70/6 \rceil = 12$ 個の絡み数が奇数の $(3, 4)$ 絡み目が存在する．絡み数が奇数の $(3, 4)$ 絡み目の個数を k とすると

$$\sum_{\lambda \in \Gamma_{3,4}(K_7)} \mathrm{lk}(f(\lambda))^2 \equiv k \pmod{4}$$

となり，$k = 12, 13$ は (6.59) に反する．従って $k \geq 14$ となる (この事実は別の方法により [35] で最初に示された)．(6.58) はこのことからも得られる．そこで図 1.27 の右の空間グラフ $h(K_7)$ は，分離不能な $(3, 4)$ 絡み目としてちょうど 14 個の Hopf 絡み目を含んでおり (演習問題 6.7)，従って K_7 の空間グラフが持ちうる分離不能な Hamilton 絡み目の最小個数を実現する．

さて，系 6.3.4 から，もう 1 つ面白いことがわかる．それは頂点数を十分大きくしたときの Hamilton 絡み目の絡み数の振る舞いである．

系 6.3.8 $n = p + q$ なる整数 $p, q \geq 3$ に対し，K_n の任意の空間グラフ $f(K_n)$ において

$$\max_{\lambda \in \Gamma_{p,q}(K_n)} |\mathrm{lk}(f(\lambda))| \geq \frac{\sqrt{pq}}{3\sqrt{10}}.$$

証明. K_n の p サイクルと q サイクルの非交和の個数は

$$\frac{1}{1 + \delta_{pq}} \binom{n}{p} \cdot \frac{(p-1)!}{2} \cdot \frac{(q-1)!}{2} = \frac{n!}{4(1 + \delta_{pq})pq}$$

である (演習問題 6.8)．そこで系 6.3.4 から

$$\left(\max_{\lambda \in \Gamma_{p,q}(K_n)} |\mathrm{lk}(f(\lambda))| \right)^2 \cdot \frac{n!}{4(1+\delta_{pq})pq} \geq \sum_{\lambda \in \Gamma_{p,q}(K_n)} \mathrm{lk}(f(\lambda))^2$$

$$\geq (2-\delta_{pq}) \cdot \frac{n!}{6!}$$

となり，$(2-\delta_{pq})(1+\delta_{pq}) = 2$ であることに注意して

$$\left(\max_{\lambda \in \Gamma_{p,q}(K_n)} |\mathrm{lk}(f(\lambda))| \right)^2 \geq \frac{8pq}{6!} = \frac{pq}{90}$$

となる．これより結果が得られる． $\qquad\qquad\square$

系 6.3.8 は，K_n の空間グラフは，n が十分大きければ，任意に大きな絡み数 (の絶対値) を持つ (p,q) 絡み目を必ず含むと言っている．これより，特に次の結果が得られる．

系 6.3.9 p, q を $p, q \geq 3$ なる整数とする．空間グラフ $f(K_{p+q})$ と自然数 m に対し，もし $pq > 90(m-1)^2$ ならば，$\Gamma_{p,q}(K_{p+q})$ のある元 λ が存在して $|\mathrm{lk}(f(\lambda))| \geq m$ となる．

証明. もし $pq > 90(m-1)^2$ ならば，系 6.3.8 から

$$\max_{\lambda \in \Gamma_{p,q}(K_{p+q})} |\mathrm{lk}(f(\lambda))| \geq \frac{\sqrt{pq}}{3\sqrt{10}}$$

$$> m-1$$

となる．故に $|\mathrm{lk}(f(\lambda))| \geq m$ となる $\lambda \in \Gamma_{p,q}(K_{p+q})$ が存在する． $\qquad\square$

頂点数の十分大きな K_n の空間グラフが任意に大きな絡み数 (の絶対値) を持つ 2 成分絡み目を必ず含むこと自体は [24]，[117] で示されており，特に K_{12m} の任意の空間グラフは，絡み数の絶対値が m 以上の 2 成分絡み目を必ず含むことが知られているが ([116])，それを必ず Hamilton 絡み目として取れるか，またそのタイプ (p,q) を自由に指定できるかまでは知られていなかった．系 6.3.9 は，もう少し頂点数を増やせば，それが可能であることを示している．

6.4 Conway–Gordon 型定理

Conway–Gordon の定理は整数上の等式 (6.1)，(6.9) に持ち上げられ，その系として，従来の合同式型に加え，(6.32) のような不等式型の関係式も得られることを 6.2 節で見た．これらのように，空間グラフ内の結び目/絡み目成分の振る舞いを縛るような不変量の関係式で，グラフの何らかの非自明内在性を導くようなものを総称して **Conway–Gordon 型定理**と呼ぶことにする．4.3 節で述べた通り，一般にグラフの Conway–Gordon 型定理を見出すことは簡単でないが，命題 4.2.2 で述べたように結び目/絡み目内在性は $\triangle Y$ 変換で

保存されるのであった．ならば更に，それら内在性を導く Conway–Gordon 型定理も $\triangle Y$ 変換によって伝播させられないだろうか？本節では，[95] で構築されたその枠組みについて述べよう．

A を加法群とし，α を A に値を取る (無向) 絡み目の不変量とする．いま不変量 α が**圧縮可能**であるとは，自明な結び目を分離成分に持つ任意の絡み目 L について $\alpha(L) = 0$ となるときをいう．図 4.3 のグラフ $G_\triangle, G_Y$ において，$\bar{\Gamma}(G_\triangle)$ の各元 γ' に対し A に値を取る絡み目不変量 $\alpha_{\gamma'}$ が割り当てられているとする．このとき，$\bar{\Gamma}(G_Y)$ の任意の元 γ に対して，A に値を取る絡み目不変量 $\tilde{\alpha}_\gamma$ を

$$\tilde{\alpha}_\gamma(L) = \sum_{\gamma' \in \bar{\Phi}^{-1}(\gamma)} \alpha_{\gamma'}(L)$$

で定め，これを γ に割り当てる．このとき，次が成り立つ．

補題 6.4.1 (新國–谷山 [95]) $\bar{\Gamma}_\triangle(G_\triangle)$ の 任意の元 γ' に対し，$\alpha_{\gamma'}$ は圧縮可能であるとする．このとき，G_Y の任意の空間グラフ $f(G_Y)$ において

$$\sum_{\gamma \in \bar{\Gamma}(G_Y)} \tilde{\alpha}_\gamma(f(\gamma)) = \sum_{\gamma' \in \bar{\Gamma}(G_\triangle)} \alpha_{\gamma'}(\varphi(f)(\gamma')).$$

証明. $\bar{\Gamma}_\triangle(G_\triangle)$ の元 γ' に対し，$\varphi(f)(\gamma')$ は $\gamma' \in \Gamma(G_\triangle)$ なら自明な結び目で，$\gamma' \in \bar{\Gamma}(G_\triangle) \setminus \Gamma(G_\triangle)$ なら自明な結び目を分離成分に持つ絡み目である．$\bar{\Gamma}_\triangle(G_\triangle)$ の 任意の元 γ' に対し $\alpha_{\gamma'}$ は圧縮可能なので，

$$\sum_{\gamma' \in \bar{\Gamma}(G_\triangle)} \alpha_{\gamma'}(\varphi(f)(\gamma')) = \sum_{\gamma' \in \bar{\Gamma}(G_\triangle) \setminus \bar{\Gamma}_\triangle(G_\triangle)} \alpha_{\gamma'}(\varphi(f)(\gamma'))$$

である．ここで

$$\bar{\Gamma}(G_\triangle) \setminus \bar{\Gamma}_\triangle(G_\triangle) = \bigcup_{\gamma \in \bar{\Gamma}(G_Y)} \bar{\Phi}^{-1}(\gamma)$$

に注意して，命題 4.2.3 から

$$\sum_{\gamma' \in \bar{\Gamma}(G_\triangle) \setminus \bar{\Gamma}_\triangle(G_\triangle)} \alpha_{\gamma'}(\varphi(f)(\gamma')) = \sum_{\gamma \in \bar{\Gamma}(G_Y)} \left(\sum_{\gamma' \in \bar{\Phi}^{-1}(\gamma)} \alpha_{\gamma'}(\varphi(f)(\gamma')) \right)$$

$$= \sum_{\gamma \in \bar{\Gamma}(G_Y)} \left(\sum_{\gamma' \in \bar{\Phi}^{-1}(\gamma)} \alpha_{\gamma'}(f(\gamma)) \right)$$

$$= \sum_{\gamma \in \bar{\Gamma}(G_Y)} \tilde{\alpha}_\gamma(f(\gamma))$$

となる．よって結論が得られた． □

補題 6.4.1 から直ちに次が得られる．

定理 6.4.2 $\bar{\Gamma}_\triangle(G_\triangle)$ の任意の元 γ' に対し $\alpha_{\gamma'}$ は圧縮可能とし，A のある部分集合 A_0 が存在して，$G_\triangle$ の任意の空間グラフ $g(G_\triangle)$ において $\sum_{\gamma' \in \bar{\Gamma}(G_\triangle)} \alpha_{\gamma'}(g(\gamma'))$ は A_0 の元であるとする．このとき，G_Y の任意の空間グラフ $f(G_Y)$ において，$\sum_{\gamma \in \bar{\Gamma}(G_Y)} \tilde{\alpha}_\gamma(f(\gamma))$ もまた A_0 の元である．

定理 6.4.2 の応用により，$\mathcal{F}_\triangle(K_6)$ 及び $\mathcal{F}_\triangle(K_7)$ に属する任意のグラフに対し，その空間グラフにおいて成り立つ Conway–Gordon 型定理を以下のように見出すことができる．

定理 6.4.3 (1) $\mathcal{F}_\triangle(K_6)$ に属する任意のグラフ G に対し，写像 $\omega \colon \Gamma(G) \to \mathbb{Z}$ が存在して，G の空間グラフ $f(G)$ において

$$2 \sum_{\gamma \in \Gamma(G)} \omega(\gamma) a_2(f(\gamma)) = \sum_{\gamma \in \Gamma^{(2)}(G)} \mathrm{lk}(f(\gamma))^2 - 1.$$

(2) $\mathcal{F}_\triangle(K_7)$ に属する任意のグラフ G に対し，写像 $\omega \colon \bar{\Gamma}(G) \to \mathbb{Z}$ が存在して，G の空間グラフ $f(G)$ において

$$\sum_{\gamma \in \Gamma(G)} \omega(\gamma) a_2(f(\gamma)) = \sum_{\gamma \in \Gamma^{(2)}(G)} \omega(\gamma) \mathrm{lk}(f(\gamma))^2 - 6. \tag{6.60}$$

更にここで右辺の $\sum_{\gamma \in \Gamma^{(2)}(G)} \omega(\gamma) \mathrm{lk}(f(\gamma))^2$ は奇数である．

証明. (1) 写像 $\omega \colon \bar{\Gamma}(K_6) \to \mathbb{Z}$ を，$\gamma' \in \bar{\Gamma}(K_6)$ に対し

$$\omega(\gamma') = \begin{cases} 1 & (\gamma' \in \Gamma_6(K_6) \cup \Gamma^{(2)}(K_6)) \\ -1 & (\gamma' \in \Gamma_5(K_6)) \\ 0 & (その他) \end{cases}$$

で定義すると，定理 6.1.1 から K_6 の空間グラフ $g(K_6)$ において

$$2 \sum_{\gamma' \in \Gamma(K_6)} \omega(\gamma') a_2(g(\gamma')) = \sum_{\gamma' \in \Gamma^{(2)}(K_6)} \omega(\gamma') \mathrm{lk}(g(\gamma'))^2 - 1 \tag{6.61}$$

が成り立つ．このとき，$\bar{\Gamma}(K_6)$ の各元 γ' に対し，整数値の絡み目不変量 $\alpha_{\gamma'}$ を以下で定義する．まず $\Gamma(K_6)$ の元 γ' に対しては，絡み目 L が結び目なら $\alpha_{\gamma'}(L) = 2\omega(\gamma') a_2(L)$，そうでなければ $\alpha_{\gamma'}(L) = 0$ とする．次に $\Gamma^{(2)}(K_6)$ の元 γ' に対しては，L が 2 成分絡み目なら $\alpha_{\gamma'}(L) = -\omega(\gamma') \mathrm{lk}(L)^2$，そうでなければ $\alpha_{\gamma'}(L) = 0$ とする．このとき (6.61) から

$$\sum_{\gamma' \in \bar{\Gamma}(K_6)} \alpha_{\gamma'}(g(\gamma')) = -1 \tag{6.62}$$

となる．そこで K_6 からちょうど 1 回の $\triangle Y$ 変換で得られるグラフ Q_7 を考えよう．上で定義した絡み目不変量 $\alpha_{\gamma'}$ は，$\bar{\Gamma}(K_6)$ の任意の元 γ' について圧縮可能である．従って定理 6.4.2 と (6.62) から ($A_0 \subset \mathbb{Z}$ として $A_0 = \{-1\}$ を取る)，Q_7 の任意の空間グラフ $f(Q_7)$ について

$$\sum_{\gamma \in \bar{\Gamma}(Q_7)} \tilde{\alpha}_\gamma(f(\gamma)) = -1 \tag{6.63}$$

が成り立つ．そこでいま，写像 $\tilde{\omega} \colon \bar{\Gamma}(Q_7) \to \mathbb{Z}$ を，$\gamma \in \bar{\Gamma}(Q_7)$ に対し

$$\tilde{\omega}(\gamma) = \sum_{\gamma' \in \Phi^{-1}(\gamma)} \omega(\gamma') \tag{6.64}$$

で定義する．このとき，$\gamma \in \Gamma(Q_7)$ に対し $f(\gamma)$ は結び目で

$$
\begin{aligned}
\tilde{\alpha}_\gamma(f(\gamma)) &= \sum_{\gamma' \in \Phi^{-1}(\gamma)} \alpha_{\gamma'}(f(\gamma)) \\
&= 2 \sum_{\gamma' \in \Phi^{-1}(\gamma)} \omega(\gamma') a_2(f(\gamma)) \\
&= 2\tilde{\omega}(\gamma) a_2(f(\gamma))
\end{aligned} \tag{6.65}
$$

となり，また $\gamma \in \Gamma^{(2)}(Q_7)$ に対し $f(\gamma)$ は 2 成分絡み目で

$$
\begin{aligned}
\tilde{\alpha}_\gamma(f(\gamma)) &= \sum_{\gamma' \in \Phi^{(2)^{-1}}(\gamma)} \alpha_{\gamma'}(f(\gamma)) \\
&= - \sum_{\gamma' \in \Phi^{(2)^{-1}}(\gamma)} \omega(\gamma') \operatorname{lk}(f(\gamma))^2 \\
&= -\tilde{\omega}(\gamma) \operatorname{lk}(f(\gamma))^2
\end{aligned} \tag{6.66}
$$

となる．$\bar{\Gamma}(Q_7) = \Gamma(Q_7) \cup \Gamma^{(2)}(Q_7)$ であることに注意して，(6.63)，(6.65)，(6.66) から

$$2 \sum_{\gamma \in \Gamma(Q_7)} \tilde{\omega}(\gamma) a_2(f(\gamma)) - \sum_{\gamma \in \Gamma^{(2)}(Q_7)} \tilde{\omega}(\gamma) \operatorname{lk}(f(\gamma))^2 = -1 \tag{6.67}$$

が得られる．ここで Q_7（及び Petersen 族に属する任意のグラフ）の 2 つのサイクルの非交和はグラフの全ての頂点を含むことから，写像 $\Phi^{(2)}$ は全単射で，従って $\Gamma^{(2)}(Q_7)$ の任意の元 γ において $\tilde{\omega}(\gamma) = 1$ となる．よって (6.67) から

$$2 \sum_{\gamma \in \Gamma(Q_7)} \tilde{\omega}(\gamma) a_2(f(\gamma)) = \sum_{\gamma \in \Gamma^{(2)}(Q_7)} \operatorname{lk}(f(\gamma))^2 - 1$$

が得られる．これを繰り返せばよい．

(2) 写像 $\omega \colon \bar{\Gamma}(K_7) \to \mathbb{Z}$ を，$\gamma' \in \bar{\Gamma}(K_7)$ に対し

$$\omega(\gamma') = \begin{cases} 1 & (\gamma' \in \Gamma_7(K_7) \cup \Gamma_{3,3}(K_7)) \\ -2 & (\gamma' \in \Gamma_5(K_7)) \\ 0 & (\text{その他}) \end{cases} \tag{6.68}$$

で定義すると，(6.9) から K_7 の空間グラフ $g(K_7)$ において

$$\sum_{\gamma' \in \Gamma(K_7)} \omega(\gamma') a_2(g(\gamma')) = \sum_{\gamma' \in \Gamma^{(2)}(K_7)} \omega(\gamma') \operatorname{lk}(g(\gamma'))^2 - 6 \tag{6.69}$$

が成り立つ．このとき，$\bar{\Gamma}(K_7)$ の各元 γ' に対し，整数値の絡み目不変量 $\alpha_{\gamma'}$

を以下で定義する．まず $\Gamma(K_7)$ の元 γ' に対しては，絡み目 L が結び目なら $\alpha_{\gamma'}(L) = \omega(\gamma')a_2(L)$，そうでなければ $\alpha_{\gamma'}(L) = 0$ とする．次に $\Gamma^{(2)}(K_7)$ の元 γ' に対しては，L が 2 成分絡み目なら $\alpha_{\gamma'}(L) = -\omega(\gamma')\operatorname{lk}(L)^2$，そうでなければ $\alpha_{\gamma'}(L) = 0$ とする．このとき (6.69) から $\sum_{\gamma' \in \bar{\Gamma}(K_7)} \alpha_{\gamma'}(g(\gamma')) = -6$ となる．そこで K_7 からちょうど 1 回の $\triangle Y$ 変換で得られるグラフ H_8 を考えると，(1) の証明において (6.63) を示したときと全く同様にして，H_8 の任意の空間グラフ $f(H_8)$ について $\sum_{\gamma \in \bar{\Gamma}(H_8)} \tilde{\alpha}_\gamma(f(\gamma)) = -6$ が成り立つことがわかる．そこで写像 $\tilde{\omega}\colon \bar{\Gamma}(H_8) \to \mathbb{Z}$ を，$\gamma \in \bar{\Gamma}(H_8)$ に対しやはり (6.64) で定義すると，これも (1) の場合と全く同様にして，H_8 の任意の空間グラフ $f(H_8)$ において

$$\sum_{\gamma \in \Gamma(H_8)} \tilde{\omega}(\gamma)a_2(f(\gamma)) - \sum_{\gamma \in \Gamma^{(2)}(H_8)} \tilde{\omega}(\gamma)\operatorname{lk}(f(\gamma))^2 = -6$$

が成り立つことがわかる．これを繰り返すことで前半が得られる．

一方，等式 (6.69) において，(6.10) で見た通り

$$\sum_{\gamma' \in \Gamma^{(2)}(K_7)} \omega(\gamma')\operatorname{lk}(g(\gamma'))^2 \equiv 1 \pmod 2$$

である．そこで改めて $\gamma' \in \bar{\Gamma}(K_7)$ に対し，絡み目不変量 $\alpha_{\gamma'}$ を，$\gamma' \in \Gamma(K_7)$ に対しては $\alpha_{\gamma'} = 0$，$\gamma' \in \Gamma^{(2)}(K_7)$ に対しては L が 2 成分絡み目なら $\alpha_{\gamma'}(L) = \omega(\gamma')\operatorname{lk}(L)^2$，そうでなければ $\alpha_{\gamma'}(L) = 0$ として定義し直して定理 6.4.2 を適用することで（$A_0 \subset \mathbb{Z}$ として奇数全体の集合を取る），H_8 の任意の空間グラフ $f(H_8)$ において

$$\sum_{\gamma \in \Gamma^{(2)}(H_8)} \tilde{\omega}(\gamma)\operatorname{lk}(f(\gamma))^2 \equiv 1 \pmod 2$$

が成り立つことが前半と全く同じ方法によってわかる．これを繰り返して後半が得られる． $\square$

注意 6.4.4 Petersen 族の元 P_7 について，その次数 7 の頂点を u とおくとき，P_7 の空間グラフ $f(P_7)$ について

$$2\sum_{\gamma \in \Gamma_7(P_7)} a_2(f(\gamma)) - 4\sum_{\substack{\gamma \in \Gamma_6(P_7) \\ u \not\subset \gamma}} a_2(f(\gamma)) - 2\sum_{\gamma \in \Gamma_5(P_7)} a_2(f(\gamma))$$
$$= \sum_{\gamma \in \Gamma_{3,4}(P_7)} \operatorname{lk}(f(\gamma))^2 - 1 \tag{6.70}$$

が成り立つことが，定理 6.1.1 の証明と同様の方法で示される（[97]）．従って定理 6.4.3 (1) は Petersen 族 $\mathcal{F}(K_6)$ の任意の元について成り立つ．K_6, P_7 以外のグラフ G における写像 $\omega\colon \bar{\Gamma}(G) \to \mathbb{Z}$ の具体的な対応は [43] で与えられており，特に Petersen グラフ P_{10} の空間グラフ $f(P_{10})$ においては

$$2 \sum_{\gamma \in \Gamma_9(P_{10})} a_2(f(\gamma)) - 4 \sum_{\gamma \in \Gamma_6(P_{10})} a_2(f(\gamma)) - 2 \sum_{\gamma \in \Gamma_5(P_{10})} a_2(f(\gamma))$$
$$= \sum_{\gamma \in \Gamma_{5,5}(P_{10})} \mathrm{lk}(f(\gamma))^2 - 1$$

である.

定理 4.2.1 は，定理 6.4.3 (1) 及び (6.70) の系として直ちに得られることに注意しよう．即ち，定理 4.2.1 は K_6 の場合だけでなく，Petersen 族の他のグラフについても整数上に精密化される．また，Heawood 族について，結び目内在性を持つ $\mathcal{F}_\triangle(K_7)$ の各グラフに対しては，(6.60) の両辺の mod 2 を取ることで次が成り立つ.

系 6.4.5 $\mathcal{F}_\triangle(K_7)$ に属する任意のグラフ G に対し，$\Gamma(G)$ の部分集合 Γ が存在して，G の任意の空間グラフ $f(G)$ において

$$\sum_{\gamma \in \Gamma} \mathrm{Arf}(f(\gamma)) \equiv 1 \pmod 2.$$

即ち，$\mathcal{F}_\triangle(K_7)$ に属する任意のグラフについて，定理 3.2.1 (2) と同様の $\mathbb{Z}_2$ 上の Conway–Gordon 型定理が成り立ち，定理 6.4.3 (2) はそれらの整数上への精密化である.

4.3 節で述べた結び目内在性に関してマイナーミニマルなグラフのひとつである $K_{3,3,1,1}$，及び $\mathcal{F}_\triangle(K_{3,3,1,1})$ に属するグラフについても，Conway–Gordon 型定理が考察されている．次の例で紹介しよう.

例 6.4.6 (橋本–新國 [44]) $K_{3,3,1,1}$ の空間グラフ $f(K_{3,3,1,1})$ の Hamilton 結び目については，定理 3.2.1 (2) と同様の合同式は成り立たないことを例 4.3.1 で見た．一方，$K_{3,3,1,1}$ の次数 7 の 2 頂点を x, y とおき，$K_{3,3,1,1}$ から頂点 x 及びその接続辺を全て除いて得られる部分グラフを G_x，頂点 y 及びその接続辺を全て除いて得られる部分グラフを G_y とおく (図 6.7)．また，$K_{3,3} = G_x \cap G_y$ の 6 頂点を図 6.7 のように 3 個の黒頂点と 3 個の白頂点に分ける．このとき写像 $\omega: \Gamma(K_{3,3,1,1}) \to \mathbb{Z}$ を，$\gamma \in \Gamma(K_{3,3,1,1})$ に対し

$$\omega(\gamma) = \begin{cases} 1 & (\gamma \in \Gamma_8(K_{3,3,1,1})) \\ -1 & (\gamma \in \Gamma_7(G_x) \cup \Gamma_7(G_y)) \\ -1 & (\gamma \in \Gamma_6') \\ -1 & (\gamma \in \Gamma_5(G_x) \cup \Gamma_5(G_y)) \\ 0 & (\text{その他}) \end{cases} \tag{6.71}$$

で定義する．ここで Γ_6' は x, y のうちいずれかのみを含む 6 サイクル，及び x, y，2 つの黒頂点及び 2 つの白頂点からなる 6 サイクル全体の集合である．このとき，任意の空間グラフ $f(K_{3,3,1,1})$ において

$$\sum_{\gamma \in \Gamma(K_{3,3,1,1})} \omega(\gamma) a_2(f(\gamma)) \geq 1 \tag{6.72}$$

が成り立つことが知られている. $K_{3,3,1,1}$ の結び目内在性はこの不等式からも導かれる. 更に $\mathcal{F}_\triangle(K_{3,3,1,1})$ の任意の元についても, (6.72) 及び定理 6.4.2 の反復使用によって, 同様の不等式が得られる.

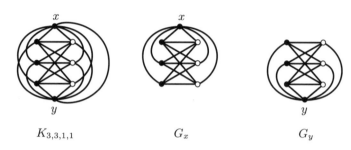

$$K_{3,3,1,1} \qquad\qquad G_x \qquad\qquad G_y$$

図 6.7 $K_{3,3,1,1}$ 及びその P_7 に同型な部分グラフ G_x, G_y.

例 6.4.6 において $K_{3,3,1,1}$ の結び目内在性を不等式 (6.72) から示したが, Hamilton 結び目が結ばるかどうかはわからない. 実はもとの Foisy の証明 ([36]) でもこのことまではわからず, 空間グラフの理論における有名な未解決問題である. ある部分解については例 7.3.3 で述べる.

未解決問題 6.4.7 $K_{3,3,1,1}$ の空間グラフは, 非自明な結び目成分として Hamilton 結び目を必ず持つか?

本書で具体的に登場する Conway–Gordon 型定理は, 全て Conway 多項式の 2 次の係数と絡み数に関する関係式であるが, 本節で述べた枠組みでは, 用いる不変量は圧縮可能であればよく, もちろんそのような不変量はたくさん知られている. より '強い' 不変量を用いた Conway–Gordon の定理の一般化の枠組みは, **Vassiliev 不変量** (有限型不変量) の立場から [98] で先駆的に研究されている. a_2 と lk^2 はともに次数 2 以下の Vassiliev 不変量である.

6.5 Heawood グラフの結び目内在性

4.3 節で述べたように, $\mathcal{F}(K_7)$ が Heawood 族と呼ばれるのは Heawood グラフ $HG = C_{14}$ をその元の 1 つとして持つからだが, C_{14} は $\mathcal{F}_\triangle(K_7)$ の元でもあり, 従って定理 6.4.3 (2) の Conway–Gordon 型定理が成り立つ. 本節では, (6.60) の写像 $\omega : \bar{\Gamma}(C_{14}) \to \mathbb{Z}$ を求め, それをより具体的に書き表してみよう. それにより, K_7 とはちょっと趣きの異なる結び目内在性が見えてくる.

そのために 1 つ補題を準備する. いまグラフの 2 つのサイクルが**辺素**であ

るとは，これらの共通部分がグラフの辺を含まないときをいう (頂点は共有してもよい)．いま $\triangle_1, \triangle_2, \ldots, \triangle_k$ をグラフ G の互いに辺素な 3 サイクルとする．各 $\triangle_i$ を，G から $i \neq j$ なる $\triangle_j$ たちで $\triangle Y$ 変換を施して得られるグラフの 3 サイクルとしても扱う．$G_0 = G$ とし，$l = 1, 2, \ldots, k$ に対し，グラフ G_l をグラフ G_{l-1} から $\triangle_l$ における $\triangle Y$ 変換で得られるグラフとする．一方，σ を $1, 2, \ldots, k$ の置換，即ち集合 $\{1, 2, \ldots, k\}$ 上の全単射とする．$G_0' = G$ とし，$l = 1, 2, \ldots, k$ に対し，グラフ G_l' をグラフ G_{l-1}' から $\triangle_{\sigma(l)}$ における $\triangle Y$ 変換で得られるグラフとする．$G_k = G_k'$ であることに注意しよう．このとき，次が成り立つ．

補題 6.5.1 $\bar{\Gamma}(G_k) = \bar{\Gamma}(G_k')$ の任意の元 γ に対し，

$$(\bar{\Phi}_{G_{k-1}, G_k} \circ \bar{\Phi}_{G_{k-2}, G_{k-1}} \circ \cdots \circ \bar{\Phi}_{G_0, G_1})^{-1}(\gamma)$$
$$= (\bar{\Phi}_{G_{k-1}', G_k'} \circ \bar{\Phi}_{G_{k-2}', G_{k-1}'} \circ \cdots \circ \bar{\Phi}_{G_0', G_1'})^{-1}(\gamma).$$

証明. γ' を γ の $\bar{\Phi}_{G_{k-1}, G_k} \circ \bar{\Phi}_{G_{k-2}, G_{k-1}} \circ \cdots \circ \bar{\Phi}_{G_0, G_1}$ による逆像の元とする．このとき，$\triangle_1, \triangle_2, \ldots, \triangle_k$ は互いに辺素なので，

$$\gamma = \bar{\Phi}_{G_{k-1}, G_k} \circ \bar{\Phi}_{G_{k-2}, G_{k-1}} \circ \cdots \circ \bar{\Phi}_{G_0, G_1}(\gamma')$$
$$= \bar{\Phi}_{G_{k-1}', G_k'} \circ \bar{\Phi}_{G_{k-2}', G_{k-1}'} \circ \cdots \circ \bar{\Phi}_{G_0', G_1'}(\gamma')$$

となる．よって γ' は γ の $\bar{\Phi}_{G_{k-1}', G_k'} \circ \bar{\Phi}_{G_{k-2}', G_{k-1}'} \circ \cdots \circ \bar{\Phi}_{G_0', G_1'}$ による逆像の元でもある．これより片方の包含関係が得られ，もう一方の包含関係も同様に得られる． $\square$

定理 6.5.2 Heawood グラフ $HG = C_{14}$ の空間グラフ $f(C_{14})$ において

$$\sum_{\gamma \in \Gamma_{14}(C_{14})} a_2(f(\gamma)) + 3 \sum_{\gamma \in \Gamma_{12}(C_{14})} a_2(f(\gamma))$$
$$- 8 \sum_{\gamma \in \Gamma_8(C_{14})} a_2(f(\gamma)) - 6 \sum_{\gamma \in \Gamma_6(C_{14})} a_2(f(\gamma))$$
$$= \sum_{\gamma \in \Gamma_{6,6}(C_{14})} \mathrm{lk}(f(\gamma))^2 - 6.$$

証明. 図 4.6 の K_7 から C_{14} への $\triangle Y$ 変換の系列

$$K_7 \to H_8 \to F_9 \to E_{10} \to E_{11} \to C_{12} \to C_{13} \to C_{14} \tag{6.73}$$

を考える (図 6.8)．K_7 の 7 つの 3 サイクル $\triangle_i$ $(i = 1, 2, \ldots, 7)$ を

$$\triangle_1 = [137], \ \triangle_2 = [457], \ \triangle_3 = [156], \ \triangle_4 = [235],$$
$$\triangle_5 = [346], \ \triangle_6 = [267], \ \triangle_7 = [124]$$

とすると，これらは互いに辺素で，K_7 からこの順番で $\triangle Y$ 変換を施すことで (6.73) の系列が得られる．そこでこの系列に沿って定理 6.4.3 (2) の証明で述

べた方法を順次適用することで, $G = C_{14}$ について写像 $\tilde{\omega} \colon \bar{\Gamma}(C_{14}) \to \mathbb{Z}$ が構成され, 関係式

$$\sum_{\gamma \in \Gamma(C_{14})} \tilde{\omega}(\gamma) a_2(f(\gamma)) = \sum_{\gamma \in \Gamma^{(2)}(C_{14})} \tilde{\omega}(\gamma) \operatorname{lk}(f(\gamma))^2 - 6 \qquad (6.74)$$

が得られる. ここで写像 $\tilde{\omega}$ は (6.64) の構成を (6.73) の系列に沿って逐次実行したものであるから, 写像 $\omega \colon \bar{\Gamma}(K_7) \to \mathbb{Z}$ を (6.68) のものとし, また (6.73) の系列に対応する (4.4) の写像の合成 $\bar{\Phi}_{C_{13},C_{14}} \circ \bar{\Phi}_{C_{12},C_{13}} \circ \cdots \circ \bar{\Phi}_{K_7,H_8}$ を $\bar{\Phi}^{\star}$ で表すとき, 各 $\gamma \in \bar{\Gamma}(C_{14})$ に対し

$$\tilde{\omega}(\gamma) = \sum_{\gamma' \in \bar{\Phi}^{\star-1}(\gamma)} \omega(\gamma')$$

である. 更にいま, $\Gamma_k(C_{14})$ の任意の元 γ について $\tilde{\omega}(\gamma)$ の値は各 $k = 6, 8, 10, 12, 14$ ごとに等しく, また $\Gamma^{(2)}(C_{14}) = \Gamma_{6,6}(C_{14})$ の任意の元 γ について, $\tilde{\omega}(\gamma)$ の値は等しい. 何となれば, γ_0, γ_1 を $\Gamma_k(C_{14})$ の 2 つの元または $\Gamma_{6,6}(C_{14})$ の 2 つの元とするとき, C_{14} の自己同相写像 σ が存在して $\sigma(\gamma_0) = \gamma_1$ となることが知られている. 群論の言葉を使えば, C_{14} の自己同型群が $\Gamma_k(C_{14})$ 及び $\Gamma_{6,6}(C_{14})$ に推移的に作用するということである (例えば [71] も参照せよ). 更にこの σ として, 頂点 $1, 2, \ldots, 7$ の集合を不変とするものが取れる. このことから σ は K_7 の自己同相写像も誘導し, これも σ で表すことにする. そこで K_7 から $\triangle_{\sigma(i)}$ $(i = 1, 2, \ldots, 7)$ においてこの順番で $\triangle Y$ 変換を施して得られるグラフの系列を

$$K_7 = G_0' \to G_1' \to G_2' \to G_3' \to G_4' \to G_6' \to G_7' \to G_8' = C_{14}$$

とおき, この系列に対応する (4.4) の写像の合成 $\bar{\Phi}_{G_6',G_7'} \circ \bar{\Phi}_{G_5',G_6'} \circ \cdots \circ \bar{\Phi}_{G_0',G_1'}$ を $\bar{\Phi}_\sigma^{\star}$ で表す. このとき補題 6.5.1 から

$$\bar{\Phi}^{\star-1}(\gamma_1) = \bar{\Phi}_\sigma^{\star-1}(\gamma_1) = \bar{\Phi}_\sigma^{\star-1}(\sigma(\gamma_0)) = \{\sigma(\gamma') \mid \gamma' \in \bar{\Phi}^{\star-1}(\gamma_0)\}$$

となる. ω は $\Gamma_k(K_7)$ 及び $\Gamma_{k,l}(K_7)$ の元ごとに同じ値を取るので, これより

$$\sum_{\gamma' \in \bar{\Phi}^{\star-1}(\gamma_1)} \omega(\gamma') = \sum_{\gamma' \in \bar{\Phi}^{\star-1}(\gamma_0)} \omega(\sigma(\gamma')) = \sum_{\gamma' \in \bar{\Phi}^{\star-1}(\gamma_0)} \omega(\gamma')$$

となる. 即ち $\tilde{\omega}(\gamma_0) = \tilde{\omega}(\gamma_1)$ である. そこで以下, C_{14} の特定の k サイクル, または 2 つの 6 サイクルの非交和 γ を取り, $\tilde{\omega}(\gamma)$ の値を求めよう. いずれの場合も $\Phi^{\star}$ による γ の逆像の元をリストアップする必要があるが, その詳細な確認は読者に委ねることにする (演習問題 6.9).

(1) 6 サイクル $\gamma = [1\ 10\ 5\ 11\ 2\ 14]$ について, $\Phi^{\star-1}(\gamma)$ は

$$[125],\ [1256],\ [1235],\ [1425],\ [12356],\ [14256],\ [14235],\ [142356]$$

の 8 つのサイクルからなる. よって $\tilde{\omega}(\gamma) = -2 \cdot 3 = -6$ である.

(2) 8 サイクル $\gamma = [1\ 10\ 6\ 12\ 4\ 9\ 7\ 8]$ について, $\Phi^{\star-1}(\gamma)$ は

$$[1647],\ [16473],\ [16457],\ [16347],\ [15647],$$
$$[164573],\ [163457],\ [156473],\ [156347]$$

の 9 つのサイクルからなる. よって $\tilde{\omega}(\gamma) = -2 \cdot 4 = -8$ である.

(3) 10 サイクル $\gamma = [1\ 10\ 5\ 9\ 7\ 13\ 6\ 12\ 3\ 8]$ について, $\Phi^{\star-1}(\gamma)$ は

$$[15763],\ [154763],\ [157643],\ [157263],\ [1547263],\ [1572643]$$

の 6 つのサイクルからなる. よって $\tilde{\omega}(\gamma) = -2 \cdot 1 + 1 \cdot 2 = 0$ である.

(4) 12 サイクル $\gamma = [1\ 14\ 2\ 11\ 5\ 9\ 7\ 13\ 6\ 12\ 3\ 8]$ について, $\Phi^{\star-1}(\gamma)$ は

$$[125763],\ [1254763],\ [1257643],\ [1425763]$$

の 4 つのサイクルからなる. よって $\tilde{\omega}(\gamma) = 1 \cdot 3 = 3$ である.

(5) 14 サイクル $\gamma = [1\ 10\ 6\ 12\ 4\ 14\ 2\ 13\ 7\ 9\ 5\ 11\ 3\ 8]$ について, $\Phi^{\star-1}(\gamma)$ はただ 1 つのサイクル $[1357246]$ からなる. よって $\tilde{\omega}(\gamma) = 1$ である. 一般に G_Y の Hamilton サイクルの $\Phi_{G_\triangle, G_Y}$ による逆像はただ 1 つの元から成るので, この場合は特定の 14 サイクルについて確かめる必要はない.

(6) 2 つの 6 サイクルの非交和 $\gamma = [1\ 10\ 5\ 11\ 2\ 14] \cup [4\ 9\ 7\ 13\ 6\ 12]$ について, $\Phi^{\star-1}(\gamma)$ は

$$[125] \cup [467],\ [46] \cup [1235],\ [125] \cup [3674]$$

の 3 つのサイクルの非交和からなる. よって $\tilde{\omega}(\gamma) = 1 \cdot 1 = 1$ である.

以上の結果と (6.74) から, 結論が得られる. $\qquad\square$

定理 6.5.2 の直接の帰結として, 系 6.4.5 における $G = C_{14}$ の場合の $\Gamma(C_{14})$ の部分集合 Γ が具体的にわかる.

系 6.5.3 Heawood グラフ $HG = C_{14}$ の空間グラフ $f(C_{14})$ において, $\Gamma = \Gamma_{14}(C_{14}) \cup \Gamma_{12}(C_{14})$ とおくと

$$\sum_{\gamma \in \Gamma} \mathrm{Arf}(f(\gamma)) \equiv 1 \pmod 2. \tag{6.75}$$

K_7 の空間グラフの場合は, Conway–Gordon の定理から $\Gamma = \Gamma_7(K_7)$ で, Hamilton 結び目の中に必ず非自明結び目が存在するのであった. 一方, Heawood グラフの場合, (6.75) において 14 サイクルと 12 サイクルが登場するのは本質的であることが次の命題からわかる.

命題 6.5.4 (1) 図 6.9 の左の空間グラフ $f(C_{14})$ は, ただ 1 つの非自明な結び目成分を Hamilton 結び目として含む.

(2) 図 6.9 の右の空間グラフ $g(C_{14})$ は, ただ 1 つの非自明な結び目成分を

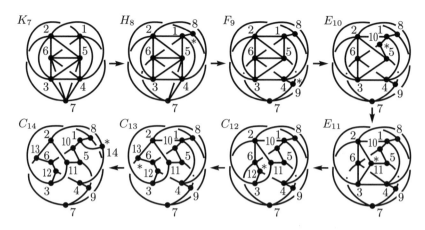

図 6.8 K_7 から Heawood グラフ C_{14} への系列 (図 4.6 からの抜き出し).

12 サイクル結び目として含む.

$f(C_{14}), g(C_{14})$ において，いずれも太線部分がそれぞれ唯一の非自明結び目
である．$f(C_{14})$ は図 4.6 の右下の空間グラフ (あるいは図 6.8 の左下の空間グラフ) として既に登場したものである．また $g(C_{14})$ の存在が示す通り，一般に
結び目内在性に関してマイナーミニマルなグラフが Hamilton グラフであっても，必ず Hamilton サイクルが結ばるわけではない．即ち，未解決問題 6.4.7
においてグラフを $K_{3,3,1,1}$ から C_{14} に代えると，解答は否となるのである．
$\mathcal{F}_{\triangle}(K_7) \setminus \{K_7, C_{14}\}$ に属するグラフについては，[69] でそのような埋め込み
の例が挙げられている．

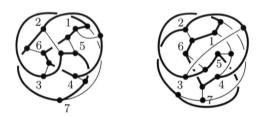

図 6.9 空間グラフ $f(C_{14})$ (左)，$g(C_{14})$ (右). いずれもただ 1 つの非自明な結び目
成分を持つ.

以下で命題 6.5.4 を証明しよう．これも全てのサイクルの像を調べ上げれば
よいのだが (C_{14} のサイクルは，6 サイクルが 28 個，8 サイクルが 21 個，10 サ
イクルが 84 個，12 サイクルが 56 個，14 サイクルが 24 個の計 213 個である)，
どのようにこれらの埋め込みを見つけるのかの種明かしも込めて，別の方法で
確かめておく．

補題 6.5.5 図 6.10 の左の空間グラフ $h'(K_7)$ は，ちょうど 4 つの非自明な結び目成分を持ち，そのうち 3 つが Hamilton 結び目で，1 つは 6 サイクル結び目である．実際，$h'([1735246])$，$h'([1357246])$，$h'([1352476])$，$h'([135246])$ が全ての非自明な結び目成分である．

　$h'(K_7)$ は，図 1.27 の右の空間グラフ $h(K_7)$ において，$h(\overline{16})$ と $h(\overline{25})$ の間の交差点で交差交換を行なって得られるものである．命題 3.2.2 のときと同様に，空間グラフの対称性を用いて，工夫して確認しよう．

補題 6.5.5 の証明． $h'(K_7)$ は，図 6.10 の右の空間グラフにアンビエント・イソトピックであり (演習問題 6.10)，これも $h'(K_7)$ で表す．このとき $h'(K_7)$ は K_7 の自己同相写像 $\tau = (1\ 5\ 4)(2\ 6\ 3)$ について τ 対称である．実際に図 6.10 の右の $h'(K_7)$ について $h'(K_6^{(7)})$ の部分を反時計回りに $2\pi/3$ 回転させればよい．いま K_7 から辺 $\overline{35}$ を除いた部分グラフを H とすると，図式の乗る $\mathbb{R}^2$ の上部に頂点 4 を引き上げ，下部に頂点 2 を引き下げることで，命題 3.2.2 の証明のときと同様に，$h'(H)$ の全ての結び目成分は自明であることがわかる (演習問題 6.11)．従って $h'(H)$ の非自明な結び目成分は辺 $h'(\overline{35})$ を含まねばならない．そこで $h'(K_7)$ の τ 対称性から，$h'(K_7)$ の非自明な結び目成分は辺 $h'(\tau^i(\overline{35}))$ $(i = 0, 1, 2)$ を含まねばならない．辺 $\overline{35}$ を $\tau = (1\ 5\ 4)(2\ 6\ 3)$ で写した軌道は $\overline{35} \mapsto \overline{24} \mapsto \overline{61}$ であるから，$h'(K_7)$ 内の非自明結び目はこれら 3 辺を全て含む．そのような結び目成分は 6 サイクル結び目が 8 個，Hamilton 結び目が 24 個の計 32 個あり (演習問題 6.12)，それらを全て直接確認することで，$h'([1735246])$，$h'([1357246])$，$h'([1352476])$，$h'([135246])$ が全ての非自明な結び目成分であることがわかる．　$\square$

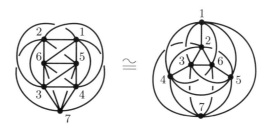

図 6.10　4 つの非自明な結び目成分を持つ空間グラフ $h'(K_7)$．

命題 6.5.4 の証明． (1) 図 4.6 においても，図 5.18 や図 5.21 と同じく，各 $\triangle Y$ 変換は空間グラフの組 $(\varphi_{G_Y, G_\triangle}(f)(G_\triangle), f(G_Y))$ となっていることに注意しよう．そこで $\varphi_{G_Y, G_\triangle}(f)(G_\triangle)$ がただ 1 つの非自明な結び目成分を持つとする．このとき補題 4.2.4 から $f(G_Y)$ もある非自明な結び目成分を持つ．

もし G_Y の 2 つの異なるサイクル γ_1, γ_2 が存在して $f(\gamma_1), f(\gamma_2)$ がともに非自明結び目であるとすると，$\Phi_{G_\triangle, G_Y}$ は全射なので，$\triangle$ でない $G_\triangle$ の 2 つの異なるサイクル γ_1', γ_2' が存在して，$\Phi_{G_\triangle, G_Y}(\gamma_i') = \gamma_i$ となる $(i = 1, 2)$. このとき各 i について命題 4.2.3 から $\varphi_{G_Y, G_\triangle}(f)(\gamma_i') \cong f(\Phi_{G_\triangle, G_Y}(\gamma_i')) = f(\gamma_i)$ となり，$\varphi_{G_Y, G_\triangle}(f)(G_\triangle)$ は 2 つの非自明な結び目成分を含むことになって矛盾が生じる．従って $f(G_Y)$ の非自明な結び目成分もただ 1 つである．そこで図 4.6 において，左上の K_7 の空間グラフは図 1.27 の右の空間グラフ $h(K_7)$ であり，これはただ 1 つの非自明な結び目成分を持つのであった (命題 3.2.2). 従って上で述べたことから，図 4.6 の全ての空間グラフは，ただ 1 つの非自明な結び目成分を持つ．特に右下の $f(C_{14})$ が持つ非自明な結び目成分もただ 1 つであり，それは図 6.10 の左の太線部分で示した Hamilton 結び目である．

(2) 図 6.11 に示した K_7 から C_{14} への $\triangle Y$ 変換の系列を考えよう．これも Y の部分には $*$ 印が付いており，各 $\triangle Y$ 変換は空間グラフの組 $(\varphi_{G_Y, G_\triangle}(g)(G_\triangle), g(G_Y))$ となっている．特に左上の K_7 の空間グラフは図 6.10 の空間グラフ $h'(K_7)$ であり，また左下の C_{14} の空間グラフは図 6.9 の右の空間グラフ $g(C_{14})$ である．このとき，この系列に対応する (4.6) の写像の合成により $h' = \varphi_{H_8, K_7} \circ \varphi_{F_9, H_8} \circ \cdots \circ \varphi_{C_{14}, C_{13}}(g)$ であり，一方，対応する (4.5) の写像の合成 $\Phi_{C_{13}, C_{14}} \circ \Phi_{C_{12}, C_{13}} \circ \cdots \circ \Phi_{K_7, H_8}$ を $\Phi^\star$ で表すと，K_7 のサイクル γ' に対し，命題 4.2.3 を繰り返し用いて $h'(\gamma') \cong g(\Phi^\star(\gamma'))$ となる．いま図 6.9 の右の $g(C_{14})$ において太線部分で示した 12 サイクル結び目を $g(\gamma_0)$ とおくと，$\Phi^\star$ による γ_0 の逆像は

$$\Phi^{\star-1}(\gamma_0) = \{[1735246], [1357246], [1352476], [135246]\} \qquad (6.76)$$

となる (演習問題 6.13). 補題 6.5.5 から，$h'(K_7)$ の非自明な結び目成分はこれら 4 つのサイクルの像しかない．C_{14} の γ_0 と異なるサイクル γ について，

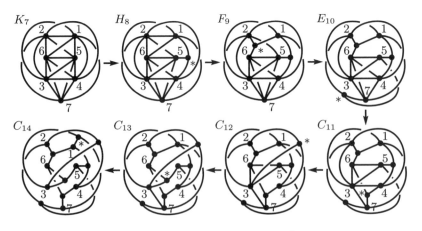

図 6.11　$h'(K_7)$ から $g(C_{14})$ への系列.

$\Phi^\star$ もまた全射であるから，K_7 のあるサイクル γ' が存在して $\Phi^\star(\gamma') = \gamma$ となる．γ' は γ_0 の逆像には含まれないので，$h'(\gamma')$ は自明な結び目である．従って $g(\gamma) = g(\Phi^\star(\gamma')) \cong h'(\gamma')$ も自明な結び目で，故に $g(C_{14})$ の非自明な結び目成分は $g(\gamma_0)$ のただ 1 つである． $\qquad\square$

演習問題

6.1 図 6.6 の空間グラフ $h(K_8), f_r(K_8)$ において，図 1.17 の中央の 2 成分絡み目に同型な絡み目成分を見つけよ．

6.2 $n \geq 6$ のとき，$\binom{n}{6}$ が奇数であることと $n \equiv 6, 7 \pmod 8$ であること，また $\binom{n-1}{5}$ が奇数であることと $n \equiv 0, 6 \pmod 8$ であることはそれぞれ必要十分条件であることを示せ．

6.3 (6.41)，(6.42)，(6.43)，(6.44) を示せ．

6.4 (6.47)，(6.48) を示せ．

6.5 系 6.3.4，系 6.3.5 を証明せよ．

6.6 (6.56)，(6.57) を示せ．

6.7 図 1.27 の右の空間グラフ $h(K_7)$ は，分離不能な $(3, 4)$ 絡み目としてちょうど 14 個の Hopf 絡み目を含むことを示せ．

6.8 $n = p + q$ なる整数 $p, q \geq 3$ に対し，K_n の p サイクルと q サイクルの非交和の個数は $p = q$ のとき $n!/8p^2$，$p \neq q$ のとき $n!/4pq$ であることを示せ．

6.9 定理 6.5.2 の証明において，(1),(2),…,(5) の各サイクル γ，及び (6) のサイクルの非交和 γ について，その $\bar\Phi^\star$ による逆像の元を全てリストアップせよ．

6.10 図 6.10 の左右の空間グラフが互いにアンビエント・イソトピックであることを示せ．

6.11 補題 6.5.5 の証明において，$f(H)$ の全ての結び目成分は自明であることを確かめよ．

6.12 K_7 において，3 辺 $\overline{35}, \overline{24}, \overline{61}$ を全て含むサイクルを全てリストアップせよ．

6.13 (6.76) を確かめよ．

第 7 章
Conway–Gordon 型定理の幾つかの応用

もとはグラフの結び目/絡み目内在性を導くために見出された Conway–Gordon (型) の定理であるが, 第 6 章で見てきたような精密化と一般化, 及び拡張が成されたことによって, 応用の幅が広くなった. ここでは, 高分子化学との関連において見出される幾つかの応用を紹介する. 尚, 空間グラフの理論の化学への応用については, [3, §7], [23] も合わせて参照して欲しい.

7.1 空間グラフのキラル内在性

空間グラフ $f(G)$ が**アキラル**であるとは, $f(G)$ とその鏡像 $f^*(G)$ が同型であるときをいう. これは化学に由来する用語で, 特に $f(G)$ が結び目や絡み目の場合は, **もろ手型**であるともいう. 本書での鏡像の定義 (3.1 節) から, $f(G)$ がアキラルならば, $\mathbb{R}^3$ の向きを逆にする自己同相写像 Φ が存在して $\Phi(f(G)) = f(G)$ となるが, 逆に $\mathbb{R}^3$ の向きを逆にする自己同相写像 Φ が存在して $\Phi(f(G)) = f(G)$ ならば, $f(G)$ はアキラルとなることも知られている. アキラルでない空間グラフは**キラル**であるという. 例えば図 7.1 はアキラルな空間グラフの例である. この例がそうであるように, $f(G)$ と $f^*(G)$ の間の同型がアンビエント・イソトピックであることまでは要請しない. また Hopf 絡み目や 8 の字結び目がもろ手型であることはよく知られている (演習問題 7.1). 一方, 三葉結び目はキラルであることが知られており, 図 1.3 の上段中央の三葉結び目を**右手系三葉結び目**, その鏡像を**左手系三葉結び目**と呼んで通常は区別する.

空間グラフのアキラル性, キラル性の問題は特に高分子の化学に直接的な応用を持つ. 化学において, 分子中の原子を頂点, 原子間の共有結合を辺と考えることで 1 つの空間グラフが得られ, これを**分子構造式**という. 分子式が同じであるが分子構造式が異なる 2 つの分子は**立体異性体**と呼ばれ, 立体異性体であることの判定は, 数学的には空間グラフの分類の問題である (**位相的立体異**

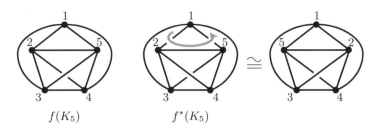

$f(K_5)$ $f^*(K_5)$ $\cong$

図 7.1 アキラルな空間グラフ $f(K_5)$.

性体). 特にキラル性を持つ空間グラフの研究は，いわゆる**鏡像異性体**の数学
的研究にほかならない．高分子の位相的立体異性体の数学的研究は**分子トポロ
ジー**とも呼ばれる．位相的立体異性体を得るには，非自明な結び目や分離不能
な絡み目を含むもの/含まないものを考えるのが最も手っ取り早く，そのため
化学者の間でも非自明結び目や分離不能な絡み目を含む分子の合成が研究テー
マの 1 つとなってきた．特に分離不能な絡み目を分子構造式に持つ分子は**カテ
ナン**と呼ばれ，1960 年に実際にそのような分子が初めて合成された ([133]).
一方，図 7.2 は，1981 年に合成された，K_5 と同相な **Simmons–Paquette
K_5 分子**と呼ばれる分子構造式の例である ([132]). ここで●は炭素原子 C, ○
は酸素原子 O を表す．これは空間グラフとしては図 7.1 の $f(K_5)$ に同型で，
非自明結び目も分離不能な絡み目も含まないのだが，この分子構造式では K_5
に対応する各辺が C–C, C–C–C–C, C–C–O–C の 3 種類に分かれており，そ
れぞれ同じ種類の辺に移すという条件下では鏡像と同型でないことが知られて
いる ([118]).

図 7.2 Simmons–Paquette K_5 分子.

このように，分子構造式においては各原子に対応する頂点が意味を持ち，空
間グラフの同型の定義は化学的事情に応じて柔軟に設定したりするのだが，そ
の一方で，どのような空間埋め込みを考えても，その像として得られる空間グ
ラフが必ずキラルになるようなグラフが存在する．いま，グラフ G が**キラル
内在**であるとは，その任意の空間グラフ $f(G)$ がキラルであるとき，即ち，G
のいかなる空間グラフ $f(G)$ も，その鏡像と同型にならないときをいう．本節
では，次の 2 つのグラフがキラル内在性を持つことを紹介しよう．

定理 **7.1.1** （1）(**Flapan–Weaver [33]**) K_7 はキラル内在である.

（2）(**Flapan–Fletcher–新國 [25]**) Heawood グラフ C_{14} はキラル内在である.

　K_7 のキラル内在性は [33] で初めて示されたが，ここでは [25] で与えられた，空間グラフの Wu 不変量と Conway–Gordon の定理の応用による短い証明を述べよう. 3.5 節でグラフ G の絡み加群 $L(G)$，及び空間グラフ $f(G)$ の Wu 不変量 $\mathcal{L}(f) \in L(G)$ について述べた. いま $\varepsilon\colon L(G) \to \mathbb{Z}$ を準同型写像とするとき，$\tilde{\mathcal{L}}_\varepsilon(f) = \varepsilon(\mathcal{L}(f)) \in \mathbb{Z}$ を，$f(G)$ の ε に関する**被約 Wu 不変量**という. もちろんこれは $f(G)$ のアンビエント・イソトピー不変量である.

例 7.1.2 K_7 の全ての辺は，図 7.3 のちょうど 3 つの互いに辺素な Hamilton サイクルに分解できる. これを左からそれぞれ $\gamma_0, \gamma_1, \gamma_2$ と表し，これらサイクルの辺のラベルと向きを図 7.3 のように与え，合わせて K_7 の各辺のラベルの向きとする. そこでいま対応 $\varepsilon\colon L(K_7) \to \mathbb{Z}$ を，$L(K_7)$ の生成元 $E^{e,e'}$ $(e, e' \in E(K_7),\ e \cap e' = \emptyset)$ に対し

$$\varepsilon(E^{e,e'}) = \begin{cases} -1 & ((e,e') = (x_i, y_j)) \\ 1 & (\text{それ以外}) \end{cases} \tag{7.1}$$

で定義すると，これは準同型となる (演習問題 7.2). 例えば図 1.27 の右の空間グラフをここでは $f(K_7)$ とすると，その ε に関する被約 Wu 不変量は

$$\begin{aligned}
\tilde{\mathcal{L}}_\varepsilon(f) &= \varepsilon(\mathcal{L}(f)) \\
&= \varepsilon\big(\big[-E^{x_6,y_1} - E^{x_7,y_5} + E^{y_3,z_1} + E^{y_7,z_6} - E^{x_2,x_6} \\
&\qquad + E^{y_1,y_4} + E^{y_1,y_5} + E^{y_2,y_6} + E^{y_3,y_5}\big]\big) \\
&= 1+1+1+1-1+1+1+1+1 \\
&= 7.
\end{aligned}$$

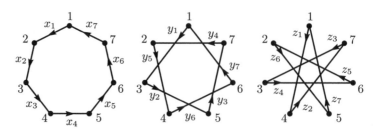

図 7.3　K_7 の 3 つの Hamilton サイクル：(左から) $\gamma_0, \gamma_1, \gamma_2$.

例 7.1.2 の計算例からもわかるように，空間グラフ $f(G)$ の ε に関する被約 Wu 不変量 $\tilde{\mathcal{L}}_\varepsilon(f)$ は，G の互いに交わらない 2 辺の非順序対 (e, e') に対し，そのウェイト $\varepsilon(e, e')$ を $\varepsilon(E^{e,e'})$ で定め，そこで空間グラフ $f(G)$ の図式 $\tilde{f}(G)$ において，$\tilde{f}(e)$ と $\tilde{f}(e')$ の間の交差点の符号の総和を $l(\tilde{f}(e), \tilde{f}(e'))$ として定義される整数 $\sum_{(e,e')} \varepsilon(e, e') l(\tilde{f}(e), \tilde{f}(e'))$ に等しい．このことから，$\tilde{\mathcal{L}}_\varepsilon(f)$ を**一般化された Simon 不変量**ともいう．次の命題は，命題 3.5.12 及び被約 Wu 不変量の定義から直ちにわかる．

命題 7.1.3 グラフ G の任意の 2 つの空間グラフ $f(G), g(G)$ に対し，それらの ε に関する被約 Wu 不変量の偶奇は等しい．

従って，例えば例 7.1.2 で与えた K_7 の空間グラフの ε に関する被約 Wu 不変量は，常に奇数である．

定理 7.1.1 の証明. (1) K_7 がキラル内在であることを背理法で示そう．K_7 のある空間グラフ $f(K_7)$ が存在して，$f(K_7)$ はその鏡像 $f^*(K_7)$ と同型であると仮定する．このとき，$\mathbb{R}^3$ の向きを逆にする自己同相写像 Ψ が存在して，$\Psi(f(K_7)) = f(K_7)$ となる．Ψ は $\Psi \circ f = f \circ \sigma$ をみたす K_7 の自己同相写像 σ を誘導する．また，定理 3.2.1 (2) から，$f(K_7)$ の Arf 不変量が 1 である Hamilton 結び目が奇数個存在し，Ψ はそれら全ての集合の間の全単射も誘導する．この全単射による軌道で奇数個の元からなるものが存在するので，ある Hamilton 結び目 $f(\gamma)$ が存在して，ある奇数 m について $\Psi^m(f(\gamma)) = f(\gamma)$ となる．この Ψ^m に対し $\Psi^m \circ f = f \circ \sigma^m$ となるから，$f \circ \sigma^m(K_7) = \Psi^m \circ f(K_7) = f(K_7)$ である．従って，$f(K_7)$ と $f \circ \sigma^m(K_7)$ は $\mathbb{R}^2$ 上で同じ射影図を持つとしてよい．そこでいま，$\gamma_0, \gamma_1, \gamma_2$ を図 7.3 に示した K_7 の Hamilton サイクルとし，$\gamma = \gamma_0$ となるように (必要ならば) 頂点のラベルを付け替える．このとき $\sigma^m(\gamma_0) = \gamma_0$ で，従って $\sigma^m(\gamma_i) = \gamma_i$ $(i = 1, 2)$ ともなることに注意しよう．ここでもし σ^m が γ_0 の向きを保つなら，γ_1, γ_2 の向きも保ち，γ_0 の向きを逆にするなら，γ_1, γ_2 の向きも逆にする．これより $\tilde{\mathcal{L}}_\varepsilon(f \circ \sigma^m)$ の計算に必要な交差点とその符号の情報は $\tilde{\mathcal{L}}_\varepsilon(f)$ と同じとなり，

$$\tilde{\mathcal{L}}_\varepsilon(\Psi^m \circ f) = \tilde{\mathcal{L}}_\varepsilon(f \circ \sigma^m) = \tilde{\mathcal{L}}_\varepsilon(f) \tag{7.2}$$

となる．一方，m が奇数であることから Ψ^m は $\mathbb{R}^3$ の向きを逆にする自己同相写像である．これより

$$\tilde{\mathcal{L}}_\varepsilon(\Psi^m \circ f) = \tilde{\mathcal{L}}_\varepsilon(f^*) = -\tilde{\mathcal{L}}_\varepsilon(f) \tag{7.3}$$

となる．(7.2), (7.3) より $\tilde{\mathcal{L}}_\varepsilon(f) = -\tilde{\mathcal{L}}_\varepsilon(f) \in \mathbb{Z}$，即ち $\tilde{\mathcal{L}}_\varepsilon(f) = 0$ となるが，これは $\tilde{\mathcal{L}}_\varepsilon(f)$ が奇数であることに矛盾する．

(2) Heawood グラフ C_{14} の場合も，ある特定の準同型写像 $\varepsilon \colon L(C_{14}) \to \mathbb{Z}$

に関する被約 Wu 不変量，及び系 6.5.3 で与えた C_{14} に関する Conway–Gordon 型定理の応用により，K_7 の場合と同様のステップで示されるが，ここでは省略する．詳細は [25] を参照せよ． □

　一般の完全グラフ K_n においては，K_7 がキラル内在である一方，K_8 の空間グラフでアキラルなものが存在することが知られており，キラル内在性は実はマイナーを取ることに関して閉じていない．一般に K_n がキラル内在であるための必要十分条件は $n \geq 7$ かつ $n \equiv 3 \pmod 4$ である ([33])．その他のキラル内在なグラフの例については，[22], [25], [13] を参照せよ．

7.2　線形空間グラフと Conway–Gordon 型定理

　7.1 節で，分子中の原子を頂点，原子間の共有結合を辺と考えて得られる空間グラフを分子構造式と呼んだが，その際，原子間の共有結合に対応する各辺は変形自在のゴム紐でなく線分と考えるのが自然である．そこで，以下の制約を入れた空間グラフを考えよう．いま，グラフ G の Euclid 空間への埋め込み f_r が**線形**であるとは，G の任意の辺 e に対し，その像 $f_r(e)$ が Euclid 空間内の (まっすぐな) 線分であるときをいう．特に線形な空間埋め込みの像を**線形空間グラフ**といい，これは上に述べた通り分子化合物の自然な数学的モデルである．実際には結合に関する化学的事情から同型の範囲は更に制限されることもあるが，位相的に立体異性体であれば化学的にもそうであり，また分子構造式の内在的性質は立体異性体に依らない．従って線形空間グラフのトポロジーと内在的性質を調べることは，化学への応用上の観点からも意味のあることである．線形空間グラフの研究は，$\mathbb{R}^3$ の点の配置の問題という観点から，有限幾何的な手法による純粋に組合せ的な議論と計算機の援用によるものが多い (例えば [5, Chap. 55], [29, §6.2] を参照せよ)．また，より化学寄りの研究として，立方体内に一様に分布された n 点を頂点とする K_n の**ランダム線形空間グラフ**と呼ばれる対象を確率的方法と数値計算で調べることも行なわれている ([27], [28])．一方，本節では Conway–Gordon 型定理によるトポロジー的な応用を紹介しよう．

　グラフ G が**単純グラフ**であるとは，G がループも多重辺も持たないときをいう．$\mathbb{R}^3$ に線形に埋め込まれるグラフは単純グラフである必要があり，頂点数 n の単純グラフは K_n の全ての頂点を含む部分グラフとみなせる．いま，連続写像 $\theta\colon \mathbb{R} \to \mathbb{R}^3$ を $\theta(t) = (t, t^2, t^3)$ で定義し，その像として得られる $\mathbb{R}^3$ 内の曲線を**モーメント曲線**という．モーメント曲線上において，原点に頂点 1 を置き，以下，頂点 $2, 3, \ldots, n$ を $t > 0$ の部分に順番に配置する．このとき全ての異なる 2 つの頂点 i, j を線分で結ぶと，そのようなどの 2 本の線分も頂点以外では交わらず，K_n の線形空間グラフが 1 つ得られる (図 7.4)．これを

K_n の**標準的な線形空間グラフ**と呼ぶ. 従って任意の単純グラフに対し, その線形空間グラフが存在することもわかる. K_n の標準的な線形空間グラフは, 実は 6.2 節で定義した K_n の空間グラフ $f_{\mathrm{r}}(K_n)$ とアンビエント・イソトピックである (演習問題 7.3). 6.2 節で述べたように, $f_{\mathrm{r}}(K_6)$ は図 1.27 の左の空間グラフ $h(K_6)$ に, また $f_{\mathrm{r}}(K_7)$ は図 1.27 の右の空間グラフ $h(K_7)$ の鏡像にそれぞれアンビエント・イソトピックであった. 従って図 1.27 の 2 つの空間グラフは, いずれも線形空間グラフとして実現されるものである.

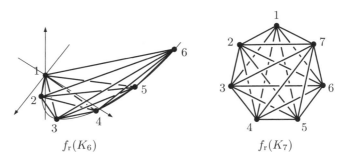

$f_{\mathrm{r}}(K_6)$ $f_{\mathrm{r}}(K_7)$

図 7.4　K_n の標準的な線形空間グラフ ($n = 6, 7$).

　頂点数 n の単純グラフの線形空間グラフの結び目/絡み目成分は高々 n 本の線分からなり, **棒指数**と呼ばれる幾何学的不変量と深く関係する. 結び目または絡み目 L の棒指数とは, L を区分的に線形な折線で実現するときの線分 (これを棒と呼ぶ) の最小数のことで, 絡み目を分子で合成する際にどれだけ原子が必要かという問題に由来する不変量である. 結び目を折線で実現するには 3 本以上の棒が必要なのは明らかであるが, 特に非自明結び目について次のことがわかる.

命題 7.2.1　非自明結び目の棒指数は 6 以上である.

証明.　s 本の棒からなる折線でできた結び目 K を考える. 以下, $3 \leq s \leq 5$ のとき, K は自明な結び目であることを示そう. いま, K を構成する折線を自然にグラフと考えたときの隣接 2 辺 $\overline{uv}, \overline{vw}$ で, 一直線上にないものが存在する. そこで u, v, w の全てを含む平面を $\mathbb{R}^2$ と仮定してよい. $s = 3$ の場合は K は三角形 $[uvw]$ の境界なので自明な結び目である. $s = 4, 5$ のとき, u, v, w 以外の頂点がいかなる位置にあっても, 命題 4.1.4 (2) の証明中で用いた議論と同様にして, K を $\mathbb{R}^3$ の第 3 座標に関して極大点をただ 1 つ持つように変形できる. 従って K は自明な結び目である. □

　そこで例えば棒指数 7 以下の絡み目や棒指数 8 以下の結び目は以下のように完全に分類されている. ここで各結び目・絡み目のラベルは, いわゆる Rolfsen テーブル ([111]) に従った. 3_1 は三葉結び目, 4_1 は 8 の字結び目である. ま

た 0_1^2 は自明な 2 成分絡み目, 2_1^2 は Hopf 絡み目, 4_1^2 は図 1.17 の中央の 2 成分絡み目である.

命題 7.2.2 ([90], [3], [4], [11])　(1) 棒指数 6 の結び目及び絡み目は, $3_1, 0_1^2, 2_1^2$ のいずれかである.

(2) 棒指数 7 の結び目及び絡み目は, $4_1, 4_1^2$ のいずれかである.

(3) 棒指数 8 の結び目は, $5_1, 5_2, 6_1, 6_2, 6_3, 3_1 \sharp 3_1, 3_1 \sharp 3_1^*, 8_{19}, 8_{20}$ のいずれかである[*1].

図 7.5 は実際に棒指数 6, 7 を実現する結び目及び絡み目の例である.

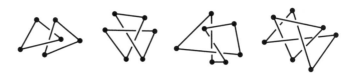

図 7.5　棒指数 7 以下の非自明結び目及び分離不能な絡み目.

さて, まずは Conway–Gordon の定理に対応して, K_7, K_6 の線形空間グラフでは何が起こるか調べよう. まず K_7 について, 次の事実が知られている.

定理 7.2.3 (Brown [9], Ramírez Alfonsín [104])　K_7 の任意の線形空間グラフ $f_r(K_7)$ は, 結び目成分として三葉結び目を持つ.

即ち, K_7 は線形空間グラフに限れば '三葉結び目内在' である. K_7 の線形とは限らない一般の空間グラフで三葉結び目を含まないものが存在するので (演習問題 7.5), この内在性は一般の結び目内在性よりも真に強い. 一方, K_6 については次の事実が知られている.

定理 7.2.4 (Hughes [47], Huh–Jeon [48])　K_6 の任意の線形空間グラフ $f_r(K_6)$ について, その非自明な絡み目成分は Hopf 絡み目に限り, その個数は 1 個または 3 個である. 更に Hopf 絡み目が 1 個なら非自明な結び目成分を持たず, 3 個なら非自明な結び目成分としてただ 1 つの三葉結び目を持つ.

実際, 図 7.4 の左の標準的な線形空間グラフ $f_r(K_6)$ は非自明な絡み目成分としてただ 1 つの Hopf 絡み目を含み, 非自明な結び目成分は持たない. 一方, 図 7.6 の線形空間グラフ $g_r(K_6)$ は非自明な絡み目成分としてちょうど 3 個の Hopf 絡み目を含み, 非自明な結び目成分としてただ 1 つの三葉結び目を持つ (演習問題 7.4).

[*1]　棒指数 8 の 2 成分絡み目は $5_1^2, 6_1^2, 6_2^2, 6_3^2$ が知られており, これらで全てであろうと予想されている ([96]).

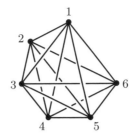

図 7.6 K_6 の線形空間グラフ $g_\mathrm{r}(K_6)$.

定理 7.2.3, 定理 7.2.4 は, 先に述べた通り, もとはそれぞれ純粋な組合せ論的手法で示されており, [104] では計算機も用いられた. ここでは, [93] で与えられた, Conway–Gordon 型定理の応用によるトポロジー的な証明を述べる.

定理 7.2.3 の証明. (6.32) において, 任意の空間グラフ $f(K_7)$ について

$$\sum_{\gamma \in \Gamma_7(K_7)} a_2(f(\gamma)) - 2 \sum_{\gamma \in \Gamma_5(K_7)} a_2(f(\gamma)) \geq 1$$

が成り立つことを見た (例 6.2.8). 従って線形空間グラフ $f_\mathrm{r}(K_7)$ においては, 命題 7.2.1 から $\sum_{\gamma \in \Gamma_7(K_7)} a_2(f_\mathrm{r}(\gamma)) \geq 1$ である. 命題 7.2.2 (1), (2) から, $f_\mathrm{r}(K_7)$ の非自明な Hamilton 結び目は $3_1, 4_1$ のいずれかであり, $a_2(3_1) = 1$, $a_2(4_1) = -1$ から, 必ず三葉結び目が Hamilton 結び目として含まれる. □

定理 7.2.4 の証明. 定理 6.1.1 で, K_6 の任意の空間グラフ $f(K_6)$ について

$$2 \sum_{\gamma \in \Gamma_6(K_6)} a_2(f(\gamma)) - 2 \sum_{\gamma \in \Gamma_5(K_6)} a_2(f(\gamma))$$
$$= \sum_{\lambda \in \Gamma_{3,3}(K_6)} \mathrm{lk}(f(\lambda))^2 - 1$$

が成り立つことを見た. 従って線形空間グラフ $f_\mathrm{r}(K_6)$ においては, 命題 7.2.1 から

$$2 \sum_{\gamma \in \Gamma_6(K_6)} a_2(f_\mathrm{r}(\gamma)) = \sum_{\lambda \in \Gamma_{3,3}(K_6)} \mathrm{lk}(f_\mathrm{r}(\lambda))^2 - 1 \tag{7.4}$$

が成り立つ. 命題 7.2.2 (1) より, $f_\mathrm{r}(K_6)$ が含む非自明な絡み目及び結び目は Hopf 絡み目と三葉結び目に限る. それらの個数をそれぞれ $n_{3,3}(2_1^2)$, $n_6(3_1)$ で表すとき, $\mathrm{lk}(2_1^2)^2 = 1$, $a_2(3_1) = 1$ と命題 7.2.2 (1) から

$$n_{3,3}(2_1^2) = \sum_{\lambda \in \Gamma_{3,3}(K_6)} \mathrm{lk}(f_\mathrm{r}(\lambda))^2, \tag{7.5}$$

$$n_6(3_1) = \sum_{\gamma \in \Gamma_6(K_6)} a_2(f_\mathrm{r}(\gamma)) \tag{7.6}$$

となり, よって (7.4), (7.5), (7.6) から $2n_6(3_1) = n_{3,3}(2_1^2) - 1$ である. 定理 3.2.1 (1) と (7.5) より $n_{3,3}(2_1^2)$ は奇数で, $f_\mathrm{r}(K_6)$ が含む 2 成分絡み目

は全 10 個であるから，組 $(n_6(3_1), n_{3,3}(2_1^2))$ は $(0,1)$, $(1,3)$, $(2,5)$, $(3,7)$, $(4,9)$ のいずれかである．これらのうち $(0,1)$ は標準的な線形空間グラフで，$(1,3)$ は図 7.6 の線形空間グラフで実現されることは既に見た．以下，$(n_6(3_1), n_{3,3}(2_1^2)) = (2,5), (3,7), (4,9)$ が実現不可能であることを示そう．まず $(n_6(3_1), n_{3,3}(2_1^2)) = (2,5)$ と仮定する．$\mu_1, \mu_2, \ldots, \mu_{10}$ を $\Gamma_{3,3}(K_6)$ の全ての元とするとき，任意の $i \neq j$ について K_6 の部分グラフ $M_{ij} = \mu_i \cup \mu_j$ は図 7.7 のグラフに同型であり，これを M_{ij} と同一視する．M_{ij} から辺 e, e' での辺縮約によりグラフ D_4 が得られ，D_4 は M_{ij} のプロパーマイナーである．$\Psi^{(m)} \colon \Gamma^{(m)}(D_4) \to \Gamma^{(m)}(M_{ij})$ を (4.2) の単射とする $(m = 1, 2)$．特に $\Psi^{(2)}$ は $\Gamma^{(2)}(D_4) = \{\lambda_1, \lambda_2\}$ から $\Gamma^{(2)}(M_{ij}) = \{\mu_i, \mu_j\}$ への全単射である．μ_i, μ_j に，$\Psi^{(2)}$ を介して λ_1, λ_2 の向きから自然に誘導される向きを付ける．また $\psi \colon \mathrm{SE}(M_{ij}) \to \mathrm{SE}(D_4)$ を (4.3) の全射とする．そこで整数 $\alpha(f_{\mathrm{r}}|_{M_{ij}})$ を

$$\alpha(f_{\mathrm{r}}|_{M_{ij}}) = \sum_{\gamma \in \Gamma_4(D_4)} \omega(\gamma) a_2(f_{\mathrm{r}}(\Psi(\gamma)))$$

で定義する．ここで ω は例 3.3.7 のウェイト $\omega \colon \Gamma(D_4) \to \mathbb{Z}$ である．このとき命題 4.1.2 と定理 3.6.1 から

$$\begin{aligned}
\alpha(f_{\mathrm{r}}|_{M_{ij}}) &= \sum_{\gamma \in \Gamma_4(D_4)} \omega(\gamma) a_2(\psi(f_{\mathrm{r}})(\gamma)) \\
&= \mathrm{lk}(\psi(f_{\mathrm{r}})(\lambda_1)) \, \mathrm{lk}(\psi(f_{\mathrm{r}})(\lambda_2)) \\
&= \mathrm{lk}(f_{\mathrm{r}}(\Psi^{(2)}(\lambda_1))) \, \mathrm{lk}(f_{\mathrm{r}}(\Psi^{(2)}(\lambda_2))) \\
&= \mathrm{lk}(f_{\mathrm{r}}(\mu_i)) \, \mathrm{lk}(f_{\mathrm{r}}(\mu_j))
\end{aligned} \tag{7.7}$$

となる（補題 4.3.2 の証明中で用いた議論を $\mathbb{Z}$ 上で行なった）．もし $f_{\mathrm{r}}(\mu_i)$ と $f_{\mathrm{r}}(\mu_j)$ がともに Hopf 絡み目であれば，(7.7) から $|\alpha(f_{\mathrm{r}}|_{M_{ij}})| = 1$ である．$\Phi^{(2)}(\Gamma_4(D_4))$ は M_{ij} の全ての 6 サイクルを含み，M_{ij} の任意の 6 サイクル γ' に対し，その $\Phi^{(2)}$ による逆像のウェイトの値は 1 である．従って $f_{\mathrm{r}}(M_{ij})$ はある 6 サイクルの像として三葉結び目をただ 1 つだけ含む．そこでいま，$f_{\mathrm{r}}(\mu_i)$ $(i = 1, 2, \ldots, 10)$ の中にちょうど 5 個の Hopf 絡み目があるという仮定であったので，10 個の部分グラフ M_{ij} が存在して，$f_{\mathrm{r}}(M_{ij})$ は三葉結び目をただ 1 つ含む．K_6 の任意の 6 サイクルはちょうど 3 個の M_{ij} に共通して含まれるので，少なくとも $\lceil 10/3 \rceil = 4$ 個の三葉結び目が $f_{\mathrm{r}}(K_6)$ 内に見つかるが，これは $f_{\mathrm{r}}(K_6)$ 内の三葉結び目がちょうど 2 個であるという仮定に矛盾する．よって $(n_6(3_1), n_{3,3}(2_1^2)) = (2,5)$ は実現不可能である．$(3,7), (4,9)$ が実現不可能であることも全く同様に示される． $\square$

　上で述べた別証明は，ともに整数上に精密化された Conway–Gordon の定理を応用したものである．これらは更に定理 6.2.1 において頂点数 $n \geq 6$ の完

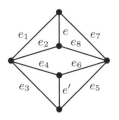

図 7.7　グラフ M_{ij}.

全グラフ K_n に一般化されたのであった．そこで K_n の線形空間グラフに定理 6.2.1 を適用しよう．命題 7.2.1 から直ちに次が得られる．

定理 7.2.5 ([83])　$n \geq 6$ のとき，K_n の線形空間グラフ $f_r(K_n)$ において

$$\sum_{\gamma \in \Gamma_n(K_n)} a_2(f_r(\gamma)) = \frac{(n-5)!}{2} \left(\sum_{\lambda \in \Gamma_{3,3}(K_n)} \mathrm{lk}(f_r(\lambda))^2 - \binom{n-1}{5} \right).$$

命題 7.2.2 (1) により，6 本の棒からなる 2 成分絡み目は，自明な絡み目または Hopf 絡み目に同型であるから，$f_r(K_n)$ の $(3,3)$ 絡み目の lk^2 の総和は図 7.5 の左端の絡み目の個数に等しい．定理 7.2.5 により，K_n の線形空間グラフの Hamilton 結び目の a_2 の総和は，面白いことに，いかなる $n \geq 6$ についても，これらの絡んだトライアングルの組の個数で明示的に決まるのである．更にこの a_2 の総和について，次のような上下からの評価も得られる．

系 7.2.6　$n \geq 6$ のとき，K_n の線形空間グラフ $f_r(K_n)$ において

$$\frac{(n-5)(n-6)(n-1)!}{2 \cdot 6!} \leq \sum_{\gamma \in \Gamma_n(K_n)} a_2(f_r(\gamma)) \leq \frac{3(n-2)(n-5)(n-1)!}{2 \cdot 6!}.$$

$$(7.8)$$

証明.　下からの評価は，定理 7.2.5 から系 6.2.7 と全く同様にして得られる．一方，定理 7.2.4 から，K_n の線形空間グラフの $(3,3)$ Hopf 絡み目の個数は K_6 に同型な部分グラフの個数の 3 倍以下，即ち $3\binom{n}{6}$ 以下である．そこで

$$\frac{(n-5)!}{2} \left(3\binom{n}{6} - \binom{n-1}{5} \right) = \frac{3(n-2)(n-5)(n-1)!}{2 \cdot 6!}$$

となるので，結果が得られる．　　　　　　　　　　　　　　　　　　　　　□

系 6.2.7 における不等式 (6.30) の下界を実現した $f_r(K_n)$ は，K_n の標準的な線形空間グラフにアンビエント・イソトピックであった．これがそのまま (7.8) の下界も実現する．一方，(7.8) の上界が最良であることは期待できない．次の例 7.2.7 を見よ．

例 7.2.7 $n = 7$ のとき，系 7.2.6 と定理 3.2.1 (2) から，線形空間グラフ $f_r(K_7)$ の Hamilton 結び目の a_2 の総和は 1 以上 15 以下の奇数である．Jeon et al. [55] における有向マトロイド理論を用いた計算機探索によると，K_7 の線形空間グラフで Hamilton 結び目の a_2 の総和が $13, 15$ となるものは存在しないらしい．これは定理 7.2.5 から，$(3, 3)$ Hopf 絡み目の個数が 17 以下であることと同値である．また，含まれる 4_1 は高々 3 個 ([49] でも示された)，4_1^2 は高々 1 個とも報告されている．一般に $n \geq 7$ の場合，更に様々な制限がかかることは想像に難くないが，まだほとんどわかっておらず，(7.8) の最良の上界も知られていない．

6.3 節において，十分大きな頂点数の K_n の空間グラフの Hamilton 絡み目の絡み数の振る舞いを調べたが (系 6.3.8，系 6.3.9)，定理 7.2.5 の更なる応用として，十分大きな頂点数の K_n の線形空間グラフの Hamilton 結び目の a_2 の振る舞いを調べることもできる．

系 7.2.8 $n \geq 6$ のとき，K_n の線形空間グラフ $f_r(K_n)$ において

$$\max_{\gamma \in \Gamma_n(K_n)} a_2(f_r(\gamma)) \geq \frac{(n-5)(n-6)}{6!}.$$

証明． K_n の Hamilton サイクルの個数は $(n-1)!/2$ である (演習問題 3.9)．そこで (7.8) から

$$\max_{\lambda \in \Gamma_n(K_n)} a_2(f_r(\gamma)) \cdot \frac{(n-1)!}{2} \geq \sum_{\lambda \in \Gamma_n(K_n)} a_2(f_r(\gamma))$$
$$\geq \frac{(n-5)(n-6) \cdot (n-1)!}{2 \cdot 6!}$$

となり，両辺を $(n-1)!/2$ で割って結果が得られる． $\square$

系 6.3.8 と同様に，系 7.2.8 は，K_n の線形空間グラフは，n が十分大きければ，任意に大きな正の a_2 の値を持つ Hamilton 結び目を必ず含むと言っている．これより，特に次の結果が得られる．

系 7.2.9 n を $n \geq 6$ なる整数とする．線形空間グラフ $f_r(K_n)$ と自然数 m に対し，もし $n > (11 + \sqrt{2880m - 2879})/2$ ならば，K_n のある Hamilton サイクル γ が存在して $a_2(f_r(\gamma)) \geq m$ となる．

証明． $n \geq 6$ なる整数 n と自然数 m に対し，$n > (11 + \sqrt{2880m - 2879})/2$ が成り立つことと $(n-5)(n-6)/6! > m - 1$ が成り立つことは同値である．このとき系 7.2.8 から，

$$\max_{\lambda \in \Gamma_n(K_n)} a_2(f_r(\gamma)) \geq \frac{(n-5)(n-6)}{6!} > m - 1$$

となり，結論が得られる． $\square$

頂点数の十分大きな K_n の空間グラフが任意に大きな a_2 の絶対値を持つ結び目を必ず含むこと自体は，絡み数の場合と同様に [24], [117] で示されており，特に自然数 m に対し $n \geq 96\sqrt{m}$ なら a_2 の絶対値が m 以上の結び目を必ず含むこと，またある非負整数 k に対し $m = 2^{2k}$ なら，$n = 48\sqrt{m}$ で十分であることが知られているが ([116])，これを Hamilton 結び目で取れるかどうかまでは知られていない．一方，線形空間グラフに限れば，$(11+\sqrt{2880m-2879})/2$ は任意の m に対し $48\sqrt{m}$ を下回り (演習問題 7.6)，更に $a_2 \geq m$ なる結び目を Hamilton 結び目で取れる．例えば $m = 2$ のとき，$96\sqrt{m} = 135.76...$，$(11+\sqrt{2880m-2879})/2 = 32.33...$ となり，一方，$m = 4$ のとき，$48\sqrt{m} = 96$，$(11+\sqrt{2880m-2879})/2 = 51.97...$ である．

　実は，より強く結び目/絡み目 L について，n が十分大きければ，K_n の任意の線形空間グラフは L に同型な結び目/絡み目を含むことが知られており ([90])，そのような n の最小値を L の **Ramsey** 数といって $R(L)$ で表す．定理 7.2.3，定理 7.2.4 から $R(2_1^2) = 6$，$R(3_1) = 7$ であるが，三葉結び目以外の非自明結び目の Ramsey 数はまだ知られていない．例えば例 6.2.10 でも扱った K_8 の標準的な線形空間グラフ $f_r(K_8)$ の非自明な結び目成分は，Hamilton 結び目以外も全て三葉結び目であり，従って $R(4_1) > 8$ である．自然数 m に対し，K_n の任意の線形空間グラフが $a_2 \geq m$ なる結び目を含むような n の最小値を $R(m)$ で表すことにすると，$a_2(K) > 0$ なる結び目 K に対し $R(a_2(K))$ は $R(K)$ を下から評価するが，$R(m)$ の決定自体が非常に難しい問題である．

7.3　線形空間グラフに固有の内在的性質

　7.2 節において，線形空間グラフは一般に通常の場合よりも強い内在的性質を持つことを見た．それに関して，最後にもう 1 つの未解決問題に触れておこう．一般に平面グラフは，必ず $\mathbb{R}^2$ への線形な埋め込みの像と $\mathbb{R}^2$ の向きを保つ自己同相写像で移り合うことが知られており (図 7.8)，**Fáry の定理**と呼ばれているが ([21])，そのアナロジーとして，次の問題がまだ解決されていない．

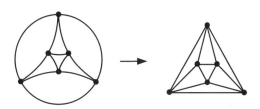

図 7.8　平面グラフは $\mathbb{R}^2$ への線形埋め込みの像で実現される．

未解決問題 7.3.1 ([112])   絡み目内在でない (= 平坦な) グラフのパネルフレームは，線形空間グラフで実現されるだろうか？

　この問題はどのように解決されても興味深い．もし解答が肯定的なら，線形空間グラフに制限して絡み目内在ならば，通常の意味でも絡み目内在であることになる．実際，もしグラフ G が通常の意味で絡み目内在でなければ，G のあるパネルフレーム $f(G)$ が存在し，$f(G)$ は線形空間グラフに同型となるから，G は線形空間グラフに制限しても絡み目内在でない．一方，もし解答が否定的なら，通常の意味で絡み目内在ではないが，線形空間グラフに制限すると絡み目内在となるグラフが存在することになる．もちろん他の内在的性質についても同様の問題が考えられるが，例えば3成分絡み目内在性については次の事実が知られており，解答は否定的である．

定理 7.3.2　(1) (**Flapan–Naimi–Pommersheim [31]**) K_9 の空間グラフで，分離不能な3成分の絡み目成分を持たないものが存在する．

(2) (**Naimi–Pavelescu [87]**) K_9 の任意の線形空間グラフは，分離不能な3成分の絡み目成分を持つ．

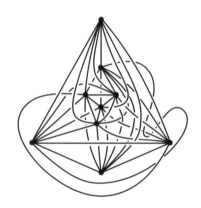

図 7.9　分離不能な3成分絡み目を含まない K_9 の空間グラフ．

　定理 7.3.2 (1) において，図 7.9 の空間グラフは，実際に分離不能な3成分絡み目を含まない K_9 の空間グラフの例で，計算機の支援により確認された．また，定理 7.3.2 (2) はやはり有向マトロイド理論と計算機探索で示された．このような一般の空間グラフと線形空間グラフとの内在的性質の違いが Conway–Gordon 型定理によって抽出できると面白い．例えば非自明な Hamilton 結び目の存在性について，$K_{3,3,1,1}$ の空間グラフは，非自明な結び目成分として Hamilton 結び目を必ず持つかどうかが未解決であったが (未解決問題 6.4.7)，線形空間グラフに制限すると，Conway–Gordon 型定理の応用によって次のように解決される．

例 **7.3.3** (橋本–新國 [44])　$K_{3,3,1,1}$ の線形空間グラフ $f_{\mathrm{r}}(K_{3,3,1,1})$ において，例 6.4.6 で述べたように，(6.71), (6.72) から

$$\sum_{\gamma \in \Gamma_8(K_{3,3,1,1})} a_2(f_{\mathrm{r}}(\gamma)) - \sum_{\gamma \in \Gamma_7(G_x) \cup \Gamma_7(G_y)} a_2(f_{\mathrm{r}}(\gamma))$$
$$- \sum_{\gamma \in \Gamma_6'} a_2(f_{\mathrm{r}}(\gamma)) - \sum_{\gamma \in \Gamma_5(G_x) \cup \Gamma_5(G_y)} a_2(f_{\mathrm{r}}(\gamma)) \geq 1 \tag{7.9}$$

が成り立つ. ここで命題 7.2.1, 命題 7.2.2 (1) から

$$\sum_{\gamma \in \Gamma_5(G_x) \cup \Gamma_5(G_y)} a_2(f_{\mathrm{r}}(\gamma)) = 0, \quad \sum_{\gamma \in \Gamma_6'} a_2(f_{\mathrm{r}}(\gamma)) \geq 0 \tag{7.10}$$

である. 一方, G_x は Petersen 族の P_7 と同型で, 注意 6.4.4 の (6.70) から

$$2 \sum_{\gamma \in \Gamma_7(G_x)} a_2(f_{\mathrm{r}}(\gamma)) - 4 \sum_{\substack{\gamma \in \Gamma_6(G_x) \\ x \not\subset \gamma}} a_2(f_{\mathrm{r}}(\gamma)) - 2 \sum_{\gamma \in \Gamma_5(G_x)} a_2(f_{\mathrm{r}}(\gamma))$$
$$= \sum_{\gamma \in \Gamma_{3,4}(G_x)} \mathrm{lk}(f_{\mathrm{r}}(\gamma))^2 - 1 \tag{7.11}$$

が成り立つ. G_y についても同様である. そこでやはり命題 7.2.1, 命題 7.2.2 (1) と定理 4.2.1 を (7.11) に適用して

$$\sum_{\gamma \in \Gamma_7(G_x)} a_2(f_{\mathrm{r}}(\gamma)) \geq 0, \quad \sum_{\gamma \in \Gamma_7(G_y)} a_2(f_{\mathrm{r}}(\gamma)) \geq 0$$

が得られ, これより

$$\sum_{\gamma \in \Gamma_7(G_x) \cup \Gamma_7(G_y)} a_2(f_{\mathrm{r}}(\gamma)) = \sum_{\gamma \in \Gamma_7(G_x)} a_2(f_{\mathrm{r}}(\gamma)) + \sum_{\gamma \in \Gamma_7(G_y)} a_2(f_{\mathrm{r}}(\gamma)) \geq 0 \tag{7.12}$$

となる. そこで (7.9), (7.10), (7.12) から

$$\sum_{\gamma \in \Gamma_8(K_{3,3,1,1})} a_2(f_{\mathrm{r}}(\gamma)) \geq 1$$

が成り立つ. 従って $K_{3,3,1,1}$ の線形空間グラフは, 非自明な結び目成分として $a_2 > 0$ なる Hamilton 結び目を必ず持つ. 即ち, 未解決問題 6.4.7 は線形空間グラフについては肯定的である. 尚, この非自明な Hamilton 結び目は, 命題 7.2.2 から $3_1, 5_1, 5_2, 6_3, 3_1 \# 3_1, 3_1 \# 3_1^*, 8_{19}, 8_{20}$ のいずれかである.

演習問題

7.1　Hopf 絡み目及び 8 の字結び目がそれぞれもろ手型であることを示せ.

7.2　例 7.1.2 において, (7.1) の対応 $\varepsilon\colon L(K_7) \to \mathbb{Z}$ が準同型写像を定めることを確認せよ.

7.3　K_n の標準的な線形空間グラフは, 6.2 節で定義した K_n の空間グラフ $f_{\mathrm{r}}(K_n)$

とアンビエント・イソトピックであることを確かめよ.

7.4 図 7.6 の線形空間グラフ $g_{\mathrm{r}}(K_6)$ が含むちょうど 3 個の Hopf 絡み目とただ 1 つの三葉結び目を見つけよ.

7.5 K_7 の線形とは限らない一般の空間グラフで,三葉結び目を含まないものの具体例を挙げよ.

7.6 任意の自然数 m に対し,$48\sqrt{m} > (11 + \sqrt{2880m - 2879})/2$ が成り立つことを示せ.

参考文献

[1] L. Abrams, B. Mellor and L. Trott, Counting links and knots in complete graphs, *Tokyo J. Math.* **36** (2013), 429–458.

[2] L. Abrams, B. Mellor and L. Trott, Gordian (Java computer program), available at `http://myweb.lmu.edu/bmellor/research/Gordian`

[3] C.C. Adams, The knot book. An elementary introduction to the mathematical theory of knots. Revised reprint of the 1994 original. *American Mathematical Society, Providence, RI,* 2004. 邦訳: 金信 泰造 訳, 結び目の数学 結び目理論への初等的入門 原書改訂版, 丸善出版, 2021.

[4] C.C. Adams, B.M. Brennan, D.L. Greilsheimer and A.K. Woo, Stick numbers and composition of knots and links, *J. Knot Theory Ramifications* **6** (1997), 149–161.

[5] C. Adams, E. Flapan, A. Henrich, L.H. Kauffman, L.D. Ludwig and S. Nelson (eds.), Encyclopedia of Knot Theory, *CRC/Taylor & Francis,* 2020.

[6] S. Akbulut and J.D. McCarthy, Casson's invariant for oriented homology 3-spheres: An exposition, Mathematical Notes **36**, *Princeton University Press, Princeton, NJ,* 1990.

[7] P. Blain, G. Bowlin, J. Foisy, J. Hendricks and J. LaCombe, Knotted Hamiltonian cycles in spatial embeddings of complete graphs, *New York J. Math.* **13** (2007), 11–16.

[8] T. Böhme, On spatial representations of graphs, *Contemporary methods in graph theory,* 151–167, *Bibliographisches Inst., Mannheim,* 1990.

[9] A.F. Brown, Embeddings of graphs in E^3, Ph.D. Dissertation, Kent State University, 1977.

[10] J. Bustamante, J. Federman, J. Foisy, K. Kozai, K. Matthews, K. McNamara, E. Stark and K. Trickey, Intrinsically linked graphs in projective space, *Algebr. Geom. Topol.* **9** (2009), 1255–1274.

[11] J.A. Calvo, Geometric knot spaces and polygonal isotopy, Knots in Hellas '98, Vol. 2 (Delphi), *J. Knot Theory Ramifications* **10** (2001), 245–267.

[12] T. Castle, M.E. Evans and S.T. Hyde, Ravels: knot free but not free. Novel entanglements of graphs in 3-space, *New Journal of Chemistry* **32** (2008), 1457–1644.

[13] H. Choi, H. Kim, S. No, The minor minimal intrinsically chiral graphs, *Discrete Appl. Math.* **291** (2021), 237–245.

[14] J.H. Conway and C.McA. Gordon, Knots and links in spatial graphs, *J. Graph Theory* **7** (1983), 445–453.

[15] R.H. Crowell and R.H. Fox, Introduction to knot theory, Reprint of the 1963 original, Graduate Texts in Mathematics **57**, *Springer-Verlag, New York–Heidelberg,* 1977. 邦訳:

寺阪 英孝/野口 広 訳, 結び目理論入門, 岩波書店, 1967.

[16] A. DeCelles, J. Foisy, C. Versace and A. Wilson, On graphs for which every planar immersion lifts to a knotted spatial embedding, *Involve* **1** (2008), 145–158.

[17] R. Diestel, Graph theory, Graduate Texts in Mathematics **173**, *Springer-Verlag, New York,* 1997. 邦訳: 根上 生也/太田 克弘 訳, グラフ理論, シュプリンガー・ジャパン, 2000.

[18] G.C. Drummond-Cole and D. O'Donnol, Intrinsically n-linked Complete Graphs, *Tokyo J. Math.* **32** (2009), 113–125.

[19] T. Endo and T. Otsuki, Notes on spatial representations of graphs, *Hokkaido Math. J.* **23** (1994), 383–398.

[20] 榎本 理沙, ハンドル体結び目の順序と多変数 Alexander イデアルに関する注意, 東京女子大学大学院理学研究科修士論文, 2019.

[21] I. Fáry, On straight line representation of planar graphs, *Acta Univ. Szeged. Sect. Sci. Math.* **11** (1948), 229–233.

[22] E. Flapan, Symmetries of Möbius ladders, *Math. Ann.* **283** (1989), 271–283.

[23] E. Flapan, When topology meets chemistry: A topological look at molecular chirality, Outlooks, *Cambridge University Press, Cambridge; Mathematical Association of America, Washington, D.C.,* 2000.

[24] E. Flapan, Intrinsic knotting and linking of complete graphs, *Algebr. Geom. Topol.* **2** (2002), 371–380.

[25] E. Flapan, W. Fletcher and R. Nikkuni, Reduced Wu and generalized Simon invariants for spatial graphs, *Math. Proc. Cambridge Philos. Soc.* **156** (2014), 521–544.

[26] E. Flapan, H. Howards, D. Lawrence and B. Mellor, Intrinsic linking and knotting of graphs in arbitrary 3-manifolds, *Algebr. Geom. Topol.* **6** (2006), 1025–1035.

[27] E. Flapan and K. Kozai, Linking number and writhe in random linear embeddings of graphs, *J. Math. Chem.* **54** (2016), 1117–1133.

[28] E. Flapan, K. Kozai and R. Nikkuni, Stick number of non-paneled knotless spatial graphs, *New York J. Math.* **26** (2020), 836–852.

[29] E. Flapan, T. Mattman, B. Mellor, R. Naimi and R. Nikkuni, Recent developments in spatial graph theory, *Knots, links, spatial graphs, and algebraic invariants,* 81–102, Contemp. Math., 689, *Amer. Math. Soc., Providence, RI,* 2017.

[30] E. Flapan and R. Naimi, The Y-triangle move does not preserve intrinsic knottedness, *Osaka J. Math.* **45** (2008), 107–111.

[31] E. Flapan, R. Naimi and J. Pommersheim, Intrinsically triple linked complete graphs, *Topology Appl.* **115** (2001), 239–246.

[32] E. Flapan, J. Foisy, R. Naimi and J. Pommersheim, Intrinsically n-linked graphs, *J. Knot Theory Ramifications* **10** (2001), 1143–1154.

[33] E. Flapan and N. Weaver, Intrinsic chirality of complete graphs, *Proc. Amer. Math. Soc.*

115 (1992), 233–236.

[34] T. Fleming and B. Mellor, Intrinsic linking and knotting in virtual spatial graphs, *Algebr. Geom. Topol.* **7** (2007), 583–601.

[35] T. Fleming and B. Mellor, Counting links in complete graphs, *Osaka J. Math.* **46** (2009), 173–201.

[36] J. Foisy, Intrinsically knotted graphs, *J. Graph Theory* **39** (2002), 178–187.

[37] J. Foisy, A newly recognized intrinsically knotted graph, *J. Graph Theory* **43** (2003), 199–209.

[38] J. Foisy, Graphs with a knot or 3-component link in every spatial embedding, *J. Knot Theory Ramifications* **15** (2006), 1113–1118.

[39] J. Foisy, Corrigendum to: "Knotted Hamiltonian cycles in spatial embeddings of complete graphs" by P. Blain, G. Bowlin, J. Foisy, J. Hendricks and J. LaCombe, *New York J. Math.* **14** (2008), 285–287.

[40] N. Goldberg, T.W. Mattman and R. Naimi, Many, many more intrinsically knotted graphs, *Algebr. Geom. Topol.* **14** (2014), 1801–1823.

[41] C.McA. Gordon and J. Luecke, Knots are determined by their complements, *J. Amer. Math. Soc.* **2** (1989), 371–415.

[42] R. Hanaki, R. Nikkuni, K. Taniyama and A. Yamazaki, On intrinsically knotted or completely 3-linked graphs, *Pacific J. Math.* **252** (2011), 407–425.

[43] H. Hashimoto and R. Nikkuni, On Conway-Gordon type theorems for graphs in the Petersen family, *J. Knot Theory Ramifications* **22** (2013), 1350048, 15 pp.

[44] H. Hashimoto and R. Nikkuni, Conway-Gordon type theorem for the complete four-partite graph $K_{3,3,1,1}$, *New York J. Math.* **20** (2014), 471–495.

[45] Y. Hirano, Knotted Hamiltonian cycles in spatial embeddings of complete graphs, Docter Thesis, Niigata University, 2010.

[46] Y. Hirano, Improved lower bound for the number of knotted Hamiltonian cycles in spatial embeddings of complete graphs, *J. Knot Theory Ramifications* **19** (2010), 705–708.

[47] C. Hughes, Linked triangle pairs in a straight edge embedding of K_6, *Pi Mu Epsilon J.* **12** (2006), 213–218.

[48] Y. Huh and C. Jeon, Knots and links in linear embeddings of K_6, *J. Korean Math. Soc.* **44** (2007), 661–671.

[49] Y. Huh, Knotted Hamiltonian cycles in linear embedding of K_7 into $\mathbb{R}^3$, *J. Knot Theory Ramifications* **21** (2012), 1250132, 14 pp.

[50] K. Ichihara and T.W. Mattman, Most graphs are knotted, *J. Knot Theory Ramifications* **29** (2020), 2071003, 6 pp.

[51] A. Ishii, Moves and invariants for knotted handlebodies, *Algebr. Geom. Topol.* **8** (2008), 1403–1418.

[52] 石井 敦, ハンドル体結び目とカンドル理論の発展, 数学, **70** (2018), 63–80.

[53] A. Ishii, K. Kishimoto, H. Moriuchi and M. Suzuki, A table of genus two handlebody-knots up to six crossings, *J. Knot Theory Ramifications* **21** (2012), 1250035, 9 pp.

[54] A. Ishii, R. Nikkuni and K. Oshiro, On calculations of the twisted Alexander ideals for spatial graphs, handlebody-knots and surface-links, *Osaka J. Math.* **55** (2018), 297–313.

[55] C.B. Jeon, G.T. Jin, H.J. Lee, S.J. Park, H.J. Huh, J.W. Jung, W.S. Nam and M.S. Sim, Number of knots and links in linear K_7, slides from the International Workshop on Spatial Graphs (2010). `http://www.f.waseda.jp/taniyama/SG2010/talks/19-7Jeon.pdf`

[56] B. Johnson, M.E. Kidwell and T.S. Michael, Intrinsically knotted graphs have at least 21 edges, *J. Knot Theory Ramifications* **19** (2010), 1423–1429.

[57] L.H. Kauffman, Formal knot theory, Mathematical Notes **30**, *Princeton University Press, Princeton, NJ,* 1983.

[58] L.H. Kauffman, Invariants of graphs in three-space, *Trans. Amer. Math. Soc.* **311** (1989), 697–710.

[59] 河田 敬義 編, 位相幾何学, 岩波書店, 1965.

[60] A. Kawauchi, Almost identical imitations of $(3, 1)$-dimensional manifold pairs, *Osaka J. Math.* **26** (1989), 743–758.

[61] 河内 明夫, 線形代数からホモロジーへ, 培風館, 2000.

[62] 河内 明夫, 結び目の理論, 共立出版, 2015.

[63] A.A. Kazakov and Ph.G. Korablev, Triviality of the Conway-Gordon function ω_2 for spatial complete graphs, *J. Math. Sci. (N.Y.)* **203** (2014), 490–498.

[64] H. Kim, T. Mattman and S. Oh, More intrinsically knotted graphs with 22 edges and the restoring method, *J. Knot Theory Ramifications* **27** (2018), 1850059, 22 pp.

[65] S. Kinoshita, Alexander polynomials as isotopy invariants. I, *Osaka Math. J.* **10** (1958), 263–271.

[66] 北野 晃朗・合田 洋・森藤 孝之, ねじれ Alexander 不変量, 数学メモアール **5**, 日本数学会, 2006.

[67] K. Kobayashi, Standard spatial graph, *Hokkaido Math. J.* **21** (1992), 117–140.

[68] 小林 一章, 空間グラフの理論, 培風館, 1995.

[69] T. Kohara and S. Suzuki, Some remarks on knots and links in spatial graphs, *Knots 90 (Osaka, 1990),* 435–445, *de Gruyter, Berlin,* 1992.

[70] K. Kuratowski, Sur le probléme des courbes gauches en topologie, *Fund. Math.* **15** (1930), 271–283.

[71] E.D. Lawrence and R.T. Wilson, The structure of the Heawood graph, *Geombinatorics* **30** (2021), 169–176.

[72] L. Lovász and A. Schrijver, A Borsuk theorem for antipodal links and a spectral char-

acterization of linklessly embeddable graphs, *Proc. Amer. Math. Soc.* **126** (1998), 1275–1285.

[73] W. Mason, Homeomorphic continuous curves in 2-space are isotopic in 3-space, *Trans. Amer. Math. Soc.* **142** (1969), 269–290.

[74] 枡田 幹也, 代数的トポロジー, 朝倉書店, 2002.

[75] 松本 幸夫, トポロジー入門, 岩波書店, 1985.

[76] 松本 幸夫, トポロジーにおける高次元と低次元, 数学セミナー 1990 年 8 月号, 日本評論社. (収録: 松本 幸夫, 新版 4 次元のトポロジー, 日本評論社, 2016.)

[77] T.W. Mattman, Graphs of 20 edges are 2-apex, hence unknotted, *Algebr. Geom. Topol.* **11** (2011), 691–718.

[78] T.W. Mattman, C. Morris and J. Ryker, Order nine MMIK graphs, *Knots, links, spatial graphs, and algebraic invariants*, 103–124, Contemp. Math. **689**, *Amer. Math. Soc., Providence, RI,* 2017.

[79] T.W. Mattman, R. Naimi, A. Pavelescu and E. Pavelescu, Intrinsically knotted graphs with linklessly embeddable simple minors, arXiv:math.GT/2111.08859.

[80] J. Miller and R. Naimi, An algorithm for detecting intrinsically knotted graphs, *Exp. Math.* **23** (2014), 6–12.

[81] J. Milnor, Link groups, *Ann. of Math. (2)* **59** (1954), 177–195.

[82] H.A. Miyazawa, K. Wada and A. Yasuhara, Link invariants derived from multiplexing of crossings, *Algebr. Geom. Topol.* **18** (2018), 2497–2507.

[83] H. Morishita and R. Nikkuni, Generalizations of the Conway-Gordon theorems and intrinsic knotting on complete graphs, *J. Math. Soc. Japan* **71** (2019), 1223–1241.

[84] H. Morishita and R. Nikkuni, Generalization of the Conway-Gordon theorem and intrinsic linking on complete graphs, *Ann. Comb.* **25** (2021), 439–470.

[85] T. Motohashi and K. Taniyama, Delta unknotting operation and vertex homotopy of graphs in R^3, *KNOTS '96 (Tokyo),* 185–200, *World Sci. Publ., River Edge, NJ,* 1997.

[86] H. Murakami and Y. Nakanishi, On a certain move generating link-homology, *Math. Ann.* **284** (1989), 75–89.

[87] R. Naimi and E. Pavelescu, Linear embeddings of K_9 are triple linked, *J. Knot Theory Ramifications* **23** (2014), 1420001, 9 pp.

[88] 中本 敦浩, 小関 健太, 曲面上のグラフ理論, SGC ライブラリ-172, サイエンス社, 2021.

[89] 成瀬 陽子, 空間グラフに出てくる不変量について, 東京女子大学大学院理学研究科修士論文, 1994.

[90] S. Negami, Ramsey theorems for knots, links and spatial graphs, *Trans. Amer. Math. Soc.* **324** (1991), 527–541.

[91] R. Nikkuni, The second skew-symmetric cohomology group and spatial embeddings of graphs, *J. Knot Theory Ramifications* **9** (2000), 387–411.

[92] R. Nikkuni, An intrinsic nontriviality of graphs, *Algebr. Geom. Topol.* **9** (2009), 351–364.

[93] R. Nikkuni, A refinement of the Conway-Gordon theorems, *Topology Appl.* **156** (2009), 2782–2794.

[94] R. Nikkuni and K. Taniyama, Symmetries of spatial graphs and Simon invariants, *Fund. Math.* **205** (2009), 219–236.

[95] R. Nikkuni and K. Taniyama, $\triangle Y$-exchanges and the Conway-Gordon theorems, *J. Knot Theory Ramifications* **21** (2012), 1250067, 14 pp.

[96] A. O'Connor, B. Podlesny, N. Soriano, R. Trapp and D. Wall, Clasp moves and stick number, *J. Knot Theory Ramifications* **16** (2007), 1165–1179.

[97] D. O'Donnol, Knotting and linking in the Petersen family, *Osaka J. Math.* **52** (2015), 1079–1100.

[98] Y. Ohyama and K. Taniyama, Vassiliev invariants of knots in a spatial graph, *Pacific J. Math.* **200** (2001), 191–205.

[99] M. Okada, Delta-unknotting operation and the second coefficient of the Conway polynomial, *J. Math. Soc. Japan* **42** (1990), 713–717.

[100] 大城 佳奈子, 張 娟姫, 清水 理佳, 鈴木 咲衣, Alexander 多項式について, 第 4 回琵琶湖若手数学者勉強会報告集 (2011), 415–439.
https://sites.google.com/view/math-graduate/BIWAKO/2009/proceeding

[101] T. Otsuki, Knots and links in certain spatial complete graphs, *J. Combin. Theory Ser. B* **68** (1996), 23–35.

[102] 小澤 裕子, あるハンドル体結び目群の間の全射準同型の非存在性と Alexander 不変量について, 東京女子大学大学院理学研究科修士論文, 2018.

[103] M. Ozawa and Y. Tsutsumi, Primitive spatial graphs and graph minors, *Rev. Mat. Complut.* **20** (2007), 391–406.

[104] J.L. Ramírez Alfonsín, Spatial graphs and oriented matroids: the trefoil, *Discrete Comput. Geom.* **22** (1999), 149–158.

[105] J.L. Ramírez Alfonsín, Spatial graphs, knots and the cyclic polytope, *Beiträge Algebra Geom.* **49** (2008), 301–314.

[106] R.A. Robertello, An invariant of knot cobordism, *Comm. Pure Appl. Math.* **18** (1965), 543–555.

[107] N. Robertson and P.D. Seymour, Graph minors. XX. Wagner's conjecture, *J. Combin. Theory Ser. B* **92** (2004), 325–357.

[108] N. Robertson, P. Seymour and R. Thomas, Kuratowski chains, *J. Combin. Theory Ser. B* **64** (1995), 127–154.

[109] N. Robertson, P. Seymour and R. Thomas, Petersen family minors, *J. Combin. Theory Ser. B* **64** (1995), 155–184.

[110] N. Robertson, P. Seymour and R. Thomas, Sachs' linkless embedding conjecture, *J.*

Combin. Theory Ser. B **64** (1995), 185–227.

[111] D. Rolfsen, Knots and links, Mathematics Lecture Series, No. 7. *Publish or Perish, Inc., Berkeley, Calif.,* 1976.

[112] H. Sachs, On spatial representations of finite graphs, *Finite and infinite sets, Vol. I, II (Eger, 1981),* 649–662, Colloq. Math. Soc. Janos Bolyai **37**, *North-Holland, Amsterdam,* 1984.

[113] M. Sakamoto and K. Taniyama, Plane curves in an immersed graph in $\mathbb{R}^2$, *J. Knot Theory Ramifications* **22** (2013), 1350003, 10 pp.

[114] 佐藤 隆夫, 群の表示, 近代科学社, 2017.

[115] M. Scharlemann and A. Thompson, Detecting unknotted graphs in 3-space, *J. Diff. Geom.* **34** (1991), 539–560.

[116] R. Shinjo and K. Taniyama, Homology classification of spatial graphs by linking numbers and Simon invariants, *Topology Appl.* **134** (2003), 53–67.

[117] M. Shirai and K. Taniyama, A large complete graph in a space contains a link with large link invariant, *J. Knot Theory Ramifications* **12** (2003), 915–919.

[118] J. Simon, Topological chirality of certain molecules, *Topology* **25** (1986), 229–235.

[119] T. Soma, H. Sugai and A. Yasuhara, Disk/band surfaces of spatial graphs, *Tokyo J. Math.* **20** (1997), 1–11.

[120] 鈴木 元男, 完全グラフのグラフホモロジー類の分類, 東京電機大学大学院理工学研究科修士論文, 1995.

[121] S. Suzuki, On linear graphs in 3-sphere, *Osaka J. Math.* **7** (1970), 375–396.

[122] 鈴木 晋一, 空間グラフ上の結び目と絡み目, II, 早稲田大学教育学部 学術研究 (数学編) **38** (1989), 21–28.

[123] 鈴木 晋一, 結び目理論入門, サイエンス社, 1991.

[124] K. Taniyama, Cobordism, homotopy and homology of graphs in $\mathbf{R}^3$, *Topology* **33** (1994), 509–523.

[125] K. Taniyama, Link homotopy invariants of graphs in $\mathbf{R}^3$, *Rev. Mat. Univ. Complut. Madrid* **7** (1994), 129–144.

[126] K. Taniyama, Homology classification of spatial embeddings of a graph, *Topology Appl.* **65** (1995), 205–228.

[127] K. Taniyama, Higher dimensional links in a simplicial complex embedded in a sphere, *Pacific J. Math.* **194** (2000), 465–467.

[128] K. Taniyama and A. Yasuhara, Realization of knots and links in a spatial graph, *Topology Appl.* **112** (2001), 87–109.

[129] 谷山 公規, グラフと結び目, 数理科学 2020 年 4 月号, サイエンス社.

[130] C. Tuffley, Some Ramsey-type results on intrinsic linking of n-complexes, *Algebr. Geom. Topol.* **13** (2013), 1579–1612.

[131] M. Wada, Twisted Alexander polynomial for finitely presentable group, *Topology* **33** (1994), 241–256.

[132] D.M. Walba, Stereochemical topology, *Chemical applications of topology and graph theory (Athens, Ga., 1983)*, 17–32, Stud. Phys. Theoret. Chem. **28**, *Elsevier, Amsterdam*, 1983.

[133] E. Wasserman, Chemical topology, *Scienr. Am.* **207** (1962), 94–102.

[134] Y.Q. Wu, On planarity of graphs in 3-manifolds. *Comment. Math. Helv.* **67** (1992), 635–647.

[135] Y.Q. Wu, Minimally knotted embeddings of planar graphs, *Math. Z.* **214** (1993), 653–658.

[136] W.T. Wu, On the isotopy of complexes in a euclidean space. I, *Acta Math. Sinica* **9** (1959), 475–493.

[137] S. Yamada, An invariant of spatial graphs, *J. Graph Theory* **13** (1989), 537–551.

[138] A. Yasuhara, Disk/band surface and spatial-graph homology, *Topology Appl.* **69** (1996), 173–191.

[139] D.N. Yetter, Category theoretic representations of knotted graphs in S^3, *Adv. Math.* **77** (1989), 137–155.

[140] Y. Yokota, Topological invariants of graphs in 3-space, *Topology* **35** (1996), 77–87.

索　引

著者略歴

新國 亮
にっくに　りょう

1997 年　立教大学理学部数学科卒業
2002 年　東北大学大学院情報科学研究科システム情報科学専攻
　　　　　博士課程修了　博士（情報科学）
　　　　　日本学術振興会特別研究員 (PD)，金沢大学教育学部
　　　　　助教授，同人間社会学域学校教育学類准教授，
　　　　　東京女子大学現代教養学部准教授を経て，
2017 年　東京女子大学現代教養学部教授

専門　低次元トポロジー，特に空間グラフの理論，結び目理論

SGC ライブラリ-178
空間グラフのトポロジー
Conway–Gordon の定理をめぐって

2022 年 7 月 25 日　ⓒ　　　　　　　　　初 版 第 1 刷 発 行

著　者　新國 亮　　　　　　　　発行者　森 平 敏 孝
　　　　　　　　　　　　　　　　印刷者　中 澤　　眞
　　　　　　　　　　　　　　　　製本者　小 西 惠 介

発行所　　株式会社　サ イ エ ン ス 社

〒151-0051　東京都渋谷区千駄ヶ谷 1 丁目 3 番 25 号
営業 ☎ (03) 5474–8500（代）　　振替 00170–7–2387
編集 ☎ (03) 5474–8600（代）
FAX ☎ (03) 5474–8900　　　　　表紙デザイン：長谷部貴志

組版 プレイン　印刷 (株) シナノ　製本 (株) ブックアート

《検印省略》

サイエンス社のホームページのご案内
https://www.saiensu.co.jp
ご意見・ご要望は
sk@saiensu.co.jp　まで．

ISBN978-4-7819-1548-7
PRINTED IN JAPAN

SGC ライブラリ-174 : for Senior & Graduate Courses

調和解析への招待
関数の性質を深く理解するために

澤野　嘉宏　著

定価 2420 円

本書では，調和解析学とは何かを伝えていく．本来，調和解析学はルベーグ積分論を基盤としたものではあるが，ルベーグ積分論を用いないでもその本質が分かる部分もある．本書ではルベーグ積分論を用いない調和解析からスタートし，その後ルベーグ積分論を用いる調和解析へと移行し，その世界へと誘う．

サイエンス社